Java 数据分析指南

Java Data Analysis

[美] 约翰•哈伯德（John R. Hubbard）著　高蓉　李茂　译

人民邮电出版社
北京

图书在版编目（CIP）数据

Java数据分析指南 / （美）约翰·哈伯德（John R. Hubbard）著；高蓉，李茂译. -- 北京：人民邮电出版社，2018.12
ISBN 978-7-115-49486-3

Ⅰ. ①J… Ⅱ. ①约… ②高… ③李… Ⅲ. ①JAVA语言－程序设计 Ⅳ. ①TP312.8

中国版本图书馆CIP数据核字（2018）第228012号

版权声明

◆ 著　[美] 约翰·哈伯德（John R. Hubbard）
译　高 蓉 李 茂
责任编辑　胡俊英
责任印制　焦志炜
◆ 人民邮电出版社出版发行　北京市丰台区成寿寺路 11 号
邮编 100164　电子邮件 315@ptpress.com.cn
网址 http://www.ptpress.com.cn
固安县铭成印刷有限公司印刷
◆ 开本：800×1000 1/16
印张：21.75
字数：510 千字　2018 年 12 月第 1 版
印数：1 – 2 400 册　2018 年 12 月河北第 1 次印刷
著作权合同登记号 图字：01-2017-9210 号

定价：79.00 元

读者服务热线：(010)81055410 印装质量热线：(010)81055316
反盗版热线：(010)81055315
广告经营许可证：京东工商广登字 20170147 号

内容提要

当今，数据科学已经成为一个热门的技术领域，例如数据处理、信息检索、机器学习、自然语言处理、数据可视化等都得到了广泛的应用和发展。而 Java 作为一门经典的编程语言，在数据科学领域也有着卓越的表现。

本书旨在通过 Java 编程来引导读者更好地进行数据分析。本书包含 11 章内容，详细地介绍了数据科学导论、数据预处理、数据可视化、统计、关系数据库、回归分析、分类分析、聚类分析、推荐系统、NoSQL 数据库以及 Java 大数据分析等重要主题。

本书适合想通过 Java 解决数据科学问题的读者，也适合数据科学领域的专业人士以及普通的 Java 开发者阅读。通过阅读本书，读者将能够对数据分析有更加深入的理解，并且掌握实用的数据分析技术。

译者简介

高蓉，博士，毕业于南开大学，现任教于杭州电子科技大学。研究领域包括资产定价、实证金融、数据科学应用，已出版著作多部，发表论文数篇。感谢浙江省教育厅科研项目（编号 Y201840396）、浙江省自然科学基金项目（编号 LY17G030033）、南开大学基本科研费（编号 63185010）对翻译本书的支持。

李茂，毕业于北京师范大学，现任教于天津理工大学。热爱数据科学，从事与统计和数据分析相关的教学和研究工作。

作者简介

约翰·哈伯德（John R. Hubbard）任教于宾夕法尼亚州和弗吉尼亚州的高校，从事计算机数据分析工作长达 40 余年。他拥有宾州州立大学的计算机科学硕士学位和密歇根大学的数学博士学位。目前，他在里士满大学担任数学和计算机科学的名誉教授，他在该校讲授数据结构、数据库系统、数值分析和大数据。

哈伯德博士出版了许多著作并发表过多篇论文，除了本书，他还出版过 6 本计算领域的著作。其中某些著作已经翻译为德文、法文、中文和其他 5 种语言。此外，他还是一位业余音乐家。

我要感谢本书审阅者的宝贵意见与建议。此外，我还要感谢 Packt 出版社的强大团队出版并完善本书。最后，我要感谢我的家庭对我无微不至的支持。

审阅者简介

埃林·帕奇奥可夫斯基（Erin Paciorkowski）是乔治亚理工学院的计算机科学专家，一位优秀学者。她在国防部从事 Java 开发超过 8 年，也是乔治亚理工学院在线计算机硕士项目的研究生助教。她是一位经过认证的敏捷专家，同时持有 Security+、Project+和 ITIL 基金会证书。在 2016 年，她获得了格蕾丝·霍珀荣誉奖学金。她的兴趣包括数据分析和信息安全。

阿列克谢·季诺维也夫（Alexey Zinoviev）是 EPAM 系统的首席工程师、Java 和大数据培训师，精通 Apache Spark、Apache Kafka、Java 并发以及 JVM 内部机制。他在机器学习、大型图形处理以及分布式可扩展 Java 应用开发领域具有深厚经验。你可以通过 @zaleslaw 关注他，或通过 GitHub 关注他。

感谢我的妻子阿娜斯塔娅和可爱的儿子罗曼，在相当长的时间里包容我专心审阅本书。

前言

“有人说，技术只有教给别人，自己才能真正理解。而真相是，除非教给计算机，即作为算法实现，否则依然无法真正理解。”

——高德纳（Donald Knuth）

正如高德纳的名言，理解某种技术的最佳方法是实现。本书通过展示 Java 编程语言的实现，帮助你理解一些最重要的数据科学算法。

本书介绍的算法和数据管理技术通常归入以下领域：数据科学、数据分析、预测分析、人工智能、商业智能、知识发现、机器学习、数据挖掘，以及大数据。其中很多新颖的方法都会令人震惊！例如，ID3 分类算法、K-均值和 K-中心点聚类算法、亚马逊的推荐系统以及谷歌的 PageRank 算法，这些技术几乎影响着每一个使用网络电子设备的人。

本书之所以选择 Java 编程语言，一方面是因为这种语言使用广泛，另一方面是因为它的易获得性。此外，Java 是面向对象语言；它有优秀的支持系统，比如强大的集成开发环境；它的文档系统高效易用；它有大量开源的第三方库，这些库基本可以支持数据分析师所有会用到的实现。比如 MongoDB 系统就是使用 Java 编写的，这并非巧合，我们将在第 11 章“Java 大数据分析”中学习 MongoDB 系统。

本书内容

第 1 章，“数据科学导论”，介绍本书主题，概述了数据分析的历史发展及其在解决社会关键问题方面扮演的重要角色。

第 2 章，“数据预处理”，阐述存储数据的多种格式、数据集的管理，以及基本的预处理技术，比如排序、合并和散列。

第 3 章，“数据可视化”，包含图形、图表、时间序列、移动平均、正态和指数分布以及 Java 应用。

第 4 章，“统计”，概述基本的概率和统计原理，包括随机性、多元分布、二项分布、条件概率、独立性、列联表、贝叶斯定理、协方差和相关性、中心极限定理、置信区间以及假设检验。

第 5 章，“关系数据库”，介绍关系数据库的开发与访问，包括外键、SQL、查询、JDBC、批处理、数据库视图、子查询以及索引。你将学习如何使用 Java 和 JDBC 分析存储在关系数据库中的数据。

第 6 章，“回归分析”，讲述预测分析的一个重要部分，包括线性回归、多项式回归以及多元线性回归。你将学习在 Java 中如何使用 Apache Commons Math Library 实现这些技术。

第 7 章，“分类分析”，包括决策树、熵、ID3 算法及其 Java 实现、ARFF 文件、贝叶斯分类器及其 Java 实现、支持向量机（SVM）算法、logistic 回归、K-最近邻以及模糊分类算法。你将学习在 Java 中如何使用 Weka 库实现这些算法。

第 8 章，“聚类分析”，包括分层聚类、K-均值聚类、K-中心点聚类以及仿射传播聚类。你将学习如何在 Java 中使用 Weka 库实现这些算法。

第 9 章，“推荐系统”，包括效用矩阵、相似性度量、余弦相似性、亚马逊的 item-to-item 推荐系统、大型稀疏矩阵以及具有历史意义的网飞大奖赛（Netflix Prize competition）。

第 10 章，“NoSQL 数据库”，主要介绍 MongoDB 数据库系统，同时介绍地理空间数据库和基于 MongoDB 的 Java 开发。

第 11 章，“Java 大数据分析”，包括谷歌的 PageRank 算法及其 MapReduce 框架。需要特别注意两个典型示例——WordCount 和矩阵操作，它们都是 MapReduce 的完整 Java 实现。

附录，“Java 工具”，指导你安装本书用到的所有软件：NetBeans、MySQL、Apache Commons Math Library、javax.json、Weka 以及 MongoDB。

阅读准备

本书的重点是帮助读者理解数据分析的基本应用原理和算法，方式是指导读者通过Java编程不断深化对基本原理和算法的理解。因此，读者需要具备一定Java编程经验。如果读者还具有一些基础的统计学知识和数据库工作经验，那么学习起来会感觉更轻松。

目标读者

如果你是一名学生或者从业者，希望深入理解数据分析，并希望在该领域提高Java的算法开发能力，本书正是为你而写！

排版约定

本书通过不同的文本样式区分不同种类的信息。这里举例说明这些样式并解释其含义。

书中的代码、数据库表名、文件夹名、文件名、文件扩展名、路径名、虚拟URL、用户输入，都会按这样的字体显示："我们可以通过使用 `include` 指令包含其他环境。"

代码块设置如下：

```
Color = {RED, YELLOW, BLUE, GREEN, BROWN, ORANGE}
Surface = {SMOOTH, ROUGH, FUZZY}
Size = {SMALL, MEDIUM, LARGE}
```

命令行的输入和输出格式如下：

```
mongo-java-driver-3.4.2.jar
mongo-java-driver-3.4.2-javadoc.jar
```

新术语和**重要词汇**以黑体表示。例如，你会在屏幕上看到在菜单或对话框中出现这样的文字："点击**下一个**按钮可以移到下一屏。"

注释

警告或重要的注释形式如下。

提示

[提示和技巧形式如下。]

资源与支持

本书由异步社区出品，社区（https://www.epubit.com/）为您提供相关资源和后续服务。

配套资源

本书提供配套源代码，要获得该配套资源，请在异步社区本书页面中单击 配套资源 ，跳转到下载界面，按提示进行操作即可。注意：为保证购书读者的权益，该操作会给出相关提示，要求输入提取码进行验证。

如果您是教师，希望获得教学配套资源，请在社区本书页面中直接联系本书的责任编辑。

提交勘误

作者和编辑尽最大努力来确保书中内容的准确性，但难免会存在疏漏。欢迎您将发现的问题反馈给我们，帮助我们提升图书的质量。

当您发现错误时，请登录异步社区，按书名搜索，进入本书页面，单击“提交勘误”，输入勘误信息，单击“提交”按钮即可。本书的作者和编辑会对您提交的勘误进行审核，确认并接受后，您将获赠异步社区的 100 积分。积分可用于在异步社区兑换优惠券、样书或奖品。

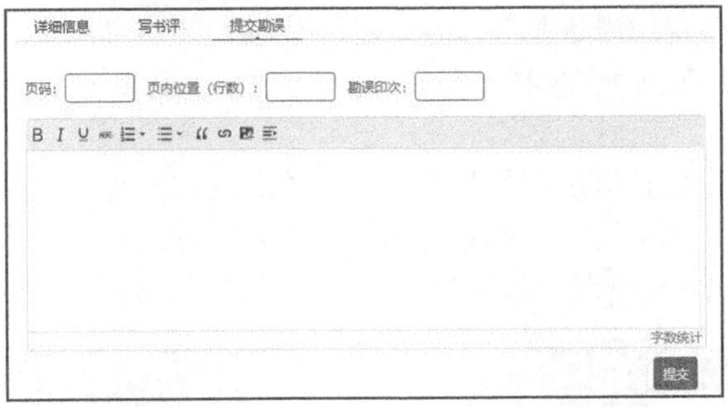

扫码关注本书

扫描下方二维码，您将会在异步社区微信服务号中看到本书信息及相关的服务提示。

与我们联系

我们的联系邮箱是 contact@epubit.com.cn。

如果您对本书有任何疑问或建议，请您发邮件给我们，并请在邮件标题中注明本书书名，以便我们更高效地做出反馈。

如果您有兴趣出版图书、录制教学视频，或者参与图书翻译、技术审校等工作，可以发邮件给我们；有意出版图书的作者也可以到异步社区在线提交投稿（直接访问 www.epubit.com/selfpublish/submission 即可）。

如果您是学校、培训机构或企业，想批量购买本书或异步社区出版的其他图书，也可以发邮件给我们。

如果您在网上发现有针对异步社区出品图书的各种形式的盗版行为，包括对图书全部或部分内容的非授权传播，请您将怀疑有侵权行为的链接发邮件给我们。您的这一举动是对作者权益的保护，也是我们持续为您提供有价值的内容的动力之源。

关于异步社区和异步图书

“异步社区”是人民邮电出版社旗下 IT 专业图书社区，致力于出版精品 IT 技术图书和相关学习产品，为作译者提供优质出版服务。异步社区创办于 2015 年 8 月，提供大量精品 IT 技术图书和电子书，以及高品质技术文章和视频课程。更多详情请访问异步社区官网 https://www.epubit.com。

“异步图书”是由异步社区编辑团队策划出版的精品 IT 专业图书的品牌，依托于人民邮电出版社近 30 年的计算机图书出版积累和专业编辑团队，相关图书在封面上印有异步图书的 LOGO。异步图书的出版领域包括软件开发、大数据、AI、测试、前端、网络技术等。

异步社区

微信服务号

目录

第 1 章 数据科学导论

数据分析是对数据进行组织、清洗、转换和建模的过程，目的是获取有价值的信息和新知识。数据分析、商业分析、数据挖掘、人工智能、机器学习、知识发现和大数据，这些术语也可以用来描述相似的过程。这些领域之间的区别更多体现在应用领域，而非基础本质。有人认为，这些领域都是数据科学新学科的一部分。

在从组织化数据中获取有效信息的过程中，关键步骤是应用计算机科学算法进行管理。而本书的重点就是这些算法。

数据分析是一个历久弥新的领域。它起源于数值方法和统计分析的数学领域，可以追溯至 18 世纪。近年来，随着互联网愈加普遍和海量数据逐渐可得，许多数据科学方法受到越来越多的关注，随后我们将研究这些算法。

在第 1 章中，我们来讲述数据分析史上的一些著名案例。这些案例可以帮助我们理解这门科学的重要性和未来前景。

1.1 数据分析起源

数据与文明一样历史悠久，甚至年代更为古老。1.7 万年前，法国拉斯科的原始居民为了纪念他们最伟大的狩猎胜利，尝试以洞穴壁画的形式记录这些胜利。这些记录为我们提供了旧石器时代人类活动的数据。从现代意义上讲，这些数据并没有被分析，也没有为我们提供新知识。但是，这些数据的存在本身就证明了人类需要使用数据保存自己的思想。

5000 年前，美索不达米亚的苏美尔人在泥板上记录了更为重要的数据。那些楔形文字记录了与日常商业交易相关的大量会计数据。为了运用数据，苏美尔人不仅发明了文字，还发明了人类文明史上的第一个数字系统。

在 1086 年，威廉国王（译者注：1066 年，诺曼底公爵威廉征服英格兰）为了确定王室和臣民的土地与财产范围，下令收集大量数据。因为这是对人们（物质）生活的最终盘点，因此被称为“末日审判书”。威廉国王分析这些数据，并确定了随后几个世纪中土地的所有权和纳税义务。

1.2　科学方法

在 1572 年 11 月 11 日，一位名叫第谷·布拉赫的丹麦贵族青年观测到一颗超新星，我们现在称这颗超新星为 SN1572。第谷从那时起一直到 30 年后逝世，将毕生的财富与精力都奉献给积累天文数据的事业。他有一位年轻的德国助手，名叫约翰尼斯·开普勒，开普勒（见图 1-1）最终在 1618 年阐明了行星运动三大定律，而此前他花了 18 年的时间分析这些数据。

图 1-1　开普勒

开普勒的成就通常被科学家视为科学革命的开始。从那时起，观察自然、收集数据、分析数据、形成理论，然后用更多的数据来检验这个理论，这成为了科学方法的基本步骤。请注意，这里的核心步骤是数据分析。

当然，今天的数据分析师熟悉的现代工具，包括算法和实现算法的计算机，当年的开普勒一样都没有。但是，他运用了对数，这项技术突破帮助他解决了数值计算的问题。开普勒曾在 1620 年说到，纳皮尔在 1614 年发明的对数对于他发现行星运动三大定律发挥着至关重要的作用。

开普勒的成就深深地影响了后辈伊萨克·牛顿。这两位大师都凭借科学方法获得了无与伦比的成功！

1.3　精算科学

牛顿的朋友为数不多，埃德蒙·哈雷是其中一位。哈雷首次计算出彗星的轨道，后来这颗彗星以他的名字命名。哈雷博学多识，精通天文学、数学、物理学、气象学、地球物理学，以及制图学。

哈雷在 1693 年分析了死亡率数据，这些数据由德国布雷斯劳的卡斯帕·诺依曼编制。正如 90 年前布拉赫的数据启发了开普勒的工作一样，哈雷的分析也启发了新知识。根据他发表的结果，英国政府可以为年金制定合适的价格并进行出售，其依据是领取年金者的年龄。

尽管今天的大部分数据都是数值型的，但我们研究的大多数算法都可以运用于类型更加广泛的数据，包括文本、图像、音频以及视频文件，甚至互联网上的整个网页。

1.4 蒸汽计算

1821 年，一位名叫查理·巴贝奇（见图 1-2）的剑桥大学青年学生钻研着一些刚刚手算出的三角函数表和对数表。当他发现数据中的错误举不胜举时，怒喊出“我真希望用蒸汽来计算”的设想。他建议这些表格可以使用蒸汽机驱动的机械自动计算。

图 1-2 巴贝奇

巴贝奇是一位业余数学家，担任剑桥大学的卢卡斯数学教授，在此 150 年前，伊萨克·牛顿曾担任这个教席，在此 150 年后，斯蒂芬·霍金也担任这个教席。但是，巴贝奇一生的大部分时间中都致力于自动计算。他提出可编程计算机的概念后，被人们尊为第一位计算机科学家，而他的助手阿达·勒芙蕾丝被认为是第一位计算机程序员。

巴贝奇的目标是建立一台分析数据并可获取有价值信息的机器，这个功能是数据分析的核心步骤。如果这个步骤实现自动化，就可以在更大的数据集上更快地运行。巴贝奇对三角函数表和对数表相当有兴趣，这与他希望改进航海导航方法的目标紧密相关，而这个目标是大英帝国版图扩张的关键。

1.5 一个惊人的例子

1854 年，一场霍乱在伦敦的贫民区爆发。这场传染病之所以迅速传播，部分原因是没有人知道疾病的根源。但是，一位名叫约翰·斯诺的医生怀疑传染的根源是受污染的水。在那时，大部分伦敦人的生活用水来自公共水井，公共水井直接来自泰晤士河。图 1-3 展示了斯诺绘制的地图，黑色矩形标示霍乱发生的频率。

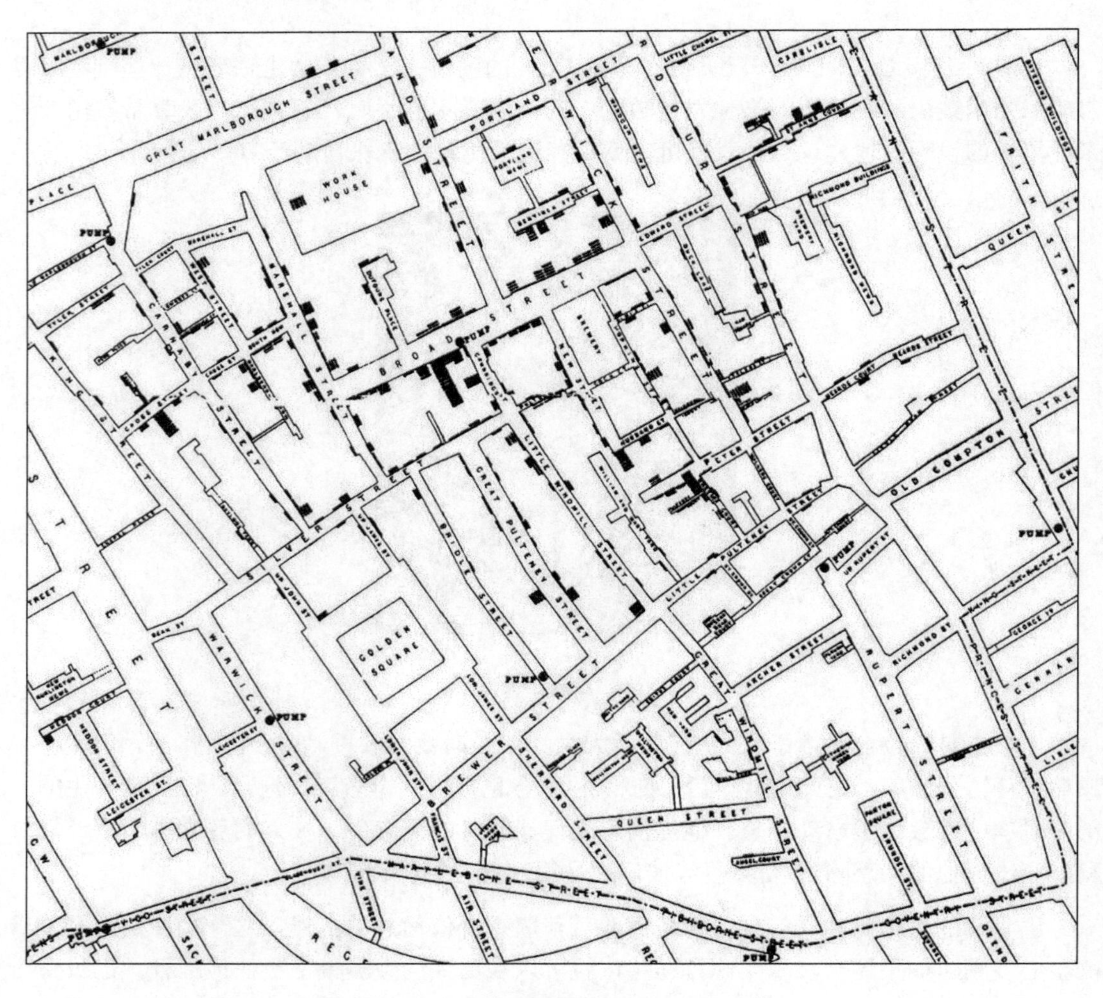

图 1-3 斯诺医生的霍乱地图

如果你仔细看，还可以看到 9 个公共水泵的位置，用黑点标记并标注 PUMP。根据这个数据，我们可以轻松看出宽街和剑桥街拐角处的水泵位于疾病的传染中心。这个数据分析启发斯诺去探索那个水泵的供水情况，结果他发现污水未经处理就通过管道的破口直接流入水泵。

斯诺通过在地图上定位公共水泵，提出疾病的源头很可能就是宽街和剑桥街拐角处的水泵。在公共卫生领域，这是一项最早的重大数据分析应用案例。霍乱在 19 世纪导致高达数百万人的死亡，詹姆斯·诺克斯·波尔克总统和作曲家彼得·伊里奇·柴可夫斯基也在其中。但这种疾病到今天依然普遍，全世界每年大约有 10 万人死于霍乱。

1.6 赫尔曼·何乐礼

1789 年，美国国会委托展开十年一度的人口普查，目的是确定众议员代表数量和征税的分配。第一次人口普查在 1790 年展开，当时美国的人口不足 400 万，普查仅仅计算自由人的数量。但美国人口的数量到 1880 年已经超过 5000 万。同时人口普查本身也变得更为复杂，它还需要记录家属、父母、出生地、财产和收入。

1880 年的人口普查编制花了整整 8 年时间，因此美国人口普查局认识到需要使用某种自动化方式改进 1890 年的普查。他们雇佣一位名叫赫尔曼·何乐礼（见图 1-4）的年轻工程师，他提议制造一台使用打孔卡片记录数据的电子制表机系统。

图 1-4　何乐礼

这是自动化数据处理的首次应用，结果非常成功。普查制表才开始 6 周，报告的美国总人口就接近 6200 万。

因为这个成就，何乐礼获得了 MIT 的博士学位。他在 1911 年建立了计算—制表—记录公司，这家公司在 1924 年改名为 **IBM**。IBM 最近制造了超级计算机沃森，它可能是数据挖掘和人工智能领域最成功的大规模应用。

1.7 ENIAC

在第二次世界大战期间，美国海军战列舰的火炮能将 2700 磅（约 1225 千克）的炮弹发射到 24 英里（约 38.6 千米）以外。炮弹在射程中飞行接近 90 秒。除了火炮的仰角、幅角以及发射初速度，炮弹的轨迹还会受到舰船运动、天气条件甚至是地球自转运动的影响。轨迹的精确计算非常重要。

为了解决计算问题，美国军队在宾夕法尼亚大学成立了一个工程师团队来建造 ENIAC，也就是第一台可编程的完全电子化数字计算机。尽管直到第二次世界大战结束这个项目都没有完成，但它本身就是巨大的成功。

ENIAC（见图 1-5）体积庞大，占了一个大房间，还需要一组工程师和程序员来操作。这台计算机的输入和输出数据都记录在何乐礼卡片上，其他的机器也可以自动读取这些卡片和打印内容。

图 1-5　ENIAC

ENIAC 在氢弹开发中发挥了重要作用，它取代了炮兵射表而用于氢弹模拟项目的第一次测试运行，使用的卡片多达 100 多万张。

1.8 VisiCalc

1979 年，哈佛学生丹·布里克林在上课时看到教授在黑板上修改财务数据表格条目的过程非常冗繁。教授一旦完成某个条目错误的修正，接着又要修正条目对应的边际条目。布里克林想到，这么单调的工作完全可以在他的新苹果 II 微型计算机上更轻松更准确地完成。后来他发明了 VisiCalc 软件包，这是第一个用于微型计算机的电子表格计算机程序。许多人都认为，这项发明将微型计算机从业余爱好者的游戏平台转向了正规的商业工具。

布里克林的 VisiCalc 引发了商业计算的范式转变。此前电子表格计算是商业数据处理的一种基本形式，计算过程需要庞大且昂贵的大型计算中心，而现在相同的工作只需要一个人使用一台个人计算机就可以完成。IBM PC 发行两年以后，VisiCalc 就成为商业和会计的基本软件。

1.9 数据、信息和知识

1854 年的霍乱传染案例是理解数据、信息和知识之间差异的一个典型的例子。斯诺医生使用的数据，包括霍乱爆发以及水泵位置的数据，都是已知的，但它们之间的关系是未知的。斯诺医生通过在一张城市地图上绘制两个数据集，确定宽街和剑桥街的水泵就是污染源。因此，关系就是新信息。新信息最终带来了新知识，一个新知识是疾病通过污水传播，另一个新知识是随后这种疾病的预防方式。

1.10 为什么用 Java

10 多年来，Java 一直都是世界主流的编程语言，同时越来越受欢迎，其理由相当充分：

- Java 在所有计算机上的运行方式相同；
- 它支持面向对象编程（Object Oriented Programming, OOP）范式；
- 它容易与其他语言交互，包括数据库查询语言 SQL；
- 它的 Javadoc 文档易于访问和使用；
- 大多数开源软件是使用 Java 编写的，包括那些用于数据分析的开源软件。

其他的流行软件各有优势，Python 的学习更轻松，R 的运行更简单，JavaScript 的网站开发更容易，C/C++的速度更快，但就通用编程来说，Java 无可替代。

太阳计算机系统有限公司（Sun Microsystems）的詹姆斯·高斯林领导的团队在 1995 年开发了 Java。甲骨文公司在 2010 年以 7.4 亿美元的价格收购了该公司，从此支持 Java。本书撰写时的主流版本是 2014 年发布的 Java 8。但当你购买本书时，Java 10 应该可以找到，它在 2018 年 3 月发布。

正如本书书名所示，书中所有示例都使用 Java 编写。

附录包括使用 Java 设置计算机的方式说明。

1.11 Java 集成开发环境

为了简化 Java 软件开发，许多程序员会使用**集成开发环境**（Integrated Development Environment, IDE）。网上有多种优质的免费 JavaIDE 可以下载，包括：

- NetBeans；
- Eclipse；
- JDeveloper；
- JCreator；
- IntelliJ IDEA。

这些 IDE 的工作原理类似，因此你只要使用过一个，就很容易使用别的。

尽管本书的所有 Java 示例都可以在命令行中运行，但我们还是选择在 NetBeans 上展示程序运行。这个 IDE 有许多优点，包括：

- 代码清单包括行号；
- 自动遵循标准的缩进规则；
- 代码语法自动着色。

清单 1-1 是 NetBeans 中标准的“Hello World”程序。

清单 1-1 Hello World 程序

```
HelloWorld.java
 1 /*  Data Analysis with Java
 2  *  John R. Hubbard
 3  *  March 30, 2017
 4  */
 5
 6 package dawj.ch01;
 7
 8 public class HelloWorld {
 9     public static void main(String[] args) {
10         System.out.println("Hello, World!");
11     }
12 }
```

当这个程序在 NetBeans 中运行时，可以看到它的一些语法着色：评论是灰色的，保留字是蓝色的，对象是绿色的，字符串是橘色的。

在大部分情况下，我们为了节省篇幅会省略展示清单中的头注释和包指定，仅仅展示程序，就像清单 1-2 这样：

清单 1-2 缩短的 Hello World 程序

```
HelloWorld.java
 8 public class HelloWorld {
 9     public static void main(String[] args) {
10         System.out.println("Hello, World!");
11     }
12 }
```

或者，有时我们仅展示 `main()` 方法，就像清单 1-3 这样：

清单 1-3 进一步缩短的 Hello World 程序

```
 9     public static void main(String[] args) {
10         System.out.println("Hello, World!");
11     }
```

无论如何，所有的完整源代码文件都可以从异步社区网站下载。

图 1-6 是“Hello World”程序的输出结果。

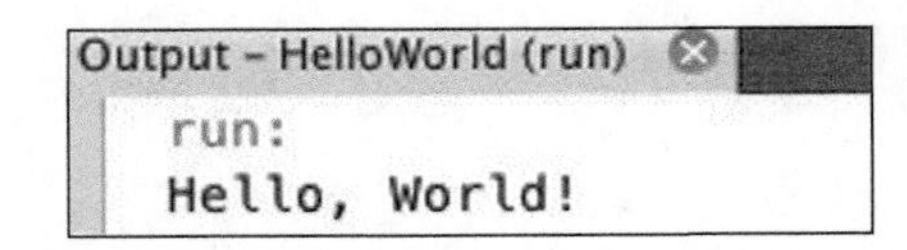
Output – HelloWorld (run)
run:
Hello, World!

图 1-6 Hello World 程序的输出结果

附录阐述 NetBeans 的安装与启动。

1.12 小结

本章的第 1 章讲述了一些引发数据分析发展的重大历史事件：古代商业记录的保管、英国皇家对土地和财富的资料汇编，以及天文学、物理和航海的精确数学模型。正是这些活动启发巴贝奇发明了计算机。从霍乱根源的识别，到经济数据的管理和海量数据的现代化处理，文明前进的步伐推动着数据分析的发展。

本书选择 Java 编程语言实现所研究的数据分析算法，本章简单解释了选择 Java 的理由，并在最后介绍了本书会一直使用的集成开发环境（IDE）——NetBeans。

第 2 章 数据预处理

在分析数据之前，通常需要对其形式进行标准化处理。本章描述这些处理的过程。

2.1 数据类型

数据可以划分为不同的类型。数据类型不仅标识数据的形式，也标识可以对数据执行哪种操作。例如，算数运算可以对数值型数据执行，但不能对文本数据执行。

数据类型也决定了数据需要的计算机存储空间大小。例如，像 3.14 这样的十进制数值通常存储在一个 32 位（4 字节）内存中，而像 https://google.com 这样的网址则占用 160 位内存。

下面是本书将要处理的数据主要类型，对应的 Java 类型显示在括号中：

- 数值类型
  - 整数（`int`）
  - 小数（`double`）
- 文本类型
  - 字符串（`String`）
- 对象类型
  - 日期（`java.util.Date`）
  - 文件（`java.io.File`）
  - 一般对象（`Object`）

2.2 变量

计算机科学将变量视为数据值的存储位置。Java 通过对变量声明特定的类型来引入变量。例如，考虑下列语句：

```
String lastName;
```

该语句声明变量 lastName 具有类型 String。

另外，声明变量时还可以使用具体值进行初始化，就像这样：

```
double temperature = 98.6;
```

该语句可以这样理解，命名为 temperature 的存储空间中包含 double 类型值 98.6。

结构化变量还可以在一个语句中同时进行声明和初始化：

```
int[] a= {88, 11, 44, 77, 22};
```

这个语句声明 int 数组类型的变量 int[]包含 5 个指定元素。

2.3 数据点和数据集

数据分析很容易将数据视为信息点。例如在一组个人信息中，每个数据点包含某个人的信息。考虑下列数据点：

```
("Adams", "John","M", 26, 704601929)
```

它代表一位叫作 John Adams 的 26 岁男性，ID 号为 704601929。

数据点中的单个数据值称为**字段**（或**属性**）。每个数据值都有自己的类型。上例中 5 个字段的类型是 3 个文本的和两个数值的。

数据点的字段数据类型序列叫作**类型签名**，上例的类型签名是（文本、文本、文本、数值、数值）。该类型签名对应在 Java 中是（String, String, String, int, int）。

数据集是数据点的集合，一个数据集中所有数据点的类型签名都相同。例如代表一组人的一个数据集，其中每个点都代表组中的唯一成员。集合中所有点的类型签名都相同，因此签名就是数据集本身的特征。

NULL 值

有这样一种特殊的数据值，类型未定，还可以充当任何类型，这种数据值就是 null 值，它表示未知。例如，前面描述过的数据集包含的数据点（"White", null, "F", 39, 440163867），代表一位 39 岁的人，姓氏是 White、ID 号码是 440163867，女性，但她的名字缺少信息（或者未指定）。

2.4 关系数据库表

在关系数据库中，每个数据集都可以看作一张表，每个数据点都是表中的一行。数据集签名定义表列。

表 2-1 是关系数据库表的例子，这个表有 4 行 5 列，表示包含 5 个字段 4 个数据点的数据集。

表 2-1

姓	名	性别	年龄	ID
Adams	John	男	26	704601929
White	null	女	39	440163867
Jones	Paul	男	49	602588410
Adams	null	女	30	120096334

这张表有两个 null 字段。

正如数据集中数据点的顺序无关紧要，数据库表在本质上是行集合，因此行顺序也一样无关紧要。同理，数据库表不会包含重复的行，数据集也不会包含重复的数据点。

2.4.1 关键字段

数据集可以要求指定字段的所有值都不重复。这样的字段称为数据集的**关键字段**。在前面的示例中，ID 数字字段可以当作关键字段。

在约束数据集（或数据库表）的关键字段时，设计者应该预见到数据集可能存储的数据类型。例如，前面表中的“First name”字段就是一种关键字段的糟糕的选择，因为许多人都会同名。

键值用于搜索。比方如果想知道保罗·琼斯的年龄，可以先找到 ID 为 602588410 的数据点（也就是行），再检查这个数据点的年龄。

数据集也可以不指定单个字段而指定字段的一个子集作为关键字段。例如在一个地理数据的数据集中，我们可以指定 Longitude（经度）和 Latitude（纬度）字段联合作为关键字段。

2.4.2 键—值对

指定的字段子集（或单个字段）关键字段可以视为一组键—值对（Key-Value Pairs, KVP）。从这种角度看，每个数据点都包含两部分：它的键和对应的键值（实际中也用到**属性值对**这个术语）。

在前面的示例中，键是 ID，值是 Last name、First name、Sex、Age。

在之前提过的地理数据集中，键可以是 Longitude、Latitude，而值可以是 Altitude、Average Temperature、Average 和 Precipitation。

有时候，键—值对可以视为一种输入输出结构，关键字段是输入，字段的值是输出。例如，在地理数据集中，给定经度和纬度，数据集就返回对应的海拔、温度和平均降水量。

2.5 哈希表

键值对的数据集通常会作为哈希表实现。健对于这种数据结构，就像索引对于集合，这很像书中的页码或表中的行数。这种直接访问比顺序访问快得多，后者就像在一本书中逐页搜索一个特定的词或者短语。

键值对数据集在 Java 中通常使用 java.util.HashMap<Key,Value>类实现。类型参数 Key 和 Value 是指定的类。（还有一个更古老的 HashTable 类，但过时了。）

图 2-1 是 7 个南美国家的数据文件。

```
Countries.dat
1 Argentina    41,343,201
2 Brazil      201,103,330
3 Chile          16,746,491
4 Columbia     47,790,000
5 Paraguay      6,375,830
6 Peru         29,907,003
7 Venezuela    27,223,228
```

图 2-1 南美国家的数据文件

清单 2-1 是将这个数据载入 HashMap 对象的 Java 程序。

清单 2-1 HashMap 示例

Countries.dat | HashMapExample.java

```
13 public class HashMapExample {
14     public static void main(String[] args) {
15         File dataFile = new File("data/Countries.dat");
16         HashMap<String,Integer> dataset = new HashMap();
17         try {
18             Scanner input = new Scanner(dataFile);
19             while (input.hasNext()) {
20                 String country = input.next();
21                 int population = input.nextInt();
22                 dataset.put(country, population);
23             }
24         } catch (FileNotFoundException e) {
25             System.out.println(e);
26         }
27         System.out.printf("dataset.size(): %d%n", dataset.size());
28         System.out.printf("dataset.get(\"Peru\"): %,d%n", dataset.get("Peru"));
29     }
30 }
```

Countries.dat 文件在 data 文件夹中。第 15 行实例化一个名为 dataFile 的 java.io.File 对象来代表这个文件。第 16 行实例化一个名为 dataset 的 java.util.HashMap 对象。这个结构化文件具有 String 类型的键和 Integer 类型的值。在 try 代码块内部，我们实例化一个 Scanner 对象来读取文件。第 22 行每个数据点的载入都使用 HashMap 类的 put() 方法。

数据集载入后，我们在第 27 行打印它的大小，在第 28 行打印 Peru 的值（格式化代码“%,d”表示打印逗号分隔的整型数值。）

图 2-2 是 HashMap 程序的输出结果。

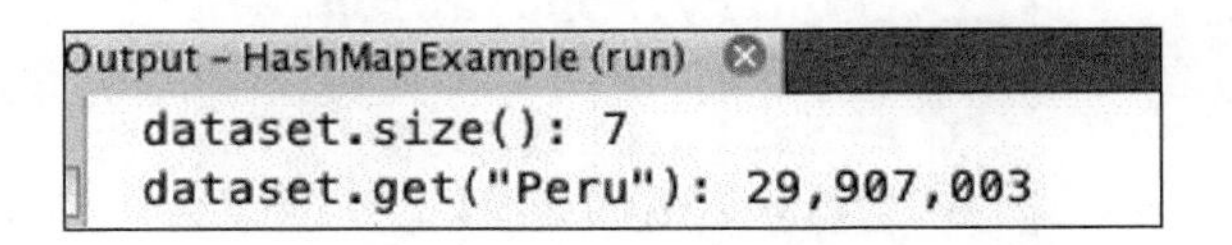

图 2-2 HashMap 程序的输出结果

注意在上一个示例中，get()方法是如何实现哈希表键值结构的输入输出内容。在第 28 行，输入是名称 Peru，输出的结果是该国家的人口 29907003。

哈希表改变某个特定键的值很容易。清单 2-2 是同一个 HashMap 示例，只是多 3 行代码。

清单 2-2　改进后的 HashMap 示例

```
29        dataset.put("Peru", 31000000);
30        System.out.printf("dataset.size(): %d%n", dataset.size());
31        System.out.printf("dataset.get(\"Peru\"): %,d%n", dataset.get("Peru"));
```

第 29 行将 `Peru` 的值改为 `31000000`。

图 2-3 是程序修改后的输出结果。

```
Output - HashMapExample (run)
dataset.size(): 7
dataset.get("Peru"): 29,907,003
dataset.size(): 7
dataset.get("Peru"): 31,000,000
```

图 2-3　HashMap 程序修改后的结果

注意，哈希表的大小不变！但键值更新后，`put()` 方法加入了一个新的数据点。

2.6　文件格式

上一个示例中的 `Countries.dat` 文件是一个平面文件，即没有特殊结构或格式的普通文本文件，是最简单的数据文件类型。

另一种常见的简单数据文件格式是逗号分隔值文件（Comma Separated Values　，CSV），也是一种文本文件，但数据值的分隔使用逗号而非空格。图 2-4 是 CSV 格式的数据，内容与上一个示例相同。

```
Countries.csv
1 Country,Population
2 Argentina,41343201
3 Brazil,201103330
4 Chile,16746491
5 Columbia,47790000
6 Paraguay,6375830
7 Peru,29907003
8 Venezuela,27223228
```

图 2-4　CSV 文件

这个示例增加了一个标题行，从而可以根据名称 Country 和 Population 识别列。

为了 Java 可以进行正确的处理，必须告诉 Scanner 对象把逗号当作分隔符。清单 2-3 的第 18 行在 input 对象实例化后完成了这个任务。

清单 2-3　读取 CSV 数据的程序

```
Countries.csv   ReadingCSVFiles.java
13 public class ReadingCSVFiles {
14     public static void main(String[] args) {
15         File dataFile = new File("data/Countries.csv");
16         try {
17             Scanner input = new Scanner(dataFile);
18             input.useDelimiter(",|\\s");
19             String column1 = input.next();
20             String column2 = input.next();
21             System.out.printf("%-10s%12s%n", column1, column2);
22             while (input.hasNext()) {
23                 String country = input.next();
24                 int population = input.nextInt();
25                 System.out.printf("%-10s%,12d%n", country, population);
26             }
27         } catch (FileNotFoundException e) {
28             System.out.println(e);
29         }
30     }
31 }
```

正则表达式|\\s 表示逗号或任意空白。Java 中的空格符号（空白、制表符、换行符等）由\s 表示。当字符串使用反斜杠字符时，反斜杠字符本身需要前置另一个反斜杠来避免被转换，如\\s。管道符号|在正则表达式中表示“或”。图 2-5 是程序的输出。

```
Output - ReadingCSVFiles (run)
run:
Country     Population
Argentina   41,343,201
Brazil     201,103,330
Chile       16,746,491
Columbia    47,790,000
Paraguay     6,375,830
Peru        29,907,003
Venezuela   27,223,228
```

图 2-5　CSV 程序的输出

格式化代码%-10s 表示以 10 列字段格式打印字符串并左对齐。格式化代码%,12d 表示以 12 列字段格式打印字符串并右对齐，每 3 位数字之前加逗号（为了可读性）。

2.6.1 微软 Excel 数据

从微软 Excel 读取和写入数据的最好方式是使用 Apache 软件基金会的 POI 开源 API 库。你可以从这里下载这个库 https://poi.apache.org/download.html。选择当前的 poi-bin 压缩文件。

本节展示两个 Java 程序，用来在 Map 数据结构和 Excel 工作簿文件之间来回复制数据。我们使用 TreeMap 而没有使用 HashMap 的目的仅仅在于展示前者根据键值保持数据点顺序的方式。

第一个程序命名为 FromMapToExcel.java，清单 2-4 是它的 main()方法。

清单 2-4 FromMapToExcel 程序

```
Countries.dat   FromMapToExcel.java   FromExcelToMap.java
21      public static void main(String[] args) {
22          Map<String,Integer> map = new TreeMap();
23          load(map, "data/Countries.dat");
24          print(map);
25          storeXL(map, "data/Countries.xls", "Countries Worksheet");
26      }
```

第 23 行的 load()方法将图 2-1 显示的 Countries 数据文件载入 map。第 24 行的 print()方法打印 map 的内容。第 25 行的 storeXL()方法在我们的 data 文件夹中创建 excel 工作簿 Countries.xls，先在这个工作簿中创建一个工作表，再把 map 数据存储在工作表中。

Excel 工作簿和工作表的结果如图 2-6 所示。

注意这个数据与图 2-1 显示的数据相同。唯一的区别在于巴西的人口超过 100000000，Excel 以四舍五入的形式进行展示，并以指数符号表示：2.01E+08。

load()方法的代码与清单 2-1 的第 15~26 行相同（除了第 16 行）。

清单 2-5 是 print()方法的代码：

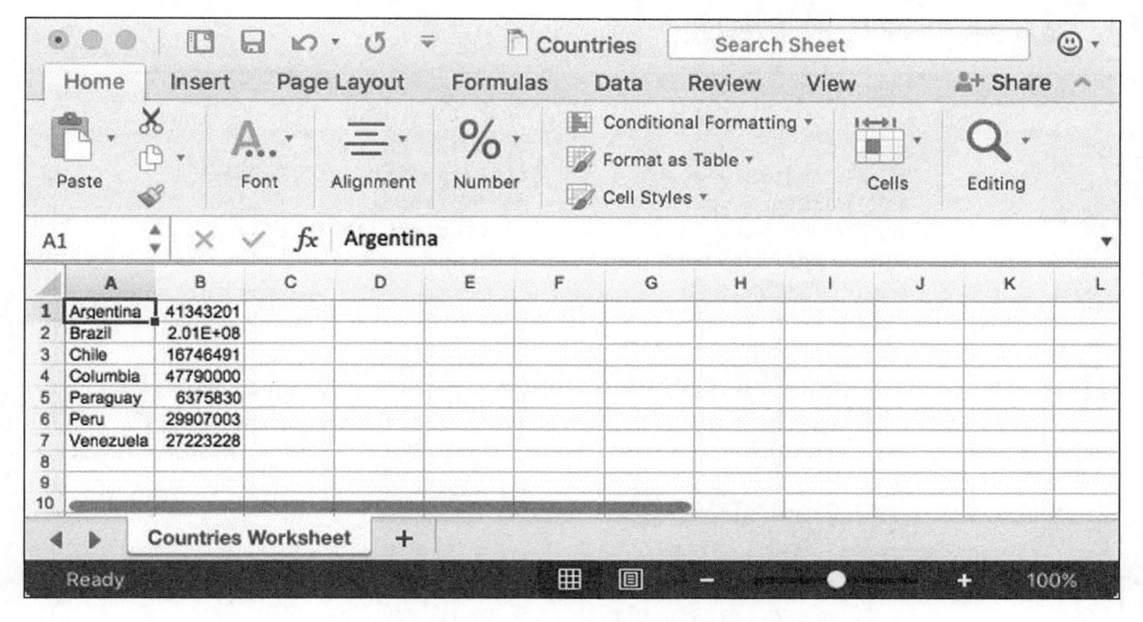

图 2-6 由 FromMapToExcel 程序创建的 Excel 表格

清单 2-5 FromMapToExcel 中的 print()方法

```
Countries.dat  FromMapToExcel.java  FromExcelToMap.java
44      public static void print(Map map) {
45          Set countries = map.keySet();
46          for (Object country : countries) {
47              Object population = map.get(country);
48              System.out.printf("%-10s%,12d%n", country, population);
49          }
50      }
```

清单 2-5 的第 45 行从 map 提取键（countries）的集合，接着第 47 行对每个国家提取对应的人口数量，第 48 行进行打印。

清单 2-6 是 `storeXL()`方法的代码。

第 60~63 行实例化 `out`、`workbook`、`worksheet` 和 `countries` 对象，接着 `for` 循环的每次迭代都在 `worksheet` 对象中载入一行，这段代码含义清晰。

下一个程序从 Excel 表载入 Java map 结构，与之前程序的工作正好相反。

清单 2-6 FromMapToExcel 程序中的 storeXL()方法

```
Countries.dat  FromMapToExcel.java  FromExcelToMap.java
58      public static void storeXL(Map map, String fileSpec, String sheet) {
59          try {
                FileOutputStream out = new FileOutputStream(fileSpec);
61              HSSFWorkbook workbook = new HSSFWorkbook();
62              HSSFSheet worksheet = workbook.createSheet(sheet);
63              Set countries = map.keySet();
64              short rowNum = 0;
65              for (Object country : countries) {
66                  Object population = map.get(country);
67                  HSSFRow row = worksheet.createRow(rowNum);
68                  row.createCell(0).setCellValue((String)country);
69                  row.createCell(1).setCellValue((Integer)population);
70                  ++rowNum;
71              }
72              workbook.write(out);
73              out.flush();
74              out.close();
75          } catch (FileNotFoundException e) {
76              System.err.println(e);
77          } catch (IOException e) {
78              System.err.println(e);
79          }
80      }
```

清单 2-7 FromExcelToMap 程序

```
Countries.dat  FromMapToExcel.java  FromExcelToMap.java
21  public class FromExcelToMap {
22      public static void main(String[] args) {
23          Map map = loadXL("data/Countries.xls", "Countries Worksheet");
24          print(map);
25      }
```

它仅仅调用 loadXL()方法并打印 map 结果。

清单 2-8 FromExcelToMap 程序中的 loadXL()方法

```
Countries.dat  FromMapToExcel.java  FromExcelToMap.java
        public static Map loadXL(String fileSpec, String sheetName) {
31          Map<String,Integer> map = new TreeMap();
32          try {
33              FileInputStream stream = new FileInputStream(fileSpec);
34              HSSFWorkbook workbook = new HSSFWorkbook(stream);
35              HSSFSheet worksheet = workbook.getSheet(sheetName);
36              DataFormatter formatter = new DataFormatter();
37              for (Row row : worksheet) {
```

```
38                HSSFRow hssfRow = (HSSFRow)row;
39                HSSFCell cell = hssfRow.getCell(0);
40                String country = cell.getStringCellValue();
41                cell = hssfRow.getCell(1);
42                String str = formatter.formatCellValue(cell);
43                int population = (int)Integer.getInteger(str);
44                map.put(country, population);
45            }
46        } catch (FileNotFoundException e) {
47            System.err.println(e);
48        } catch (IOException e) {
49            System.err.println(e);
50        }
51        return map;
52    }
```

第 37~45 行的循环对 Excel 工作表的每一行迭代一次。每次迭代得到这一行中两个单元格的值，并在第 44 行将数据对放入 map 中。

> 第 34~35 行代码实例化 HSSFWorkbook 和 HSSFSheet 对象。这些代码以及第 38~39 行的代码要求从外部包 org.apache.poi.hssf.usermodel 导入 3 个类，这 3 个导入语句是：
>
> ```
> import org.apache.poi.hssf.usermodel.HSSFRow;
> import org.apache.poi.hssf.usermodel. HSSFSheet;
> import org.apache.poi.hssf. usermodel. HSSFWorkbook;
> ```
>
> POI-3.16 相应的 Java 文档可以从 https://poi.apache.org/download.html 下载。相应的 NetBeans 安装指令参见附录。

2.6.2 XML 和 JSON 数据

Excel 是一个优秀的数据编辑可视化环境。但正如上面的例子所示，它无法令人满意地处理结构化数据，尤其是当数据像经过网络服务器那样自动传输时。

Java 作为面向对象语言，可以很好地处理结构化数据，比如列表、表和图。但作为编程语言，Java 不能在内部存储数据。而文件、电子表格和数据库都需要存储数据。

机器可读、结构化数据的标准化文件概念可以追溯到 20 世纪 60 年代。这种思想把数据嵌入代码块，每块都需要通过打开和关闭的标签进行标识。这些标签基本定义了这种结构的语法。

这也是 IBM 开发通用标记语言（**Generalized Markup Language，GML**）和之后的标

准通用标记语言（Standard Generalized Markup Language，SGML）的原因。SGML 在军事、航空航天、出版以及技术参考行业应用广泛。

可扩展标记语言（Extensible Markup Language，XML）是 SGML 在 20 世纪 90 年代的衍生语言，主要目的是满足万维网的传输需求。图 2-7 是 XML 文件的一个示例。

```
Books.xml
1  <?xml version="1.0" encoding="UTF-8"?>
2  <books>
3      <book>
4          <title>he Java Programming Language</title>
5          <edition>4</edition>
6          <author>Ken Arnold</author>
7          <author>James Gosling</author>
8          <author>David Holmes</author>
9          <publisher>Addison Wesley</publisher>
10         <year>2006</year>
11         <isbn>0-321-34980-6</isbn>
12     </book>
13     <book>
14         <title>Data Structures with Java</title>
15         <author>John R. Hubbard</author>
16         <author>JAnita Huray</author>
17         <publisher>Prentice Hall</publisher>
18         <year>2004</year>
19         <isbn>0-313-093374-0</isbn>
20     </book>
21     <book>
22         <title>Data Structures with Java</title>
23         <author>John R. Hubbard</author>
24         <publisher>Packt</publisher>
25         <year>2017</year>
26     </book>
27 </books>
```

图 2-7　XML 数据文件

图 2-7 中显示了 3 个对象，每个对象的字段个数都不同。注意，每个字段都以一个打开标签开始，并以匹配的关闭标签结束。例如，字段 2017 具有打开标签和关闭标签。

XML 的特点是简单、灵活和易于处理，因此成为了主流的数据传输协议。

JavaScript 对象标记（JavaScript Object Notation，JSON）格式是在 21 世纪初开发的，脚本语言 JavaScript 流行后不久就兴起了 JSON。JSON 继承了 XML 的良好思想，并经过修改适应了 Java（和 JavaScript）程序的轻松管理。JSON 中的 J 代表 JavaScript，但任何编程语言都可以使用 JSON。

JSON 的主流 Java API 有两种：`javax.jason` 和 `org.json`。同时 Google 在 `com.google.gson` 中还有一个 GSON 版本。我们将使用官方的 Java EE 版本

javax.jason。

JSON 是一种数据交换格式，一种用于在自动信息系统内传递信息的文本文件语法。正如 XML，JSON 与 CSV 文件一样使用逗号分隔文本。但不同之处在于 JSON 可以很好地处理结构化数据。

JSON 文件的所有数据都可以表示为名—值对（name-value pairs），比如：

```
"firstName" : "John"
"age" : 54"
"likesIceCream": true
```

接着，对这些名—值对进行嵌套可以形成结构化数据，与 XML 的原理一样。

图 2-8 展示了与图 2-7 中 XML 文件数据结构相同的 JSON 文件。

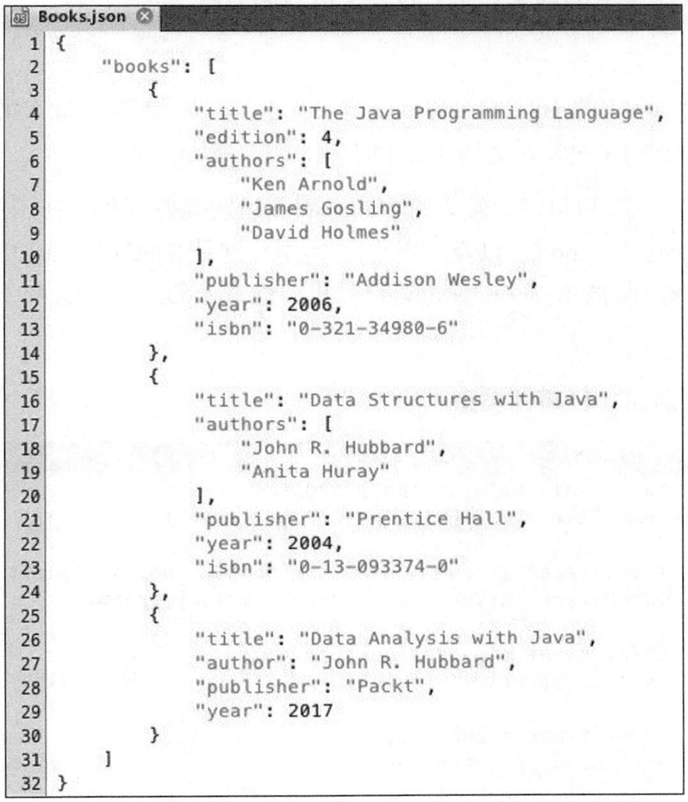

```
Books.json
1  {
2      "books": [
3          {
4              "title": "The Java Programming Language",
5              "edition": 4,
6              "authors": [
7                  "Ken Arnold",
8                  "James Gosling",
9                  "David Holmes"
10             ],
11             "publisher": "Addison Wesley",
12             "year": 2006,
13             "isbn": "0-321-34980-6"
14         },
15         {
16             "title": "Data Structures with Java",
17             "authors": [
18                 "John R. Hubbard",
19                 "Anita Huray"
20             ],
21             "publisher": "Prentice Hall",
22             "year": 2004,
23             "isbn": "0-13-093374-0"
24         },
25         {
26             "title": "Data Analysis with Java",
27             "author": "John R. Hubbard",
28             "publisher": "Packt",
29             "year": 2017
30         }
31     ]
32 }
```

图 2-8 JSON 数据文件

根对象是一个以 books 命名的名—值对。这个 JSON 对象的值是一个包含 3 个元素的 JSON 数组，其中每个元素都是代表一本书的 JSON 对象。注意，每个对象的结构都稍有不同。例如，前两个 JSON 对象有 authors 字段，是另一个 JSON 数组，而第三个 JSON 对象有标量 author 字段。此外，后两个 JSON 对象没有 edition 字段，而最后一个 JSON 对象没有 isbn 字段。

首先，每对大括号{}定义一个 JSON 对象。最外边的大括号定义 JSON 文件本身。其次，每个 JSON 对象也是一对大括号，中间有一个字符串、一个冒号和一个 JSON 值。这个 JSON 值可以是 JSON 数据值、JSON 数组或者另一个 JSON 对象。JSON 数组是一对中括号[]，中间是一串 JSON 对象或 JSON 数组组成的序列。最后，JSON 数据值可以是字符串、数字、JSON 对象、JSON 数组、True、 False 或 null。一般来说，null 表示未知。

JSON 可以在 HTML 页面中使用，将以下语句包括在<head>部分：

```
< script src =" js/ libs/ json2. js" > </ script >
```

如果 JSON 文件结构已知，那么可以使用 JsonReader 对象读取，如清单 2-10 所示。否则可以使用 JsonParser 对象，如清单 2-11 所示。

解析器是一个对象，可以读取输入流中的令牌并识别类型。例如，在图 2-7 表示的 JSON 文件中，头 3 个标记是{、books 以及[。它们的类型分别是 START_OBJECT、KEY_NAME 和 START_ARRAY，从清单 2-9 的输出可以看出。注意 JSON 解析器将令牌作为事件进行调用。

清单 2-9 识别 JSON 事件类型

```
Books.json    ReadingJSONFiles.java    ParsingJSONFiles.java
25      public static void main(String[] args) {
26          File dataFile = new File("data/Books.json");
27          try {
                InputStream stream = new FileInputStream(dataFile);
29              JsonParser parser = Json.createParser(stream);
30
31              Event event = parser.next();
32              System.out.println(event);                    //  START_OBJECT
33
34              event = parser.next();
35              System.out.println(event);                    //  KEY_NAME
36
37              event = parser.next();
38              System.out.println(event);                    //  START_ARRAY
```

```
39
40                 stream.close();
41             } catch (FileNotFoundException e) {
42                 System.out.println(e);
43             } catch (IOException e) {
44                 System.out.println(e);
45             }
46         }
```

```
Output – ReadingJSONFiles (run)
run:
START_OBJECT
KEY_NAME
START_ARRAY
```

通过这种方式识别令牌可以确定如何处理它们。如果它是 START_OBJECT，那么下一个令牌一定是 KEY_NAME。如果它是 KEY_NAME，那么下一个令牌要么是键值，要么是 START_OBJECT 或者 START_ARRAY。如果它是 START_ARRAY，那么下一个令牌一定是另一个 START_ARRAY 或者另一个 START_OBJECT。

清单 2-10 讲解了解析，它包含着双重目标：一是提取键—值对（真实数据），二是提取数据集的全部数据结构。

清单 2-10　解析 JSON 文件

```
Books.json | ReadingJSONFiles.java | ParsingJSONFiles.java
19 public class ParsingJSONFiles {
20     public static void main(String[] args) {
21         File dataFile = new File("data/Books.json");
22         try {
23             InputStream stream = new FileInputStream(dataFile);
24             JsonParser parser = Json.createParser(stream);
25             Event event = parser.next();  // advance past START_OBJECT
26             HashMap<String,Object> map = getMap(parser);
27             System.out.println(map);
28             stream.close();
29         } catch (FileNotFoundException e) {
30             System.out.println(e);
31         } catch (IOException e) {
32             System.out.println(e);
33         }
34     }
```

清单 2-11 是 `getMap()` 方法。

清单 2-11 解析 JSON 文件用的 getMap()方法

```
Books.json  ReadingJSONFiles.java  ParsingJSONFiles.java
36      /*  Returns the HashMap parsed by the specified parser.
37          Called when event.equals(event.START_OBJECT):
38      */
39      public static HashMap getMap(JsonParser parser) {
            HashMap<String,Object> map = new HashMap();
            Event event = parser.next();  // advance past START_OBJECT
42          String key = parser.getString();
43          event = parser.next();        // advance past KEY_NAME
44          while (!event.equals(Event.END_OBJECT)) {
                if (event.equals(Event.VALUE_STRING)) {
46                  String value = parser.getString();
47                  map.put(key, value);
48              } else if (event.equals(Event.VALUE_NUMBER)) {
49                  Integer value = parser.getInt();
50                  map.put(key, value);
51              } else if (event.equals(Event.START_ARRAY)) {
52                  ArrayList<String> list = getList(parser);
53                  map.put(key, list);
54              }
55              event = parser.next();
56              if (event.equals(Event.END_OBJECT)) {
57                  break;
58              }
59              key = parser.getString();
60              event = parser.next();
61          }
62          return map;
63      }
```

清单 2-12 是 getList()方法。

清单 2-12 解析 JSON 文件用的 getList()方法

```
Books.json  ReadingJSONFiles.java  ParsingJSONFiles.java
65      /*  Returns the ArrayList parsed by the specified parser.
66          Called when event.equals(event.START_ARRAY):
67      */
68      public static ArrayList getList(JsonParser parser) {
            ArrayList list = new ArrayList();
70          Event event = parser.next();  // advance past START_ARRAY
71          while (!event.equals(Event.END_ARRAY)) {
                if (event.equals(Event.VALUE_STRING)) {
73                  list.add(parser.getString());
74                  event = parser.next();
75              } else if (event.equals(Event.START_OBJECT)) {
76                  HashMap<String,Object> map = getMap(parser);
```

```
77                      list.add(map);
78                      event = parser.next();
79                  } else if (event.equals(Event.START_ARRAY)) {
80                      ArrayList subList = getList(parser);    //  recursion
81                      list.add(subList);
82                      event = parser.next();
83                  }
84              }
85              return list;
86      }
```

实际数据无论是名称还是值，都是通过方法 parser.getString()和 parser.getInt()获取的。

下面是程序的无格式化输出，目的仅仅是进行检查：

```
{books=[{year=2004, isbn=0-13-093374-0, publisher=Prentice Hall, title=Data Structures with Java, authors=[John R. Hubbard, Anita Huray]}, {year=2006, isbn=0-321-34980-6, edition=4, publisher=Addison Wesley, title=The Java Programming Language, authors=[Ken Arnold, James Gosling, David Holmes]}, {year=2017, author=John R. Hubbard, publisher=Packt, title=Data Analysis with Java}]}
```

举个例子说明 Java 打印键—值对的默认方法，year=2004，其中 year 是键，2004 是值。

如果需要运行这样的 Java 程序，可以从 https://mvnrepository.com/ artifact/org.glassfish/javax.json/1.0.4 下载文件 javax.json-1.0.4.jar。

点击 Download (BUNDLE)即可完成下载。

如何在 NetBeans 中完成安装，请参见附录。

将下载的 jar 文件（目前是 json-lib-2.4-jdk15.jar）拷贝到方便使用的文件夹中（例如，Mac 的 Library/Java/Extensions/）。如果你正在使用 NetBeans，选择 **Tools | Libraries** 载入 IDE，再在项目图标上点击鼠标右键并先后选择 **Properties** 和 **Libraries**，选择 **Add JAR/Folder**，继续操作并选择 **javax.json-1.0.4.jar**。

2.7 生成测试数据集

使用 Java 生成数值测试数据集非常容易，可以使用 `java.util.Random` 对象生成随机数。清单 2-13 是生成随机数的代码。

清单 2-13 生成随机数

GeneratingTestData.java   Output.dat

```java
public class GeneratingTestData {
    private static final int ROWS = 8, COLS = 5;
    private static final Random RANDOM = new Random();

    public static void main(String[] args) {
        File outputFile = new File("data/Output.csv");
        try {
            PrintWriter writer = new PrintWriter(outputFile);
            for (int i = 0; i < ROWS; i++) {
                for (int j = 0; j < COLS-1; j++) {
                    writer.printf("%.6f,", RANDOM.nextDouble());
                }
                writer.printf("%.6f%n", RANDOM.nextDouble());
            }
            writer.close();
        } catch (FileNotFoundException e) {
            System.err.println(e);
        }
    }
}
```

这个程序生成了图 2-9 中的 CSV 文件，有 8 行 5 列，每个元素都是随机小数。

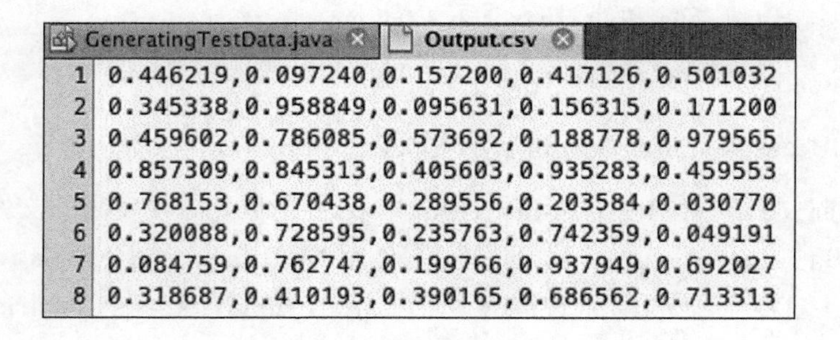

GeneratingTestData.java   Output.csv

```
0.446219,0.097240,0.157200,0.417126,0.501032
0.345338,0.958849,0.095631,0.156315,0.171200
0.459602,0.786085,0.573692,0.188778,0.979565
0.857309,0.845313,0.405603,0.935283,0.459553
0.768153,0.670438,0.289556,0.203584,0.030770
0.320088,0.728595,0.235763,0.742359,0.049191
0.084759,0.762747,0.199766,0.937949,0.692027
0.318687,0.410193,0.390165,0.686562,0.713313
```

图 2-9 测试数据文件

2.7.1 元数据

元数据是关于数据的数据。例如，前面生成的文件可以描述为“8 行逗号分隔的小数，每行 5 个”，这就是元数据。有时你会需要这种信息，比如写程序读取这个文件时。

这个示例相当简单：数据无结构，数值类型相同。而结构化数据的元数据需要描述数据的结构。

数据集的元数据可以作为数据本身包括在同一个文件中。上面的例子可以使用一个标题行修正，如图 2-10 所示。

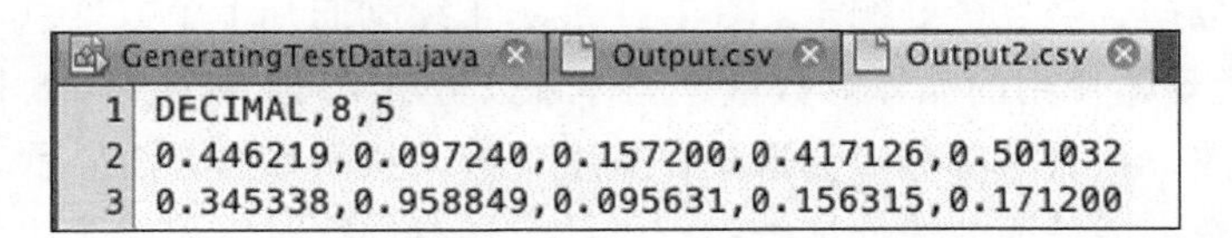

图 2-10　文件头有元数据的测试文件

在 Java 中读取数据文件时，可以使用 Scanner 对象的 nextLine()方法扫描前几行，如清单 2-15 第 32 行所示。

2.7.2　数据清洗

数据清洗，也叫作数据清理，描述了从数据集中寻找不可靠的数据值并进行修正或删除的过程。不可靠的数据常常源于数据输入或转录时的粗心。

数据清洗过程可以辅以各种软件工具的帮助。例如，微软 Excel 有 CLEAN()函数用来消除文本文件中不可打印的字符。大多数统计系统有许多更通用的清洗函数，比如 R 和 SAS。

Spellcheckers 提供了大部分人会用到的数据清洗功能，但是它们无法帮助解决像把 form 拼成 from 和把 their 拼成 there 这样的错误。

统计离群点也很好认出，例如，当 ExcelCountries 表中巴西的人口显示为 2.10 而非 2.01E+08 时。

程序的约束有助于停止错误的数据输入。例如，某些变量只能从指定的集合取值，如国家的 ISO 标准两字母缩写（CN 代表中国、FR 代表法国，等等）。类似的是文本数据预期会符合预定格式，比如电话号码和电子邮件地址，在输入过程中可以自动检查。

数据清洗过程的基本要素是避免利益冲突。如果一位研究者为了支持某个已有理论而收集数据，那么原始数据的任何替换都必须采取最透明和最客观的方式。例如在新药物的测试过程中，制药实验室必须维护任何数据清洗的公共日志。

2.7.3 数据缩放

对数值数据进行缩放可以令它更有意义。数据缩放也称为数据标准化，这等同于对数据集的一个字段中所有值使用同一个数学函数变换。

摩尔定律的数据就是一个好例子。图 2-11 展示了绘制的几十个数据点，刻画了从 1971 年到 2011 年微处理器使用的晶体管数量。晶体管数量从 2300 增长到 2.6 亿。如果对计数字段使用线性缩放，那么大部分点会聚集在刻度下方，从而数据无法显示。当然，事实上晶体管数目是指数型增长而非线性增长的。因此，只有进行对数缩放才适合该数据的可视化。换句话说，应该对每个数据点(x, y)绘制点(x, log y)。微软 Excel 允许使用缩放函数。

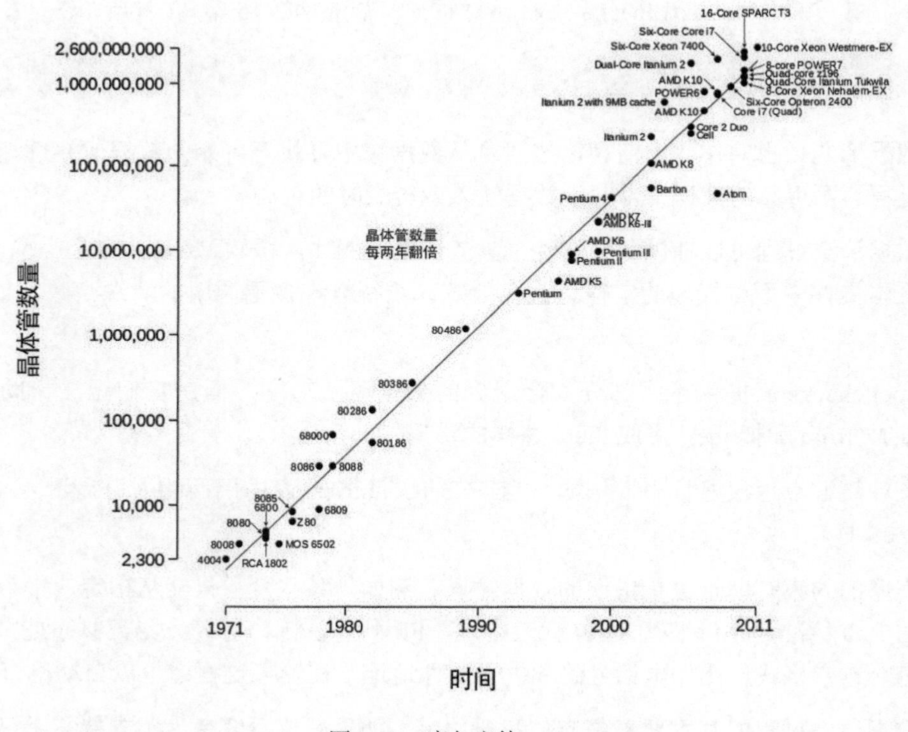

图 2-11 摩尔定律

2.7.4 数据过滤

过滤通常指数据集的子集选择，选择会基于数据字段上的某些条件进行。例如想在

Countries 数据集中选择国土面积超过 100 万平方公里的内陆国家。

例如，图 2-12 显示的 Countries 数据集：

```
Countries.dat
 1 Name        Population    Area         Landlocked
 2 Angola       26,655,513   1,245,585     false
 3 Argentina    44,272,125   2,732,847     false
 4 Bolivia      11,052,864   1,083,614     true
 5 Brazil      211,243,220   8,349,534     false
 6 Chad         14,965,482   1,257,604     true
 7 Chile        18,313,495     744,451     false
 8 Columbia     49,067,981   1,110,135     false
 9 Egypt        95,215,102     994,933     false
10 Ethiopia    104,344,901   1,000,430     false
11 Kenya        48,466,928     568,861     false
12 Mali         18,689,966   1,221,566     true
13 Nigeria     191,835,936     910,902     false
14 Niger        21,563,607   1,268,447     true
15 Paraguay      6,811,583     398,338     true
16 Peru         32,166,473   1,281,533     false
17 Tanzania     56,877,529     885,943     false
18 Uganda       41,652,938     199,774     true
19 Uruguay       3,456,877     174,590     false
20 Venezuela    31,925,705     881,926     false
21 Zambia       17,237,931     743,014     true
```

图 2-12 Countries 数据集

为了进行有效的处理，首先定义展示在清单 2-14 中的 Country 类。在第 20~27 行，构造函数从指定 Scanner 对象扫描文件的下一行中读取新 Country 对象的 4 个字段。在第 29~33 行，负责重写的 toString()方法会返回 String 对象，格式与输入文件的每行格式相同。

清单 2-14 Country 类的代码

```
Countries.dat  Country.java
11 class Country {
12     protected String name;
13     protected int population;
14     protected int area;
15     protected boolean landlocked;
16 
17     /*  Constructs a new Country object from the next line being scanned.
18         If there are no more lines, the new object's fields are left null.
19     */
20     public Country(Scanner in) {
21         if (in.hasNextLine()) {
22             this.name = in.next();
23             this.population = in.nextInt();
```

```
24            this.area = in.nextInt();
25            this.landlocked = in.nextBoolean();
26        }
27    }
28
29    @Override
30    public String toString() {
31        return String.format("%-10s %,12d %,12d %b",
32                name, population, area, landlocked);
33    }
34 }
```

清单 2-15 展示了过滤数据的主要程序。

清单 2-15 过滤输入数据的代码

```
Countries.dat   Country.java   FilteringData.java
15 public class FilteringData {
16     private static final int MIN_AREA = 1000000;  // one million
17     public static void main(String[] args) {
18         File file = new File("data/Countries.dat");
19         Set<Country> dataset = readDataset(file);
20
21         for (Country country : dataset) {
22             if (country.landlocked && country.area >= MIN_AREA) {
23                 System.out.println(country);
24             }
25         }
26     }
27
28     public static Set readDataset(File file) {
29         Set<Country> set = new HashSet();
30         try {
31             Scanner input = new Scanner(file);
32             input.nextLine();  // read past headers
33             while (input.hasNextLine()) {
34                 set.add(new Country(input));
35             }
36             input.close();
37         } catch (FileNotFoundException e) {
38             System.out.println(e);
39         }
40         return set;
41     }
42 }
```

在第 28~41 行中，readDataset()方法使用了第 34 行的自定义构造函数，将指定文件的所有数据读入一个 HashSet 对象，这个对象在第 19 行被命名为 dataset。真正的过滤在第 21 行完成。循环仅仅打印出面积至少 100 万平方公里的内陆国家，如图 2-13 所示。

在微软 Excel 中，你可以通过选择 Data | Filter 或 Data | Advance| Advanced Filter 来过滤数据。

另一种数据过滤是检测数据集并消除噪声的过程，这里的噪声指的是破坏数据的任何类型的独立随机传输干扰。这个术语源于录音的背景噪声现象，类似的情形也发生在图像文件和视频录制中，这种过滤方法更为高级。

```
Output - FilteringData (run)
run:
Bolivia         11,052,864      1,083,614 true
Mali            18,689,966      1,221,566 true
Niger           21,563,607      1,268,447 true
Chad            14,965,482      1,257,604 true
```

图 2-13 经过滤的数据

2.7.5 排序

有时候，对处理好的数据进行排序或重新排序很有必要。例如，图 2-1 中的 Countries.dat 文件已经按 name 字段排序，而你还想按 population 字段重新排序。

Java 的一种排序方法是使用 TreeMap（而非 HashMap），如清单 2-16 所示。在第 17 行实例化 dataset 对象的映射中，键类型指定 Integer，值类型指定 String。这是因为排序按 population 字段进行，而它是整数型。

清单 2-16 使用不同字段进行重排序

```
Countries.dat   SortingData.java
14  public class SortingData {
15      public static void main(String[] args) {
16          File file = new File("data/Countries.dat");
17          TreeMap<Integer,String> dataset = new TreeMap();
18          try {
19              Scanner input = new Scanner(file);
20              while (input.hasNext()) {
21                  String x = input.next();
22                  int y = input.nextInt();
23                  dataset.put(y, x);
24              }
25              input.close();
26          } catch (FileNotFoundException e) {
27              System.out.println(e);
28          }
29          print(dataset);
30      }
```

```
31
32     public static void print(TreeMap<Integer,String> map) {
33         for (Integer key : map.keySet()) {
34             System.out.printf("%,12d  %-16s%n", key, map.get(key));
35         }
36     }
37 }
```

```
Output - SortingData (run)
run:
   6,375,830  Paraguay
  16,746,491  Chile
  27,223,228  Venezuela
  29,907,003  Peru
  41,343,201  Argentina
  47,790,000  Columbia
 201,103,330  Brazil
```

TreeMap 数据结构按照关键字段的顺序保持数据的排序。因此，当它在第 29 行打印时，输出是按人口数量升序排列。

当然，在任何映射数据结构中，关键字段的值必须唯一。如果两个国家的人口相同，这种方法可能会失效。

更一般的方法是定义一个实现 java.util.Comparable 接口的 DataPoint 类，根据排序列的值比较对象。然后把完整的数据集载入一个 ArrayList 中，再在 Collections 类中运用 sort() 方法进行简单排序，就像 Collections.sort(list)。

在 Excel 中，你可以从主菜单选择 **Data | Sort** 来对数据的一列进行排序。

2.7.6 合并

另一种预处理任务是将多个排好序的文件合并成单个排好序的文件。清单 2-18 展示了实现该任务的 Java 程序。它在图 2-14 和图 2-15 展示的两个 Countries 文件上运行。注意它们的排序依据是人口数量。

```
Countries1.dat    Countries2.dat
1  Angola       25,326,000
2  Kenya        45,533,000
3  Tanzania     51,046,000
4  Egypt        89,125,000
5  Ethiopia     99,391,000
6  Nigeria     181,563,000
```

图 2-14 非洲国家

```
Countries1.dat    Countries2.dat
1  Paraguay      6,375,830
2  Chile        16,746,491
3  Venezuela    27,223,228
4  Peru         29,907,003
5  Argentina    41,343,201
6  Columbia     47,790,000
7  Brazil      201,103,330
```

图 2-15 南美洲国家

为了合并这两个文件，我们定义 Java 类代表每个数据点，如清单 2-17 所示。这里的类与清单 2-14 相同，但在第 30~38 行增加了两个方法。

清单 2-17 Country 类的代码

```
Countries2.dat  Countries1.dat  Country.java  MergingFiles.java  Countries.dat
10 class Country implements Comparable {
11     private String name;
12     private Integer population;
13
14     public Country(String name, Integer population) {
15         this.name = name;
16         this.population = population;
17     }
18
19     /*  Constructs a new Country object from the next line
20         of the specified file. If there are no more lines to read,
21         then the new object's fields are left null.
22     */
23     public Country(Scanner in) {
24         if (in.hasNextLine()) {
25             this.name = in.next();
26             this.population = in.nextInt();
27         }
28     }
29
30     public boolean isNull() {
31         return this.name == null;
32     }
33
34     @Override
35     public int compareTo(Object object) {
36         Country that = (Country)object;
37         return this.population - that.population;
38     }
39
40     @Override
41     public String toString() {
42         return String.format("%-10s%,12d", name, population);
43     }
44 }
```

通过实现 java.util.Comparable 接口（在第 10 行）可以比较 Country 对象。如果隐式参数（this）的人口小于显式参数的人口，compareTo()方法（在第 34~38 行）会返回一个负整数，这允许我们根据它们的人口规模排序 Country 对象。

第 30~32 行的 isNull()方法仅仅用来确定到达输入文件底部的时间。

清单 2-18[①]的程序比较了两个文件的 Country 对象，再在第 27 行或第 30 行的输出文件中打印人口数量较少的国家。当两个国家中的某一个扫描结束时，将有一个 Country 对象包含 null 字段，结果第 24 行停止 while 循环。其余两个 while 循环中的一个将停止扫描其他文件。合并文件后的结果如图 2-16 所示。

清单 2-18　合并两个已排序的文件

```
Countries1.dat | Countries2.dat | Country.java | MergingFiles.java | Countries.dat
13 public class MergingFiles {
14     public static void main(String[] args) {
15         File inFile1 = new File("data/Countries1.dat");
16         File inFile2 = new File("data/Countries2.dat");
17         File outFile = new File("data/Countries.dat");
18         try {
19             Scanner in1 = new Scanner(inFile1);
20             Scanner in2 = new Scanner(inFile2);
21             PrintWriter out = new PrintWriter(outFile);
22             Country country1 = new Country(in1);
23             Country country2 = new Country(in2);
24             while (!country1.isNull() && !country2.isNull()) {
25                 if (country1.compareTo(country2) < 0) {
26                     out.println(country1);
27                     country1 = new Country(in1);
28                 } else {
29                     out.println(country2);
30                     country2 = new Country(in2);
31                 }
32             }
33             while (!country1.isNull()) {
34                 out.println(country1);
35                 country1 = new Country(in1);
36             }
37             while (!country2.isNull()) {
38                 out.println(country2);
39                 country2 = new Country(in2);
40             }
41             in1.close();
42             in2.close();
43             out.close();
44         } catch (FileNotFoundException e) {
45             System.out.println(e);
46         }
47     }
48 }
```

① 译者注：原文此处有误！

这个程序会生成数量巨大的新 Country 对象。

例如，如果一个文件包含 100 万条记录，另一个文件包含一条 population 字段取最大值的记录，那么合并会创建 100 万个无用(null)对象。这是另一个选择 Java 处理文件的好理由。在 Java 中，未引用过的对象占据的空间会自动释放并回到可用的内存堆。而在缺乏垃圾收集协议实现的编程语言中，程序很可能因为超过内存限制而崩溃。

MergingFiles.java　Countries.dat

```
 1 Paraguay      6,375,830
 2 Chile        16,746,491
 3 Angola       25,326,000
 4 Venezuela    27,223,228
 5 Peru         29,907,003
 6 Argentina    41,343,201
 7 Kenya        45,533,000
 8 Columbia     47,790,000
 9 Tanzania     51,046,000
10 Egypt        89,125,000
11 Ethiopia     99,391,000
12 Nigeria     181,563,000
13 Brazil      201,103,330
```

图 2-16　合并过的文件

2.7.7　散列法

散列法是将标识数字指派给数据对象的过程。术语“哈希”（hash）本身就表示这些号码随机置乱，仿佛一盘用剩肉、土豆、洋葱和香料做成的普通炖菜。

好的哈希函数具备以下两个特性。

- 唯一性：任何两个不同对象的哈希代码都不相同。
- 随机性：哈希代码形式上是均匀分布的。

Java 为每个实例化对象自动指派一个哈希代码，这也是使用 Java 做数据分析的理由。对象 obj 的哈希代码由 obj.hashCode()给出。例如，在清单 2-15 合并程序的第 24 行加入如下代码：

```
System.out.println(country1.hashCode());
```

可以得到 Paraguay 对象的哈希代码是 685,325,104。

Java 根据对象内容的哈希代码计算对象的哈希代码。例如，字符串 AB 的哈希代码是 2081，这等于 31*65 + 66，即 A 的哈希代码的 31 倍加上 B 的哈希代码（65 和 66 分别是 A 和 B 的 Unicode 值。）

当然，哈希代码可以用来实现哈希表。最初的想法是在数组 a[]中存储一组对象，其中对象 x 会在索引 i = h mod n 处存储，由于 685,325,104 mod 255 = 109，Paraguay 对象会接着存储在 a[109]中。

mod 表示取余数。例如，25 mod 7 = 4 因为 25 = 3・7 + 4。

2.8 小结

本章讨论数据分析准备工作的各种组织过程。在计算机程序中，每个数据都会被指派相应的数据类型，刻画特征并定义可实施的操作类型。

数据存储在关系数据库中会组织成表，表中每行对应一个数据点，每列对应指定类型的单个字段。键字段的值唯一，可以作为搜索索引。

类似的观点是将数据组织成键—值对。正如在关系数据库表中，键字段必须唯一。哈希表实现了键—值范式，通过哈希函数确定键相关数据的存储位置。

数据文件根据文件类型的规格进行相应的格式化。逗号分隔值类型（CSV）是最常见的结构化数据文件类型，其他常见的类型还包括 XML 和 JSON。

刻画数据结构的信息称为元数据，数据的自动处理需要这种信息。

本章描述的特定数据处理包括数据清洗和过滤（移除错误的数据）、数据放缩（根据指定比例调整数值型的值）、排序、合并以及散列。

第3章 数据可视化

正如标题所示，本章描述数据常用的多种可视化表现方法。一图胜千言，好的图形展示常常可以最恰当地表达数字背后的主要思想。斯诺医生的霍乱地图就是一个经典案例。

图 3-1 是另一个著名示例，故事发生在 19 世纪。

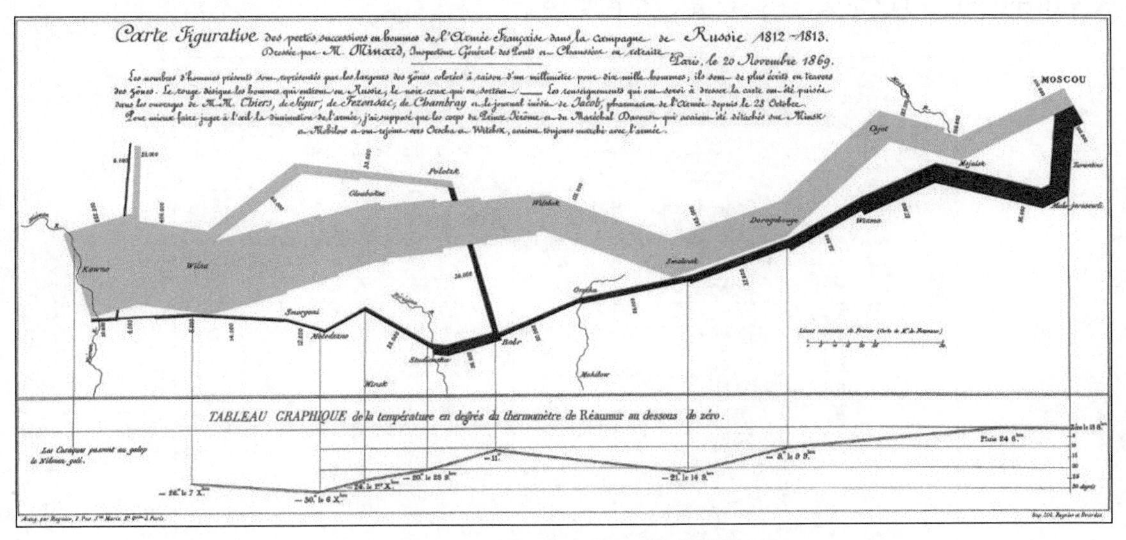

图 3-1　米纳德的“拿破仑东征图”

这张图显示了拿破仑和他的大军在 1812 年战争期间的行军路线，这次远征从法国到莫斯科再撤退回来。图 3-1 表达的主要思想是通过前进和后退的线宽代表每个战役地点的军队规模。

3.1 表和图

如图 2-12 所示，大部分数据保存在表格中，但更常见的表格包含着数千行和许多列。即使是许多文本型或布尔型的数据字段，使用图形汇总也更好理解。

数据有多种不同的图示方法。这里讨论更标准的方法，不讨论那些更有创造性的衍生表现形式，比如米纳德的地图（见图 3-1）。

3.1.1 散点图

散点图，也称为散布图，这张图刻画的数据集有两个数值型值标签。如果两个字段标记为 *x* 和 *y*，那么散点图就是这些（*x*,*y*)点的二维图形。

散点图在 Excel 中很容易创建。只要在两列中输入数值数据再选择 **Insert | All Charts | X Y (Scatter)**就可以完成。图 3-2 是一个简单例子。

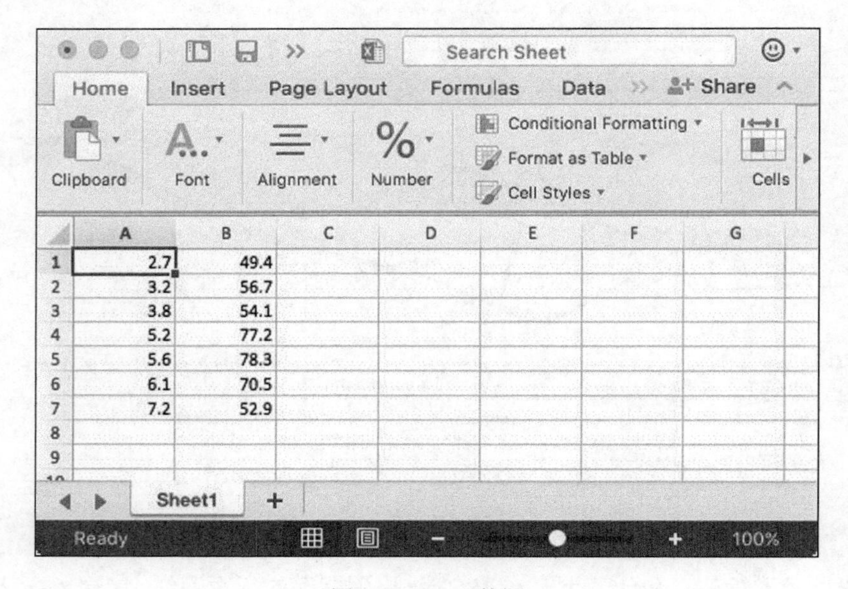

图 3-2 Excel 数据

图 3-2 展示了给定的数据，图 3-3 展示了对应的散点图。

每个轴的标度不一定是线性的。图 2-11 中微处理器的示例就使用了对数标度的纵轴。

图 3-4 展示了一张数据散点图，描述老忠实喷泉（Old Faithful Geyser）两次喷发的时

间间隔区间与每次喷发的持续时间之间的联系。这张图是通过一段 Java 程序生成的，可以从异步社区网站上下载。

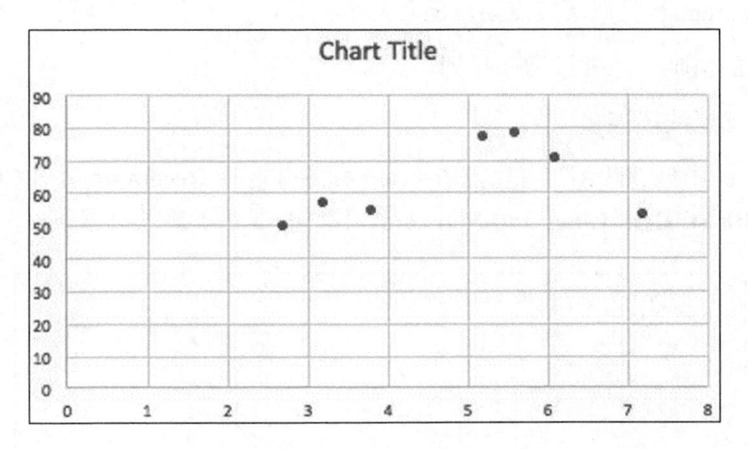

图 3-3 散点图

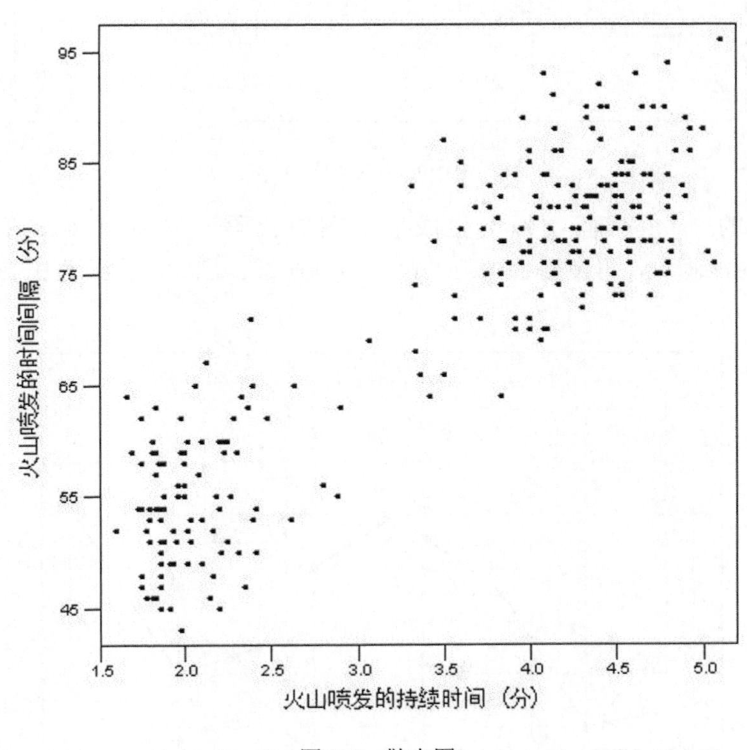

图 3-4 散点图

3.1.2 线图

线图（line graph）类似于散点图，但有两个差异。

- 第一列的值唯一，并按增序排列。
- 相邻点通过线段连接。

为了在 Excel 中创建线图，可以点击 Insert 标签并选择 **Recommended Charts**，再点击选项 **Scatter with Straight Lines and Markers**。图 3-5 展示了测试数据集前 7 个点的结果。

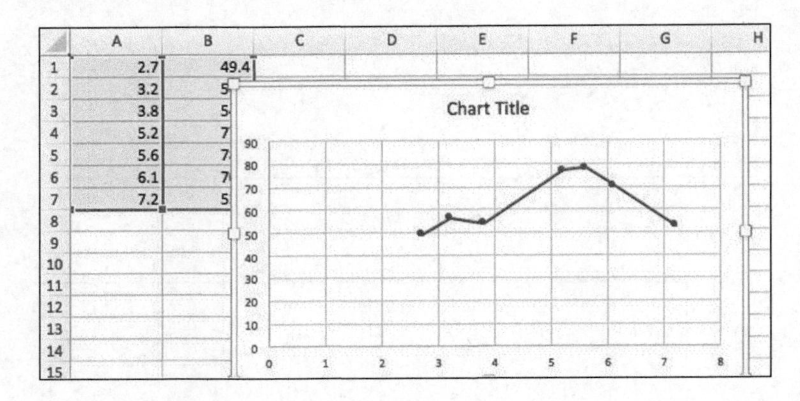

图 3-5 Excel 线图

生成线图的 Java 代码类似于生成散点图的代码。先使用 `Graphics2D` 类的 `fillOval()` 方法画点，再使用 `drawLine()` 方法画线。图 3-6 展示了 `DrawLineGraph` 程序的输出。

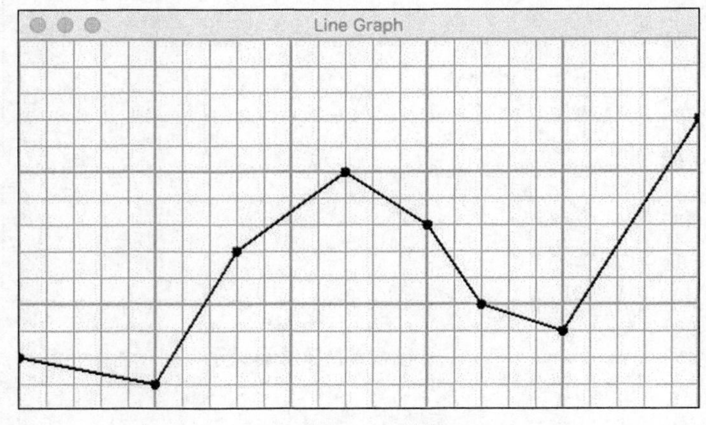

图 3-6 Java 线图

3.1.3 条形图

条形图是概括小规模数值型数据集的另一种常见图形方法，每个元素的值展示一个单条形（彩色的矩形）。

使用 `Graphics2D` 类的 `fillRect()` 方法绘制条形，这样可以在 Java 中生成条形图。图 3-7 展示了一张 Java 程序生成的条形图。

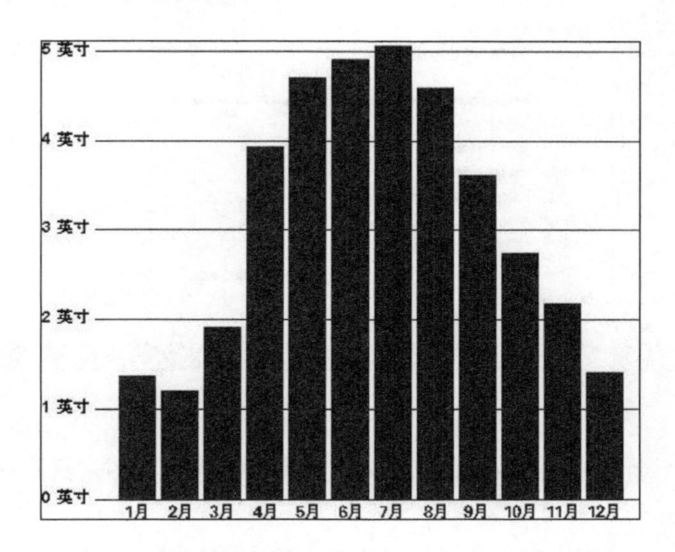

图 3-7 田纳西州诺克斯维尔的降水量（1 英寸≈25.4 毫米）

Excel 很容易生成条形图。

（1）选择一列标签（文本名称）和对应的一列数值。

（2）在 **Insert** 标签上点击 **Recommended Charts**，再点击 **Clustered Column** 或 **Clustered Bar**。

图 3-8 的 Excel 条形图展示了数据集 `AfricanCountries` 中人口列的条形图。

3.1.4 直方图

直方图和条形图一样常常使用真实数据的计数或百分比，但直方图的数值数据代表频率。直方图还是图示投票结果的首选。

如果数字之和是 100%，那么可以在 Excel 中使用条形图来创建类似于图 3-9 中的直方图。

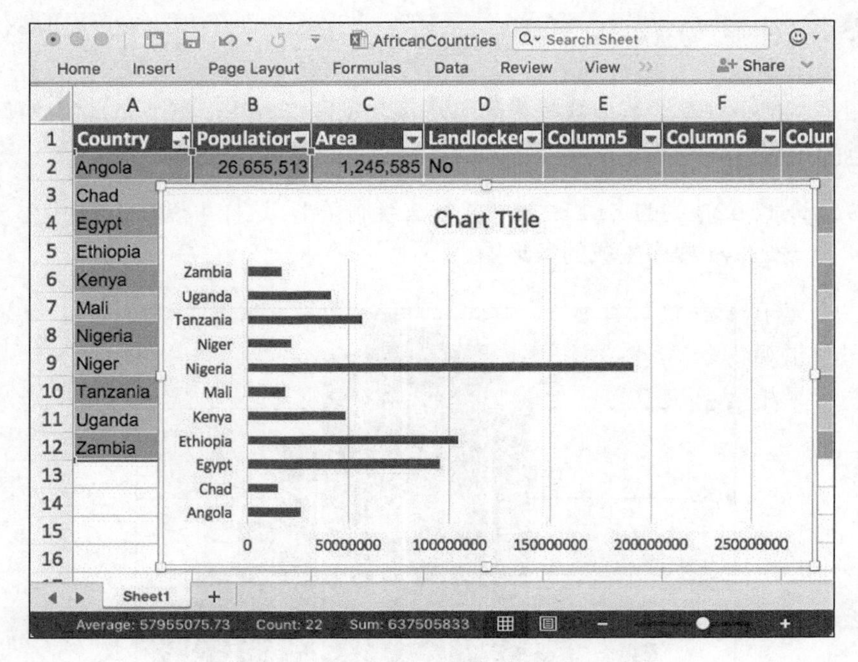

图 3-8 Excel 条形图

Excel 还有一个名叫 **Data Analysis** 的插件，可以创建直方图，只是它要求数值型值为属性标签（叫作 **bins**）。

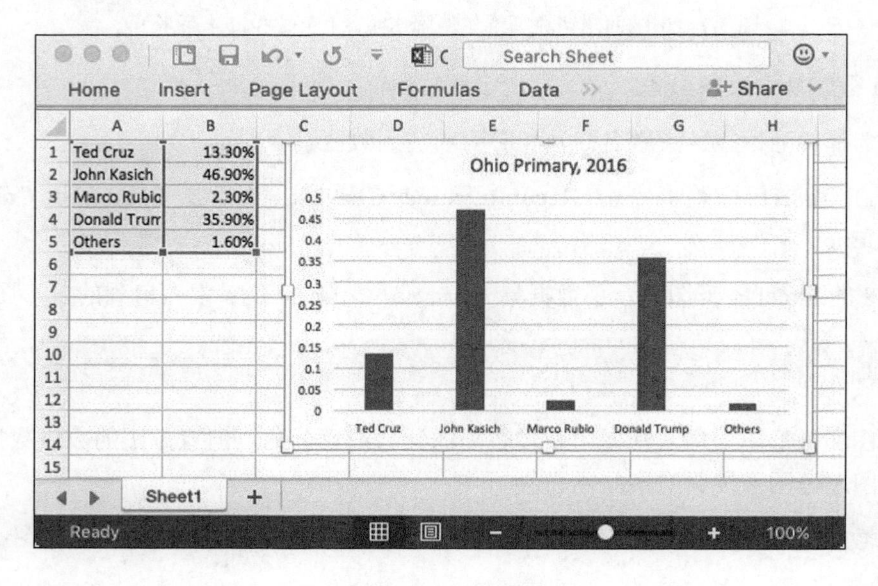

图 3-9 Excel 直方图

3.2 时间序列

时间序列是首字段（独立变量）为时间的数据集。它的数据结构可以视为映射，即键—值对的集合，键是时间，值代表这个时间发生的事件。通常，主要思想是某些对象随着时间变动的快照序列。

时间序列属于最早的数据集。图 3-10 展示了伽利略在 1610 年记录的笔记本中的一页，记录了木星卫星观测。伽利略绘制的这张图就是时间序列数据，时间记在左侧，变化的对象是卫星与行星相对位置的草图。更现代的时间序列示例包括生物计量、天气、地震以及市场数据。

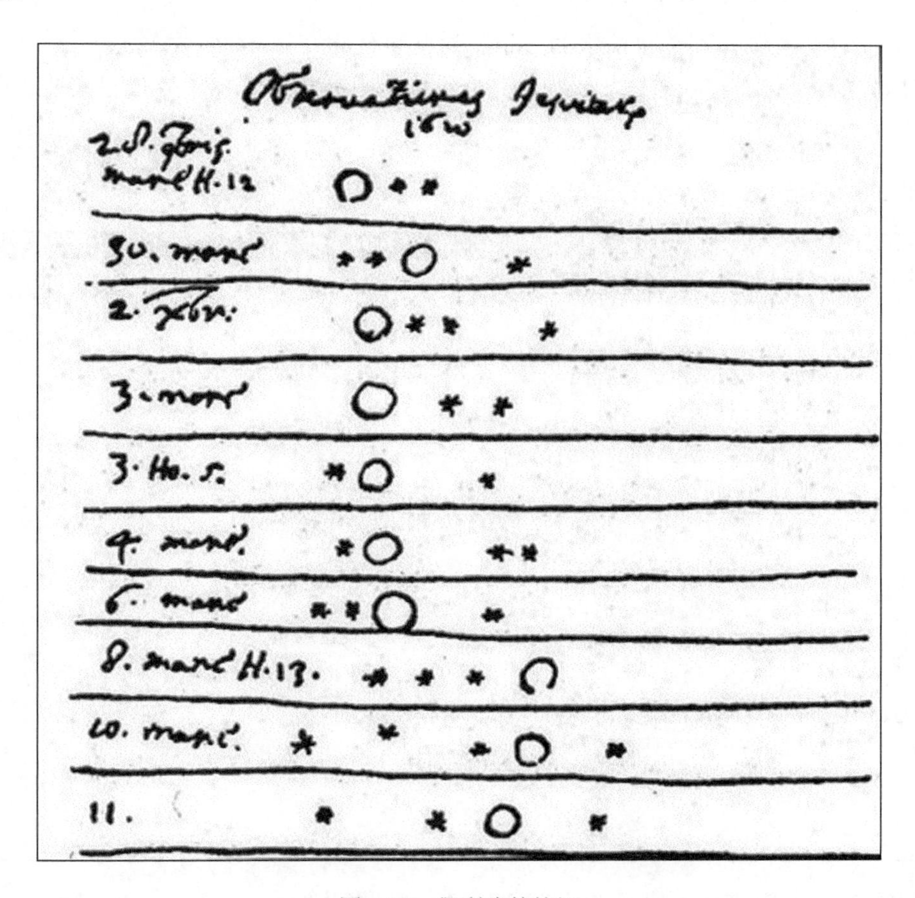

图 3-10 伽利略的笔记

大多数时间序列数据的积累过程都是自动的。因此，那些数据集往往很大，具有大数据的特征。这个主题在第 11 章“Java 大数据分析”中进行探讨。

数字音频和视频文件也可以视为时间序列数据。音频文件的每一个采样和视频文件的每一帧都是即时数据值。但在这些情形中，因为时间间隔是相同的，所以时间不是数据的一部分。

3.3　Java 实现

清单 3-1 展示了一个 TimeSeries 类的测试驱动。这个类被参数化，参数是时变事件的对象类型，这个程序的类型是 String。

第 11 行定义了包含 6 个字符串的数组。这些事件将在第 14 行载入 series 对象，同时这个对象会实例化。载入通过 load()完成，这个函数在第 27~31 行被定义并在第 15 行被调用。

清单 3-1　TimeSeries 类的测试程序

```
TimeSeriesTester.java    TimeSeries.java
10 public class TimeSeriesTester {
11     final static String[] EVENTS = {"It", "was", "the", "best", "of", "times"};
12 
13     public static void main(String[] args) {
14         TimeSeries<String> series = new TimeSeries();
15         load(series);
16 
17         for (TimeSeries.Entry<String> entry : series) {
18             long time = entry.getTime();
19             String event = entry.getEvent();
20             System.out.printf("%16d: %s%n", time, event);
21         }
22 
23         ArrayList list = series.getList();
24         System.out.printf("list.get(3) = %s%n", list.get(3));
25     }
26 
27     static void load(TimeSeries<String> series) {
28         for (String event : EVENTS) {
29             series.add(System.currentTimeMillis(), event);
30         }
31     }
32 }
```

序列的内容在第 15 行载入，再在第 17~21 行打印 6 个键—值对。最后，第 23~24 行使用 ArrayList 类的直接访问能力去检查索引 3 的序列项（第 4 个元素）。输出显示在图

3-11 中。

```
Output – TimeSeriesTester (run)
    1492113428667: It
    1492113428669: was
    1492113428670: the
    1492113428672: best
    1492113428673: of
    1492113428674: times
 list.get(3) = (1492113428672, best)
```

图 3-11　TimeSeriesTester 程序的输出

注意，列表元素的类型是 TimeSeries。这是一个 static 嵌套类，在 TimeSeries 类的内部被定义，它的实例代表键—值对。

真实的 TimeSeries 类显示在清单 3-2 中。

清单 3-2　TimeSeries 类

```
TimeSeriesTester.java  TimeSeries.java
    public class TimeSeries<T> implements Iterable<TimeSeries.Entry> {
15      private final Map<Long,T> map = new TreeMap();
16
17      public void add(long time, T event) {
18          map.put(time, event);
19          try {
20              TimeUnit.MICROSECONDS.sleep(1);  // 0.000001 sec delay
21          } catch(InterruptedException e) {
22              System.err.println(e);
23          }
24      }
25
26      public T get(long time) {
27          return map.get(time);
28      }
29
30      ArrayList getList() {
            ArrayList<TimeSeries.Entry> list = new ArrayList();
32          for (TimeSeries.Entry entry : this) {
33              list.add(entry);
34          }
35          return list;
36      }
37
38      public int size() {
39          return map.size();
40      }
41
42      @Override
        public Iterator iterator() {...17 lines }
```

```
60
61 ⊞     public static class Entry<T> {...22 lines }
83   }
```

第 43 行和第 61 行的两部分代码块显示在清单 3-3 和清单 3-4 中。

第 15 行展示出，时间序列数据作为键—值对储存在 `TreeMap` 对象中，`Long` 是键类型，`T` 是值类型。键是代表时间的 `long` 整数。在测试程序中（清单 3-1），`String` 代表值类型 `T`。

在第 18 行，`add()` 方法将指定的时间和事件对放入后台映射，为了避免读取时间重合，再在第 20 行暂停 1 微秒。调用 `sleep()` 抛出了一个 `InterruptedException`，因此必须把它装入一个 `try-catch` 代码块。

`get()` 方法返回的事件，是第 27 行调用对应的 `map.get()` 得到的。

`getList()` 方法返回了包含序列所有键—值对的一个 `ArrayList`。因此可以通过编号索引来对每一个键—值对进行外部的直接访问，正如清单 3-1 的第 23 行所示。它在 `Iterator` 对象的支持下，使用 `for each` 循环遍历序列（见清单 3-3）。返回列表的对象具有 `TimeSeries.Entry` 类型，这种嵌套类展示在清单 3-4 中。

清单 3-3　TimeSeries 类中的 iterator()方法

```
TimeSeriesTester.java ×   TimeSeries.java ×
43      public Iterator iterator() {
44          return new Iterator() { // anonymous inner class
45              private final Iterator it = map.keySet().iterator();
46
47              @Override
48              public boolean hasNext() {
49                  return it.hasNext();
50              }
51
52              @Override
53              public Entry<T> next() {
54                  long time = (Long)it.next();
55                  T event = map.get(time);
56                  return new Entry(time, event);
57              }
58          };
59      }
```

`TimeSeries` 类实现了 `Iterable<TimeSeries.Entry>`（清单 3-2 的第 14 行）。这要求定义一个 `iterator()` 方法，如清单 3-3 所示。它的工作通过定义在后台映射键集定义的相应迭代器来进行（第 45 行）。

清单 3-4 展示了嵌套在 TimeSeries 类中的 Entry 类，它的实例代表了存储在时间序列中的键—值对。

清单 3-4 嵌套的 entry 类

```
61      public static class Entry<T> {
62          private final Long time;
63          private final T event;
64  
65          public Entry(long time, T event) {
66              this.time = time;
67              this.event = event;
68          }
69  
70          public long getTime() {
71              return time;
72          }
73  
74          public T getEvent() {
75              return event;
76          }
77  
78          @Override
            public String toString() {
80              return String.format("(%d, %s)", time, event);
81          }
82      }
```

TimeSeries 类只是一个演示程序。生产版本也将实现 Serializable，将 store() 和 read() 方法用于磁盘的二元序列化。

3.4 移动平均

数值型时间序列的移动平均（也叫作滚动平均）是另一个时间序列，这个序列的值是原序列连续片段的平均值。它是一种光滑机制，体现了提取原始序列趋势的一般思路。

例如，序列(20, 25, 21, 26, 28, 27,29, 31)的三元素移动平均是序列(22, 24, 25, 27, 28, 29)。这是因为 22 是(20, 25,21)的平均，24 是(25, 21, 26)的平均，25 是(21, 26, 28)的平均等。注意，移动平均序列比原始序列更光滑，但大致趋势基本相同。还要注意到，移动平均序列有 6 个元素，而原始序列有 8 个元素。一般来说，移动平均序列的长度是 $n-m+1$，其中 n

是原始序列的长度，*m*是平均化片段的长度。这个例子中移动平均的序列长度是8–3 + 1 = 6。

清单 3-5 展示了一段测试程序，测试清单 3-6 的 MovingAverage 类。测试序列与之前相同，即(20, 25, 21, 26, 28, 27, 29, 31)。

清单 3-5 MovingAverage 类的测试程序

```
MovingAverageTester.java
 8 public class MovingAverageTester {
 9     static final double[] DATA = {20, 25, 21, 26, 28, 27, 29, 31};
10 
11     public static void main(String[] args) {
12         TimeSeries<Double> series = new TimeSeries();
13         for (double x : DATA) {
14             series.add(System.currentTimeMillis(), x);
15         }
16         System.out.println(series.getList());
17 
18         TimeSeries<Double> ma3 = new MovingAverage(series, 3);
19         System.out.println(ma3.getList());
20 
21         TimeSeries<Double> ma5 = new MovingAverage(series, 5);
22         System.out.println(ma5.getList());
23     }
24 }
```

这个程序的某些输出展示在图 3-12 中。第 1 行展示了给定时间序列的前 4 个元素。第 2 行展示了移动平均 ma3 的前 4 个元素，片段长度为 3。第 3 行展示了片段长度为 5 时移动平均 ma5 的所有 4 个元素。

```
Output - MovingAverageTester (run)
[(1492167782907, 20.0), (1492167782909, 25.0), (1492167782911, 21.0), (1492167782912, 26.0),
[(1492167782927, 22.0), (1492167782928, 24.0), (1492167782930, 25.0), (1492167782931, 27.0),
[(1492167782935, 24.0), (1492167782937, 25.4), (1492167782938, 26.2), (1492167782939, 28.2)]
```

图 3-12 MovingAverageTester 的输出

清单 3-6 是 MovingAverage 类。

清单 3-6 MovingAverage 类

```
MovingAverageTester.java   MovingAverage.java
10 public class MovingAverage extends TimeSeries<Double> {
11     private final TimeSeries parent;
12     private final int length;
13 
14     public MovingAverage(TimeSeries parent, int length) {
15         this.parent = parent;
```

```
16          this.length = length;
17          if (length > parent.size()) {
18              throw new IllegalArgumentException("That's too long.");
19          }
20
21          double[] tmp = new double[length];  // temp array to compute averages
22          double sum = 0;
23          int i=0;
24          Iterator it = parent.iterator();
25          for (int j = 0; j < length; j++) {
26              sum += tmp[i++] = nextValue(it);
27          }
28          this.add(System.currentTimeMillis(), sum/length);
29
30          while (it.hasNext()) {
31              sum -= tmp[i%length];
32              sum += tmp[i++%length] = nextValue(it);
33              this.add(System.currentTimeMillis(), sum/length);
34          }
35      }
36
37      /*  Returns the double value in the Entry currently located by it.
38      */
39      private static double nextValue(Iterator it) {
40          TimeSeries.Entry<Double> entry = (TimeSeries.Entry)it.next();
41          return entry.getEvent();
42      }
43  }
```

第 1 行的类扩展了 TimeSeries<Double>，这表示 MovingAverage 对象是特定的 TimeSeries 对象，后项存储了 double 类型的数值型值。记住，Double 仅是 double 的封装类型。这个约束可以计算均值。

构造函数（第 14~35 行）完成了所有工作。它先检查（在第 17 行）片段长度是否小于给定序列的总长度。在测试程序中，长度为 8 的给定测试序列上分别使用了长度为 3 和 5 的片段。实际给定序列的长度可能数以千计（例如道琼斯工业日度平均指数）。

顺着序列计算时，第 21 行定义的 tmp[]数组用于每次计算保存一个片段。第 25~27 行的循环载入第一个片段并计算元素和（sum）。在第 28 行，均值作为一项插入 MovingAverage 序列。这可能会是前面 ma5 序列输出的对(1492170948413,24.0)。

第 30~34 行的 while 循环计算并插入其余的平均值。sum 在每个循环都减去最初的 tmp[]元素，再在第 32 行把 tmp[]替换成下一个序列值并加到 sum 上，这样 sum（在第 31 行）被更新。

在第 39~42 行的 nextValue()方法只是一个实用方法，从位于指定迭代器的当前元素提取数值型的（double）值，这个方法在第 26 行和第 32 行会用到。

Excel 容易计算移动平均。先输入两行时间序列，再用简单的计数数值(1, 2, …)替换时间值，如图 3-13 所示。

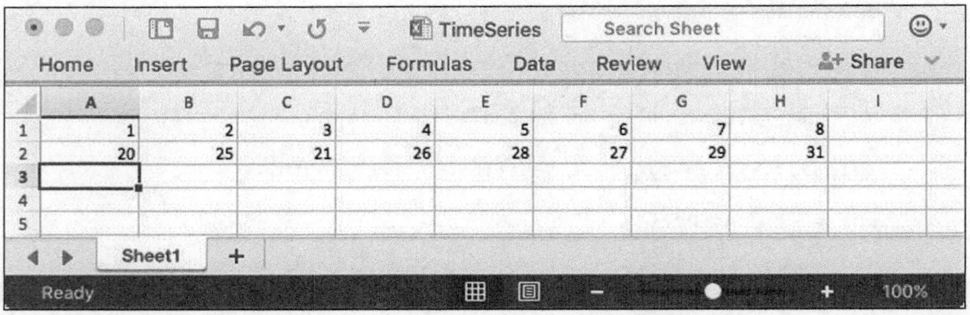

	A	B	C	D	E	F	G	H	I
1	1	2	3	4	5	6	7	8	
2	20	25	21	26	28	27	29	31	
3									
4									
5									

图 3-13 Excel 中的 TimeSeries

这与清单 3-5 使用的数据相同。

现在选择 **Tools | Data Analysis | Moving Average**，带出 **Moving Average** 对话框。

输入 **Input Range**（A2:A8），**Interval**（3）以及 **Output Range**（A3），如图 3-14 所示。然后点击 **OK**，就可以看到图 3-15 的结果。

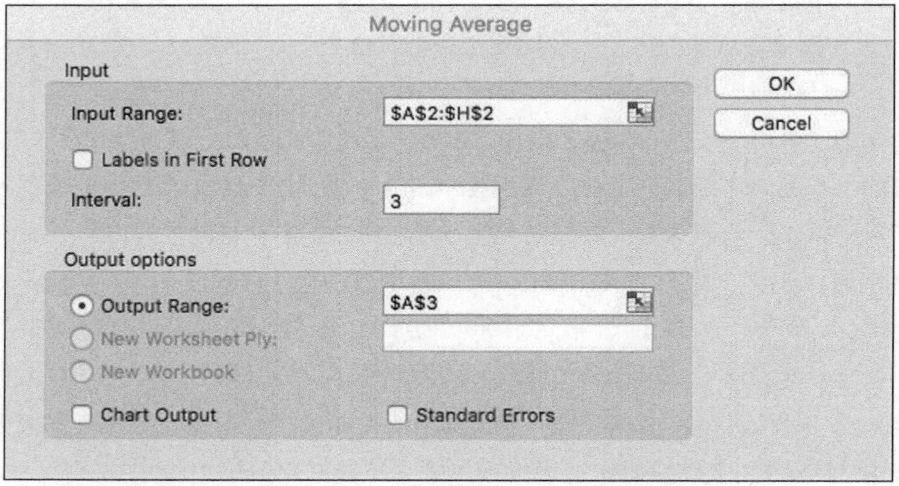

Moving Average

Input

Input Range: $A$2:$H$2

Labels in First Row

Interval: 3

Output options

Output Range: $A$3

New Worksheet Ply:

New Workbook

Chart Output   Standard Errors

OK

Cancel

图 3-14 Excel 的 Moving Average 对话框

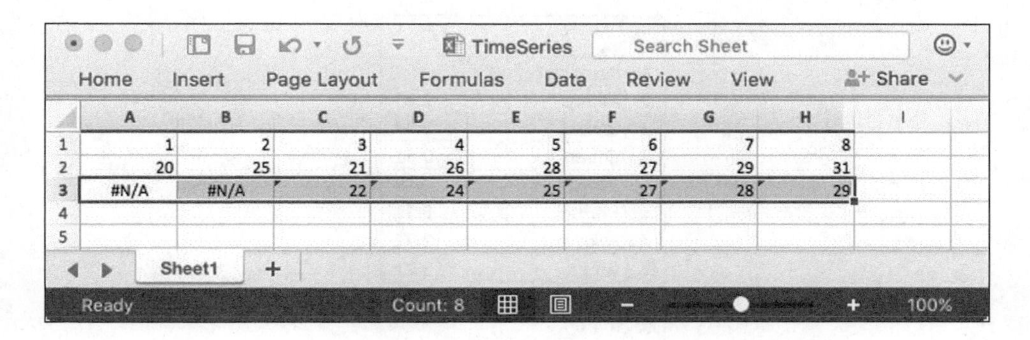

图 3-15 Excel 移动平均

这与图 3-12 的结果相同。

图 3-16 显示了使用间隔 3 和间隔 5 分别计算移动平均的结果。

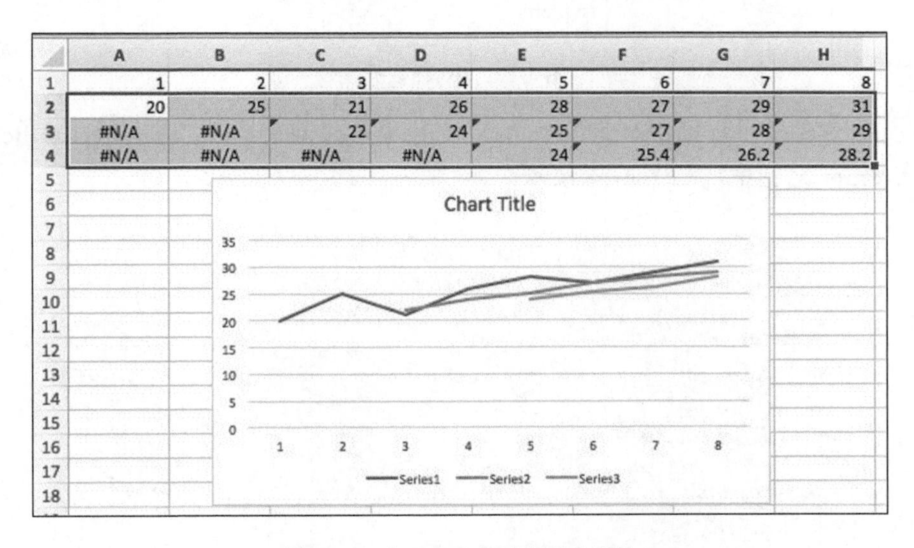

图 3-16 在 Excel 中画出移动平均

3.5 数据排序

小型数据集另有一种常用的展示方法，是对数据排序，也就是为数据点分配序数标签（`first`、`second`、`third`，等等），这可以通过将数据在关键字段上排序来完成。

图 3-17 展示了一张学生平均绩点（Grade Point Averages, GPA）的 Excel 工作簿。

	A	B
1	Student	GPA
2	Adams	2.83
3	Baker	3.07
4	Cohen	3.61
5	Davis	2.49
6	Evans	3.11
7	Foley	2.72
8	Green	3.21
9	Haley	2.98
10	Irvin	3.14
11	Jones	2.05
12	Kelly	2.78
13	Lewis	3.29
14	Moore	3.67
15	North	2.75
16	Owens	2.93
17	Perry	3.61

图 3-17 Excel 数据

为了对这些绩点进行排序，选择 **Tools | Data Analysis | Rank and Percentile**，弹出 **Moving Average** 对话框，如图 3-18 所示。

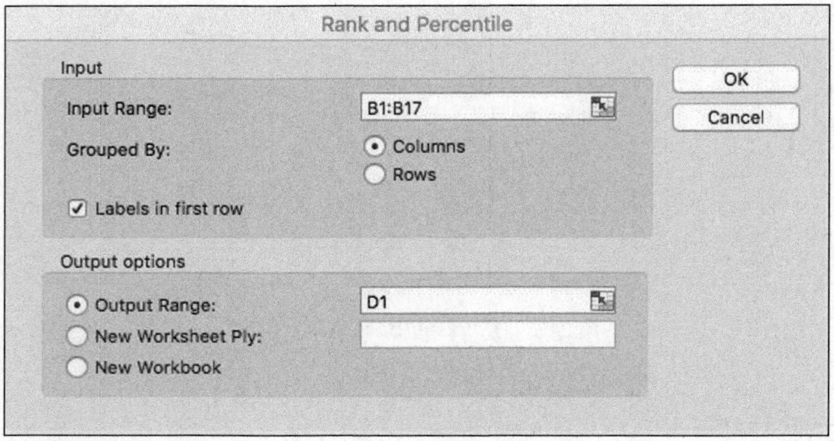

Rank and Percentile

Input

Input Range: B1:B17

Grouped By: (•) Columns ( ) Rows

[✓] Labels in first row

Output options

(•) Output Range: D1

( ) New Worksheet Ply:

( ) New Workbook

OK

Cancel

图 3-18 Excel 中的排序得分

这里确认保存单元格 B1~B17 的数据，第一个单元格是标签。输出从单元格 D1 开始，结果展示在图 3-19 中。

	A	B	C	D	E	F	G
1	Student	GPA		Point	GPA	Rank	Percent
2	Adams	2.83		13	3.67	1	100.00%
3	Baker	3.07		3	3.61	2	86.60%
4	Cohen	3.61		16	3.61	2	86.60%
5	Davis	2.49		12	3.29	4	80.00%
6	Evans	3.11		7	3.21	5	73.30%
7	Foley	2.72		9	3.14	6	66.60%
8	Green	3.21		5	3.11	7	60.00%
9	Haley	2.98		2	3.07	8	53.30%
10	Irvin	3.14		8	2.98	9	46.60%
11	Jones	2.05		15	2.93	10	40.00%
12	Kelly	2.78		1	2.83	11	33.30%
13	Lewis	3.29		11	2.78	12	26.60%
14	Moore	3.67		14	2.75	13	20.00%
15	North	2.75		6	2.72	14	13.30%
16	Owens	2.93		4	2.49	15	6.60%
17	Perry	3.61		10	2.05	16	0.00%

Ready Average: 5.112 Count: 68 Sum: 327.168

图 3-19 Excel 排序的结果

D 列包含（相对的）记录的排名索引。例如，单元格 D3~G3 显示了在原始列表中（在 A 列）第三个学生的记录，这位学生叫作 Cohen，排名第二，位于第 86 个百分位数。

3.6 频率分布

频率分布是一个函数，记录了数据集中每一项出现的次数，类似直方图（见图 3-8）。频率分布计算每个可能的值发生的个数或百分数。

图 3-20 展示了英语文本中 26 个字母的相对频率。例如，字母 e 最频繁，高达 13%。如果你正制作一款类似 Scrabble 的单词游戏，或者如果你试图破解一份编码的英文信息，这些信息会很有帮助。

某些频率的分布是自然发生的。最常见的一种频率分布是钟形分布，这个分布源于对单个量进行多次测量并总结结果的发现。从图 3-21 中可以看到钟形分布，它展示了年龄在

25~34 岁之间的美国男性的身高分布。

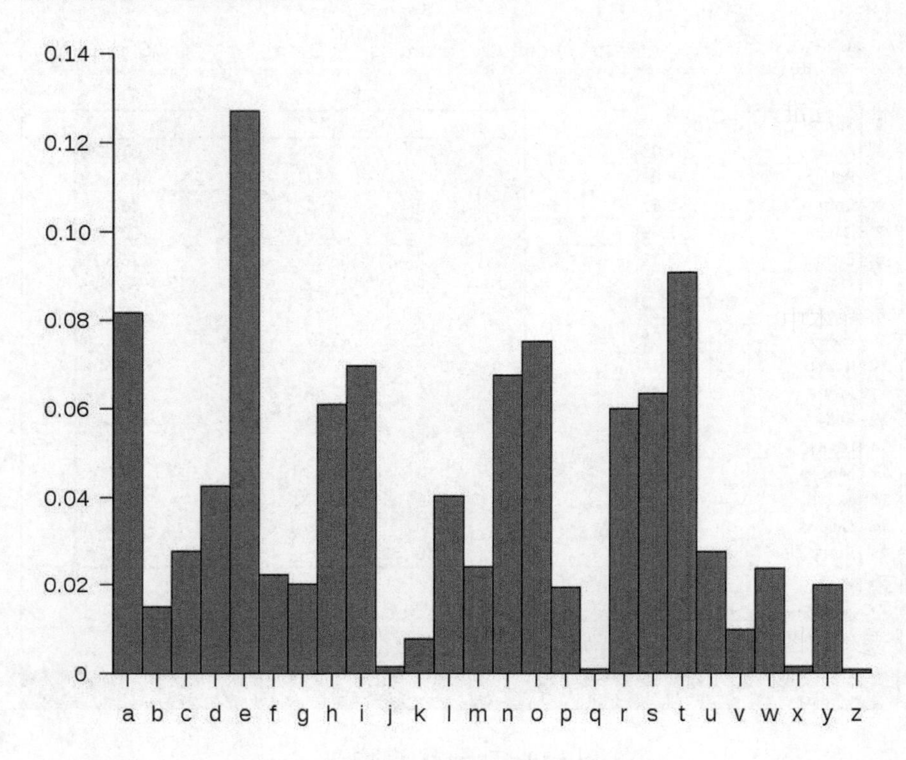

图 3-20　英文字母的频率分布

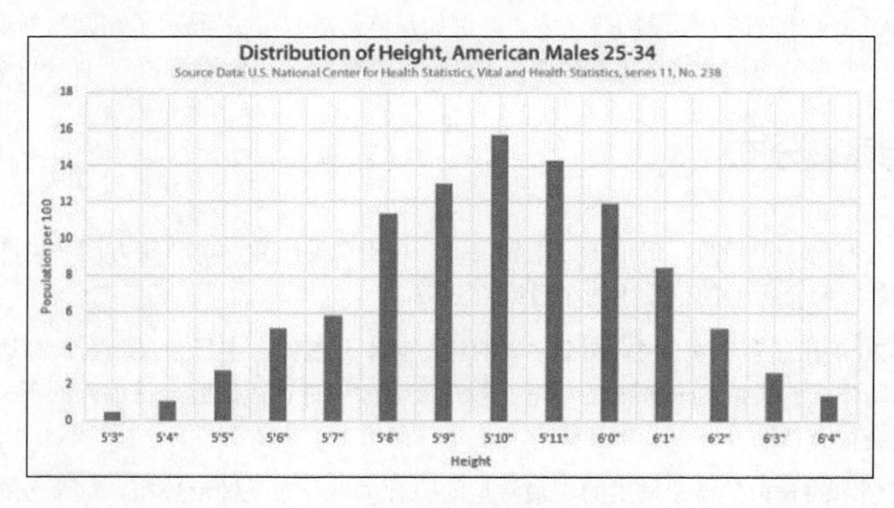

图 3-21　美国男性的身高

在统计学中，测量数据集$\{x_1, x_2, \cdots, x_n\}$叫作一个样本。图 3-21 展示的直方图是一个美国全体男性的大型随机样本。x_i值以英寸为单位，例如$x_{238}=71$代表 5'11"（5 英尺 11 英寸，约 1.80 米）。根据这些数值型的值可以计算样本均值$\overline{x}$和样本标准差s。样本均值是x值的平均值，样本标准差是测量x值分散的广泛程度。这两个值根据下列公式进行计算：

$$\overline{x}=\frac{1}{n}\sum_{i=1}^{n}x_i$$

$$s=\sqrt{\frac{1}{n-1}\sum_{i=1}^{n}(x_i-\overline{x})^2}$$

在这个样本中，$\overline{x}$大约是 70.4，s大约是 2.7。

3.7　正态分布

正态分布是一种理论分布，是许多分布的理想化，例如图 3-21 的分布。它也叫作钟形曲线或者高斯分布，以它的发现者卡尔·弗雷德里希·高斯（Carl Friedrich Gauss, 1777—1855）的名字来命名。

高斯分布的图形是下列分布的图形：

$$f(x)=\frac{\mathrm{e}^{-(x-\mu)^2/2\sigma^2}}{\sqrt{2\pi}\sigma}$$ （译注：原文此处公式和下文对应不上，下文符号以此处为准。）

在这里，μ是均值，σ是标准差。符号 e 和 π 是数学常数，e=2.7182818，π =3.14159265。该函数叫作该（理论）分布的**密度函数**。

注意μ、σ、e 和 π 这 4 个符号之间的区别。前两个根据真实的样本值计算得出，后两个用于定义理论分布的函数。

思想实验

为了考察正态分布与真实统计之间的关系，考虑这样一个实验，假设你有一个平底透明的大罐子，里面有n个均匀的硬币。当你晃动瓶子时，其中x枚硬币正面朝上。x可以是 0~n的任何整数。

假设这个实验重复多次，每晃动一次瓶子把出现正面朝上的硬币个数x_i记录一次。例如，当硬币有n=4 枚时，如果实验重复了 10 次，出现的样本记录可能是{3, 2, 0, 3, 4, 2, 1, 2,1, 3}。但是，假设试验重复了 10000 次，而非仅仅 10 次（注意，这只是一个思想实验），那么，结果绘制之后，可以形成对应的直方图，类似于图 3-22 顶端的图形（记住，假设这些硬币完全均匀）。有 5 个条形，每一个分别对应 5 个 x 值：0、1、2、3 和 4 中的一个。

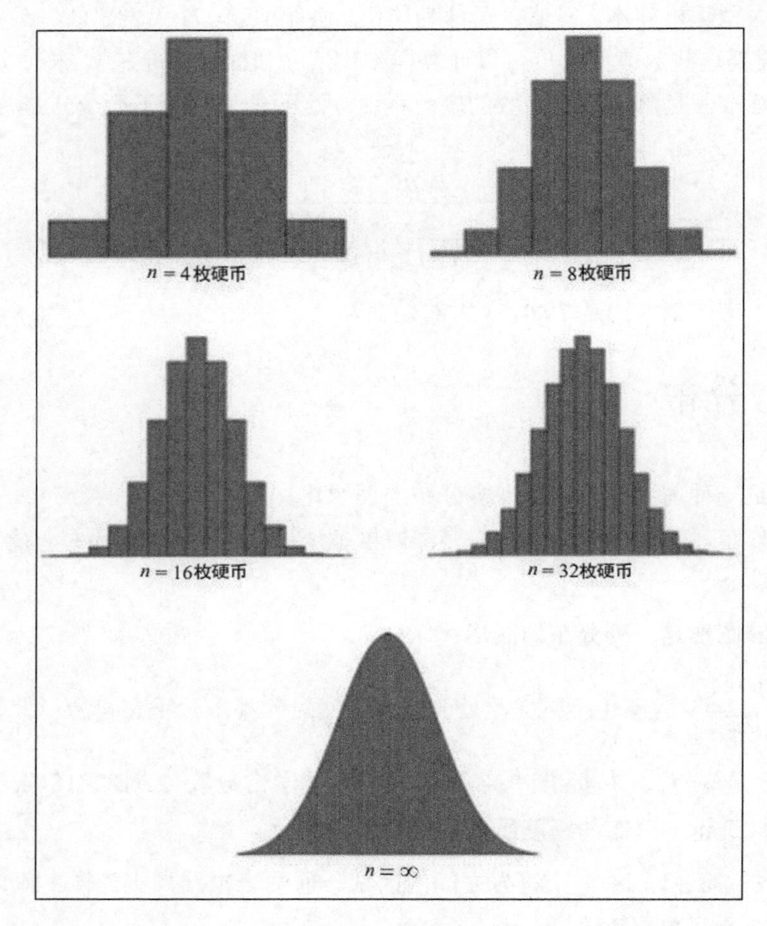

图 3-22 二项变正态

接着向罐中加入 4 个均匀的硬币，罐中就有 n=8 枚硬币。接着重复之前的过程并形成直方图，很可能也类似于图 3-22 的直方图。第三个和第四个直方图对应着硬币有 n=16 枚和 n=32 枚时的情形。第 5 个图像是硬币有 n=1024 枚时的直方图，也是正态分布的图！

当现象可以归结为许多无偏的二元的影响组合时，比如投掷 1024 枚硬币，它们的直方图往往是正态的。可以想象，任何物种的线性测量就是这样构成的，比如男性人口的身高或 IQ 值。

上述公式定义的函数 $f(x)$叫作**正态分布的概率密度函数**（Probability Density Function, PDF）。它的图形描述了大样本直方图的分布，它趋于正态分布，两者的图形很相似。

分布的概率密度函数可以用来计算概率。概率密度函数图像下方某部分的面积给出了相关的概率。例如，考虑前面的思想实验中 $23 \leqslant x \leqslant 26$ 的事件，如果 $n=32$。（记住 x 是出现正面朝上的硬币个数。）假设你想在这个事件的发生上押注。概率有多大？这个概率是这 4 个矩形的面积除以整个直方图面积的比例。如果 n 相当大，可以使用概率密度函数下方对应的面积。这些都可以采取数学方法完成。

有这样一段著名的轶事，与著名的英国统计学家 R.A.费舍尔和正态分布公式有关。有一次，他正在发表精算科学的演讲，期间他在黑板上写下了正态分布的公式。听众中一位老妇人打断了他，问他希腊字母 π 的含义。费舍尔回答到，“这是圆的周长与直径之比”，那位女士喊道，“那不可能是正确的，圆和死亡率会有什么关系？”

3.8 指数分布

在所有的概率分布中，正态（高斯）分布或许最重要，因为它运用的现象范围非常广泛。指数分布可能是次重要的，它的密度函数如下：

$$f(t)=\lambda \mathrm{e}^{-\lambda t}$$

在这里，λ 是正常数，它的倒数是均值（$\mu=1/\lambda$）。这个分布对随机发生事件之间的间隔进行了建模，比如放射性粒子的辐射或者到达收费站的汽车。相应的**累积分布函数**（Cumulative Distribution Function, CDF）如下：

$$F(t)=1-\mathrm{e}^{-\lambda t}$$

例如，假设一所大学的服务台平均每 8 小时接到 120 个电话，也就是每小时 15 个电话，或者每 4 分钟一个电话。可以使用指数分布对这个情形建模，平均等待时间 $\mu=4$。因此密度参数 $\lambda=1/\mu=0.25$，所以：

$$F(t)=1-\mathrm{e}^{-0.25t}$$

这意味着，例如，在接下来 5 分钟内打入一个电话的概率是：

$$F(5)=1-\mathrm{e}^{-0.25(5)}=1-\mathrm{e}^{-1.25}=1-0.29=0.71$$

3.9 Java 示例

图 3-11 使用随机整数对事件时间模拟了一个时间序列。为了准确模拟发生在随机时间的事件，使用一个过程生成时间戳，事件之间流逝的时间是指数分布的。

对任何概率分布而言，累积分布函数是将概率 $P=F(t)$ 和独立变量 t 联系在一起的一个方程。模拟使用随机数表示概率。因此，对于给定的随机概率 P，为了获得相应的时间 t，需要求解下列 t 的方程：

$$P=1-e^{-\lambda t}$$

即：

$$t=-\frac{\ln(1-P)}{\lambda}$$

在这里，$y=\ln(x)$是自然对数，是指数函数 $x=e^y$ 的逆运算。

为了把这个结果运用到前面的 $\lambda=0.25$ 的服务台示例中，我们有：

$$t=-4\ln(1-P)$$

注意，等号右端的表达式有双重负号（因为 $1-P<1$, $\ln(1-P)$将为负值），因此这个时间 t 是正的。

清单 3-7 中的程序在第 14~17 行实现了这个公式。在第 15 行，`time()`方法生成了一个随机数 `p`，这个数在 0 和 1 之间。接着第 16 行返回了公式的结果。在第 12 行，常数的 λ 被定义为 $\lambda=0.25$ 。

输出显示了第 21 行生成的 8 个数。每个数代表一个随机整数的到达时间，也就是随机发生事件之间的间隔时间。

清单 3-7 模拟事件之间的抵达时间

```
ArrivalTimesTester.java
10 public class ArrivalTimesTester {
11     static final Random random = new Random();
12     static final double LAMBDA = 0.25;
13 
14     static double time() {
15         double p = random.nextDouble();
16         return -Math.log(1 - p)/LAMBDA;
17     }
18 
19     public static void main(String[] args) {
20         for (int i = 0; i < 8; i++) {
21             System.out.println(time());
22         }
23     }
24 }
```

```
Output - ArrivalTimesTester (run)
run:
1.6242436905876936
```

```
1.5637305477120038
6.236197876991634
5.30829815924367
0.2435051295120049
15.591236886492794
0.8825444924230997
0.006795337507808347
```

这 8 个数的平均值是 3.18，相当接近两次电话之间 4 分钟的期望值，重复运行这段程序会产生相似的结果。

3.10 小结

本章展示了多种数据可视化的技术，包括熟悉的散点图、线图、条形图以及直方图。这些方法借助微软 Excel 提供的工具进行了演示。此外，本章还讲述了同时用 Excel 和 Java 计算移动平均的时间序列数据示例。

本章展示了多种二项分布的可视化（绘制）如何趋于正态分布，并通过一个简单的 Java 程序说明如何使用指数分布预测随机事件的到达时间。

第 4 章
统计

在计算机普及以前，统计用来表示资料科学。但是，使用计算机并没有减弱统计原则对于资料分析的重要性。本章将考察这些统计原则。

4.1 描述性统计量

描述性统计量是一个函数，它为了概括数值型数据集中的数据元素而从某些角度进行计算。

第 3 章“资料可视化”曾讲过两个统计量。样本均值 $\overline{x}$ 和样本标准差 s。它们的公式是：

$$\overline{x} = \frac{1}{n}\sum_{i=1}^{n} x_i$$

$$s = \sqrt{\frac{1}{n-1}\sum_{i=1}^{n}(x_i - \overline{x})^2}$$

均值概括了资料集的集中趋势，也叫作**样本均值**或**平均值**。标准差是资料分散的测度。它的平方 s^2，叫作**样本方差**（sample variance）。

数据集的**最大值**（maximum）是数值元素中的最大者，**最小值**（minimum）是最小者，**极差**（range）是这两个值的差。

如果 $\boldsymbol{w} = (w_1, w_2, \cdots, w_n)$ 是一个向量，元素的个数和数据集相同，那么可以用来定义**加权平均**（weighted mean）：

$$\overline{x}_w = \frac{1}{n}\sum_{i=1}^{n} w_i x_i$$

在线性代数中，这个表达式叫作两个向量 $\boldsymbol{w}$ 和 $\boldsymbol{x}=(x_1,x_2,\cdots,x_n)$ 的内积。注意，如果所有的权重都取为 1/n，那么加权平均的结果就是样本均值。

数据集的**中位数**（median）是位于数据集中间位置的数值元素，比这个值更大和比这个值更小的数值元素个数是相同的。如果数据集的元素个数是偶数，那么中位数是中间两个数的平均值。

众数（mode）是资料集中出现最频繁的数。这种统计量更加特殊，只用于有许多重复值的资料集，不过也可以用于非数值型资料集。例如，在图 3-20 的字母频率分布中，众数是字母 e。

资料集的第一、第二和第三个四分位数都是数值型值，数据集中比它们小的元素分别占数据集的 25%、50%和 75%。十分位数和百分位数的统计量定义是相似的。注意，均值和第二个四分位数相同，第 5 个十分位数和第 50 个百分位数相同。

例如，考虑学生的小测验得分：

$$S=\{9,7,9,8,5,8,6,7,8,6\}$$

均值是 7.3，中位数是 7.5，众数是 8，取值范围是 4。样本方差是 1.79，而标准差是 1.34。如果教师使用权重(0.5, 0.5, 0.5, 1.0, 1.0, 1.0, 1.0, 1.5, 1.5, 1.5)，那么前 3 个得分的权重只有中间 4 个的一半，而后 3 个多出 50%，最后这个资料集的加权均值是 $\bar{x}_w=7.1$。

你可以使用微软 Excel 计算这些描述性统计量，使用它的 **DataAnalysis** 功能。选择 **Tools | Data Analysis**，然后在 **Analysis Tools** 之下选择 **Descriptive Statistics**，如图 4-1 所示。

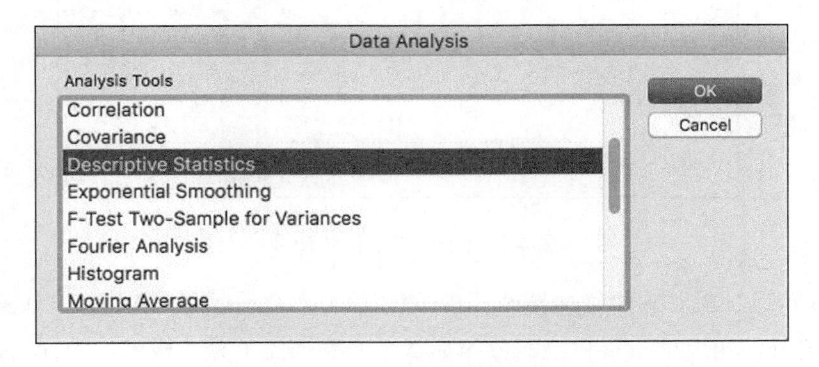

图 4-1 Excel 资料分析菜单

为了在前面的小测验得分示例上运行这个功能，在工作簿的 `B2:K2` 范围内输入 10 个得分，再进行图 4-2 表示的选择。

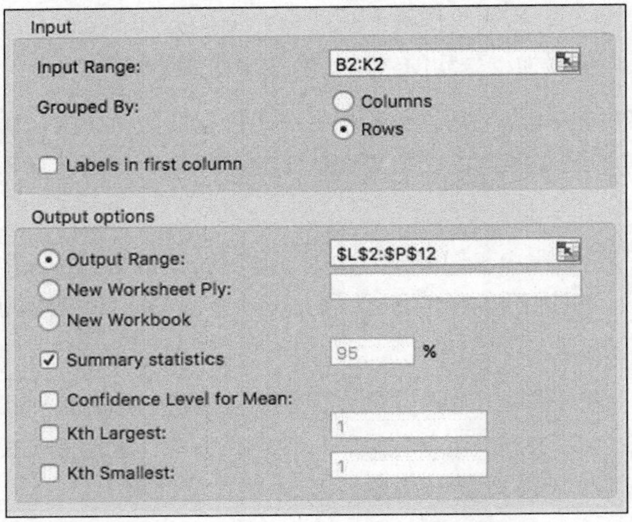

Input

Input Range: B2:K2

Grouped By: ○ Columns ⦿ Rows

☐ Labels in first column

Output options

⦿ Output Range: $L$2:$P$12

○ New Worksheet Ply:

○ New Workbook

☑ Summary statistics 95 %

☐ Confidence Level for Mean:

☐ Kth Largest: 1

☐ Kth Smallest: 1

图 4-2 Excel 描述性统计量的选项

运行结果在图 4-3 所示的工作簿中显示如下。

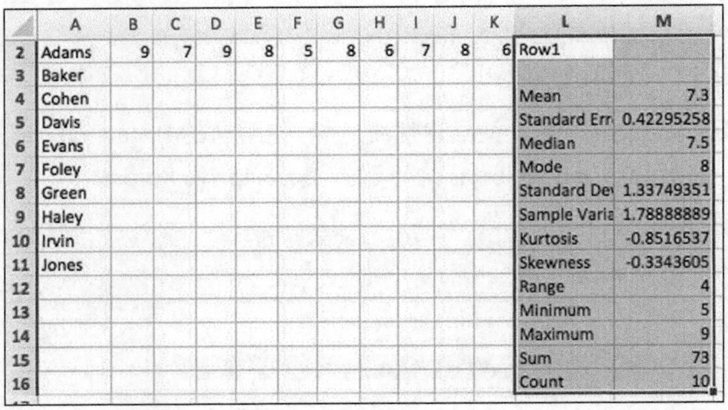

	A	B	C	D	E	F	G	H	I	J	K	L	M
2	Adams	9	7	9	8	5	8	6	7	8	6	Row1	
3	Baker												
4	Cohen											Mean	7.3
5	Davis											Standard Err	0.42295258
6	Evans											Median	7.5
7	Foley											Mode	8
8	Green											Standard Dev	1.33749351
9	Haley											Sample Varia	1.78888889
10	Irvin											Kurtosis	-0.8516537
11	Jones											Skewness	-0.3343605
12												Range	4
13												Minimum	5
14												Maximum	9
15												Sum	73
16												Count	10

图 4-3 Excel 描述性统计量

Excel 还可以计算其它的描述性统计量，比如峰度（kurtosis）和偏度（skewness）。这些统计量从另外的角度度量资料集的分布形状。峰度描述了分布极末端的行为，偏度刻画了分布的非对称或非平衡的程度。

Java 可以使用 Commons Math API，计算可以使用更多的统计量。

4.2 随机抽样

资料集的**随机样本**（random sample）是它的一个子集，元素是随机选择的。给定的资料集叫作**总体**（population），通常都非常大，例如，所有年龄在 25～35 岁之间的美国男性。

模拟可以直接使用随机数生成器来选择随机样本，但真实情况中的随机抽样并不简单。

在几乎所有类型的制造业中，随机抽样是质量控制的重要部分，也是社会科学调查的重要影响因素。在例如制药这样的工业部门，随机抽样对生产和检验都至关重要。

为了理解随机抽样的原则，必须简要回顾对数学的概率论领域。这需要一些技术上的定义。

随机试验（random experiment）是一个或实际或抽象的过程，可能的结果构成了一个特定集合，其中任何一个结果都是这个试验可能产生的。所有可能结果的集合 S 叫作一个**样本空间**（sample space）。

例如，考虑投掷 4 枚均匀硬币的过程。如果这 4 枚硬币很明显不一样，比如是一便士、五分镍币、一角硬币和 25 美分这 4 枚硬币，那么可以指定样本空间为 $S_1 = \{HHHH, HHHT, HHTH, \cdots, TTTT\}$。比如，$HHTH$ 这样的记号意味着一便士正面、五分镍币正面、一角硬币反面和 25 美分硬币正面。这个集合有 16 个元素。或者可以使用相同的硬币重复这个过程，比如是四枚 25 美分硬币，那么指定的样本空间为 $S_2 = \{0,1,2,3,4\}$，数字表明有多少枚硬币出现正面。这是两种不同的可能样本空间。

函数 p 是样本空间 S 的概率函数，它对 S 的每个元素 s 指定了一个数 $p(s)$，并服从下面的规则：

- $0 \leqslant p(s) \leqslant 1$，对每个 $s \in S$
- $\sum p(s) = 1$

第一个示例可以对每个 $s \in S_1$ 指派 $p(s)=1/16$。如果我们假设所有的硬币都是均匀的，这个选择就是试验的好模型。

对于第二个例子，表 4-1 所示的概率指派的是个好模型。

表 4-1　概率分布

s	$p(s)$
0	1/16
1	1/4
2	3/8
3	1/4
4	1/16

考虑第三个示例，假设集合 S_3 由英语文本使用的拉丁字母表 26 个字母构成。图 3-20 所示的频率分布为这个样本空间提供了一个不错的概率函数。例如，$p(\text{“}a\text{”}) = 0.082$。

字母表示例向我们提示概率相关的两个一般性事实。

- 概率通常表达为百分数。
- 尽管概率是理论建构的，它们反映了相对频率的概念。

概率函数 p 对样本空间 S 的每个元素指定了一个数字 $p(s)$。因此可以导出相应的概率集合函数，这个函数对样本空间 S 的每个子集指派一个数 $P(U)$，只需要对子集元素的概率进行求和：

$$P(U) = \sum \{p(s) : s \in U\}$$

例如，在 S_2 中，设 U 为子集 U={3,4}。这可能代表了从 4 枚硬币的投掷中得到至少 3 个正面的事件：

$$P(U) = \Sigma\{p(s) : s \in \{3,4\}\} = \Sigma\{p(3), p(4)\} = p(3) + p(4) = 1/4 + 1/16 = 5/16$$

概率集合函数服从这些规则：

$$0 \leqslant P(U) \leqslant 1,\ U \subseteq S$$

$$P(\phi) = 0, P(S) = 1$$

$$P(U \cup V) = P(U) + P(V) - P(U \cap V)$$

第三个规则可以从图 4-4 所示的文氏图中看出：

左侧的圆盘代表 U 的元素，右侧的圆盘代表 V 的元素。$P(U)$和 $P(V)$的值都包括了交叉的区域 $P(U \cap V)$的值，所以这些值被计算了两次。因此，为了一次计算所有 3 个区域的概率，那些被计算两次的值必须减掉。

样本空间 S 的子集 U 叫作**事件**（event），数字 $P(U)$代表这个事件在试验期间发生的概率。因此，在这个示例里，得到至少 3 个正面结果的概率是 5/16，或者大约 31%。根据相对频率可以得到这样的结论，如果这个试验重复很多次，应该预计这个事件大约在 31%的时间上发生。

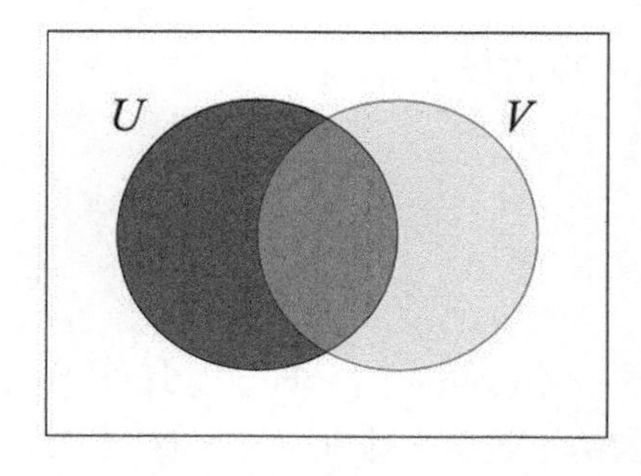

图 4-4 文氏图

4.3 随机变量

为了理解统计数据分析，首先必须理解随机变量的概念。

随机变量是一个函数，它对样本空间中每个元素指派一个数字元元。通过对诸如 *HTTH* 这样的符号结果进行转换，可以对资料进行更简单的数学分析。

硬币的示例显示了这一点。样本空间 S_1 有 16 个结果。对每一个结果 x，设 $X(x)$表示这个结果中出现正面的个数。例如，$X(HHTH)$=3 以及 $X(TTTT)$=0。这与之前的讨论中从 S_1 转换到 S_2 是相同的。在这里，我们基于同样的目的使用随机变量 X。现在，可以把概率函数 p 和 P 的陈述转换成纯数值函数的表达。

4.4 概率分布

随机变量 X 的概率分布函数（Probability Distributions Function, PDF）是这样的函数 f_x，定义如下：

$$f_x(x) = P(X = x), \text{对每一个在} X(S) \text{取值范围内的} x$$

在这里，表达式 $X = x$ 表示满足 $X(e) = x$ 的所有结果 e 组成的事件。

现在回到之前的硬币示例，对概率分布 f_x 进行计算。它定义在 X 的极差上，X 为集合

$\{0, 1, 2, 3, 4\}$。例如：

$$f_x(3) = P(X = 3) = P(\text{“3heads”}) = P(\{HHHT, HHTH, HTHH, THHH\}) = 4/16 = 1/4 = 0.25$$

事实上，第一个版本中硬币示例的概率分布 f_x 与第二个版本中 $p(s)$函数完全相同，如表 4-1 所列。

概率分布的性质直接服从控制概率，如下：

$0 \leqslant f(x) \leqslant 1$，对每一个 $x \in X(S)$

$$\sum f(x) = 1$$

这是另一个经典的例子。这个试验投掷了两个均匀的骰子，一个红色一个绿色，并观察骰子顶部显示的点数代表的两个数字。样本空间 S 有 36 个元素：

$$S = \{(1,1),(1,2),(1,3),\cdots,(6,5),(6,6)\}$$

如果骰子是均匀的，那么这 36 个可能的结果中每一个都具有相同的概率：1/36。

随机变量 X 定义为这两个数字的和：

$$X(x_1, x_2) = x_1 + x_2$$

例如，$X(1,3) = 4$，并且 $X(6,6) = 12$。

X 的概率分布 f_X 如表 4-2 所示：

表 4-2 骰子的例子

x	$f_X(x)$
2	1/36
3	2/36
4	3/36
5	4/36
6	5/36
7	6/36
8	5/36
9	4/36
10	3/36
11	2/36
12	1/36

例如，因为有 4 个基本的结果满足条件 $x_1 + x_2 = 9$，并且其中每一个具有概率 1/36，因此，$f_X(9) = 4/36$。

我们可以从图 4-5 的直方图看出，这个分布相当简单。

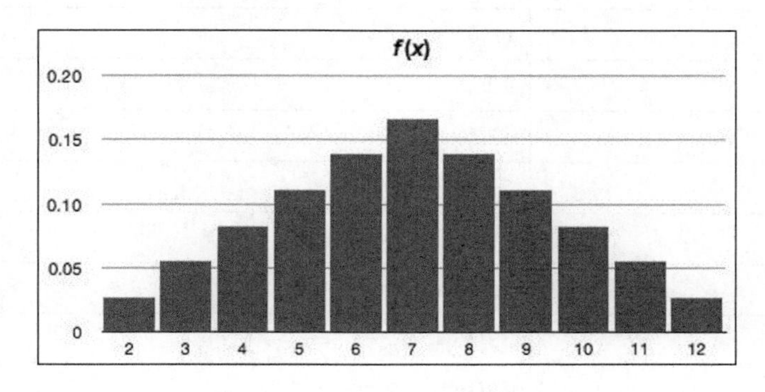

图 4-5 骰子概率分布

4.5 累积分布

每一个概率分布函数 $f(x)$都有一个对应的累积分布函数（Cumulative Distribution Function, CDF），记作 $F(x)$，定义为：

$$F(x) = \sum\{f(u) : u \leqslant x\}$$

右端的表达式表示将所有满足 $u \leqslant x$ 的 $f(u)$值相加。

骰子示例的 CDF 如表 4-3 所示，它的直方图如图 4-6 所示。

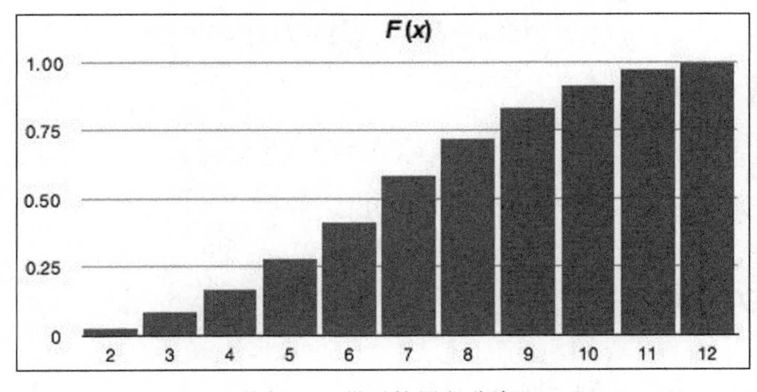

图 4-6 骰子的累积分布

表4-3 骰子的例子

x	$f_X(x)$
2	1/36
3	3/36
4	6/36
5	10/36
6	15/36
7	21/36
8	26/36
9	30/36
10	33/36
11	35/36
12	36/36

累积分布的性质直接服从控制概率分布，如下：

- $0 \leqslant F(x) \leqslant 1$，对每一个 $x \in X(S)$
- $F(x)$是单调递增的，就是说，对于 $u<v$, $F(u) \leqslant F(v)$
- $F(x_{\max}) = 1$

在这里，$x_{\max}$ 是最大的 x 值。

相比 PDF，CDF 更容易计算区间概率。例如，考虑事件$3 < X < 9$。即，两个骰子的点数和在 3 到 9 之间的事件。使用这个 PDF，概率计算如下：

$$f(4) + f(5) + f(6) + f(7) + f(8) = 23/36$$

但 CDF 计算更简单：

$$F(8) - F(3) = 23/36$$

当然，这个计算已经假定 PDF 生成了 CDF。

4.6 二项分布

二项分布通过 PDF 公式进行定义：

$$f(x)=\binom{n}{x}p^x(1-p)^{n-x}, x=0,1,\cdots,n$$

在这里，n 和 p 是参数：n 必须是一个正整数且 $0\leqslant p\leqslant 1$，符号 $\binom{n}{x}$ 叫作**二项系数**，可以根据下列公式进行计算：

$$\binom{n}{x}=\frac{n!}{x!(n-x)!}$$

感叹号（!）代表阶乘，它表示这个整数乘上比它小的所有正整数。例如，5 的阶乘是 $5!=5\times4\times3\times2\times1=120$。

我们在第 3 章“资料可视化”中见过二项分布，就是那个抛硬币的例子。这里的例子是类似的。假设你有一个瓶子，装着 5 个同样的、均匀的四面体骰子。每个骰子都有一面涂成红色，而其他 3 面是绿色，如图 4-7 所示。

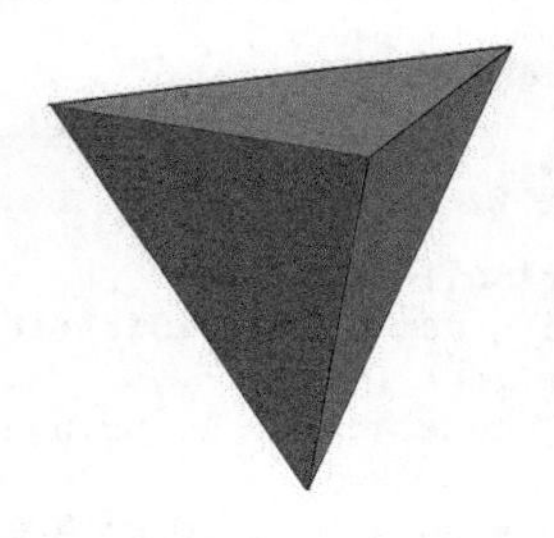

图 4-7 四面体骰子

这个试验是摇动这个平底瓶和观察这 5 个骰子如何降落。设 X 是以红色的面朝下降落的骰子个数。这个随机变量服从 n=5 和 p=1/4=0.25 的二项分布。图 4-8 是它的 PDF。

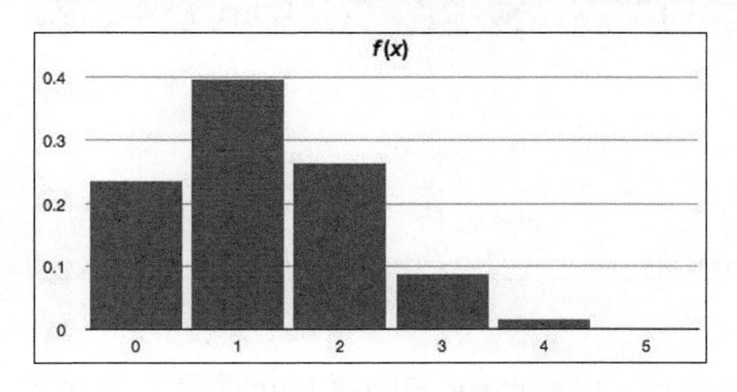

图 4-8 四面体骰子试验的 PDF

下面是 PDF 的计算：

$$f(0)=(1)(0.25^0)(0.75^5)=243/1024=0.2373$$
$$f(1)=(5)(0.25^1)(0.75^4)=405/1024=0.3955$$
$$f(2)=(10)(0.25^2)(0.75^3)=270/1024=0.2637$$
$$f(3)=(10)(0.25^3)(0.75^2)=90/1024=0.0879$$
$$f(4)=(5)(0.25^4)(0.75^1)=15/1024=0.0146$$
$$f(5)=(1)(0.25^5)(0.75^0)=1/1024=0.0010$$

二项系数（binomial coefficient）这个术语的来由是这些资料源于二项式的代数展开，二项分布演示如清单 4-1 所示。

清单 4-1　二项分布演示

BinomialDistributionTester.java

```
 8  import org.apache.commons.math3.distribution.BinomialDistribution;
 9
10  public class BinomialDistributionTester {
        static final int n = 5;
        static final double p = 0.25;
13
14      public static void main(String[] args) {
15          BinomialDistribution bd = new BinomialDistribution(n, p);
16          for (int x = 0; x <= n; x++) {
17              System.out.printf("%4d%8.4f%n", x, bd.probability(x));
18          }
19          System.out.printf("mean = %6.4f%n", bd.getNumericalMean());
20          double variance = bd.getNumericalVariance();
21          double stdv = Math.sqrt(variance);
22          System.out.printf("standard deviation = %6.4f%n", stdv);
23      }
24  }
```

Output - BinomialDistributionTester (run)

```
run:
   0  0.2373
   1  0.3955
   2  0.2637
   3  0.0879
   4  0.0146
   5  0.0010
mean = 1.2500
standard deviation = 0.9682
```

例如：

$$(p+q)^5=1p^5q^0+5p^4q^1+10p^3q^2+10p^2q^3+5p^1q^4+1p^0q^5$$

系数是 1、5、10、10、5 和 1，这些系数可以由 $\binom{5}{x}$ 计算，其中 x=0、1、2、3、4 和 5。

通常来说，任何二项分布的均值 μ 和标准差 σ 都由下面的公式给出：

- $\mu = np$
- $\sigma = \sqrt{np(1-p)}$

清单 4-2　二项分布的模拟

```
BinomialDistributionTester.java   Simulation.java
10 public class Simulation {
11     static final Random RANDOM = new Random();
12     static final int n = 5;  // number of dice used
13     static final int N = 1000000;  // 1,000,000 simulations
14 
15     public static void main(String[] args) {
16         double[] dist = new double[n+1];
17         for (int i = 0; i < N; i++) {
18             int x = numRedDown(n);
19             ++dist[x];
20         }
21         for (int i = 0; i <= n; i++) {
22             System.out.printf("%4d%8.4f%n", i, dist[i]/N);
23         }
24     }
25 
26     /*  Simulates the toss of one tetrahedral die that has one red face and
27         three green faces. Returns false unless the face down is red.
28     */
29     static boolean redDown() {
30         int m = RANDOM.nextInt(4);  // 0 <= m < 4
31         return (m == 0);            // P(m = 0) = 1/4
32     }
33 
34     /*  Simulates the toss of n tetrahedral dice that have one red face and
35         three green faces. Returns the number that lands with red face down.
36     */
37     static int numRedDown(int n) {
38         int numRed = 0;
39         for (int i = 0; i < n; i++) {
40             if (redDown()) {
41                 ++numRed;
42             }
43         }
44         return numRed;
45     }
46 }
```

```
Output - BinomialDistributionTester (run)
run:
   0  0.2375
   1  0.3954
   2  0.2636
   3  0.0880
   4  0.0146
   5  0.0010
```

因此，在四面体骰子的示例中，均值是(5)(0.25)=1.25，标准差是 $\sqrt{(5)(0.25)(0.75)} = \sqrt{0.9375} = 0.9682$。

这些计算通过清单 4-1 所示的程序输出进行验证。注意，`BinaryDistribution` 类提供了分布的方差而非标准差。但后者只是前者的平方根。

清单 4-2 的程序对该试验模拟运行 1000000 次。第 26～32 行的 `redDown()` 方法模拟投掷一个四面体骰子。在第 30 行，变量 m 被指派为 0、1、2 和 3。所有这 4 个值都有可能相等，所以有 25%的机会是 0。因此，这个方法大约以 25%的时间返回 `true`。

第 34～45 行的 `numRedDown()` 方法模拟投掷个数指定的（n）四面体骰子。它计算红色一面落下的骰子个数，并返回计数。这个数字服从 `p = 0.25` 的二项分布。因此，当它在第 16～20 行累加到 `dist[]` 数组时，这个结果应该非常接近之前展示过的 $f(x)$ 的理论值，事实也确实如此。

4.7 多元分布

多元概率分布函数是由多个随机变量诱导的分布函数，也叫作**联合概率函数**（joint probability function）。

举一个简单的例子，再做一次两个（六面）骰子的试验，但这次假定一个骰子是红色的另一个是绿色的。设 X 是红色骰子出现的数字，Y 是绿色骰子上面的数字，那么就有两个随机变量，每个的取值范围为 1～6。它们的概率分布是这两个变量的函数：

$$f_{XY}(x, y) = P(X = x, Y = y)$$

例如：

$$f_{XY} = (1,6) = P(X = 1, Y = 6) = P(\text{红色骰子是1且绿色骰子是6}) = 1/36$$

因为结果有 36 种可能，并且可能性相等（假设骰子是均匀的），那么可以得出概率为

1/36。

再来看一个更有趣的实验，如图 4-9 所示，一个黑色的袋子中有两个红色的玻璃球和 4 个绿色的玻璃球。

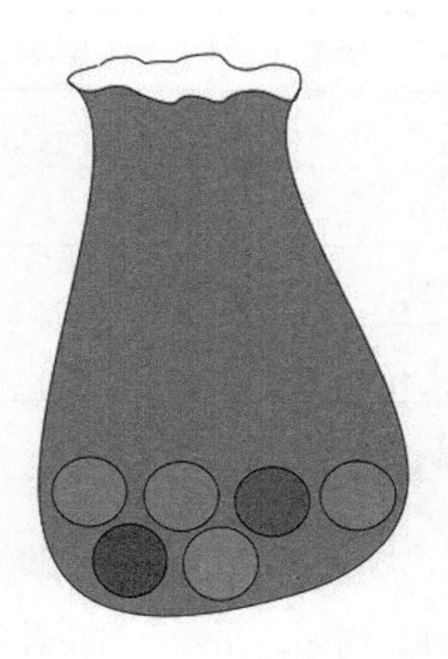

图 4-9 装玻璃球的袋子

除了颜色，玻璃球完全相同。随机从袋子中先后拿出两个玻璃球，不放回。设 X 是第一次取出绿色玻璃球的个数，Y 是第二次取出绿色玻璃球的个数。这两个变量都是二元的：取值要么是 0 要么是 1。因此：

$$f(0,0)=P(RR)=(2/6)(1/5)=1/15=0.0667$$
$$f(0,1)=P(RG)=(2/6)(4/5)=4/15=0.2667$$
$$f(1,0)=P(GR)=(4/6)(2/5)=4/15=0.2667$$
$$f(1,1)=P(GG)=(4/6)(3/5)=4/15=0.4000$$

第一个计算的结果源于第一次抓取时 6 个玻璃球中有两个红色的，接着在第二次抓取时余下的 5 个玻璃球中有一个是红色的。其余 3 个计算是类似的。

联合概率概括在表 4-4 中。

表 4-4 玻璃球试验的联合分布

$f(x, y)$	$Y = 0$	$Y = 1$
$X = 0$	1/15	4/15
$X = 1$	4/15	6/15

在这个例子中，相对频率被解释为概率。机动车部门（Department of Motor Vehicles）

掌握有拥有一辆或多辆车的司机每年行驶英里数的资料。随机变量 X=拥有车辆的个数，Y=每年行驶的英里数（每 5000 英里，约为 8047 千米）。表 4-5 展示了所有的相对频率。

表 4-5 司机的百分比

	1 辆车	2 辆车	3 辆车	合计
0～4999 英里	9%	5%	2%	16%
5000～9999 英里	18%	6%	5%	29%
10000～14999 英里	13%	12%	11%	36%
至少 15000 英里	4%	8%	7%	19%
合计	44%	31%	25%	100%

例如，9%的司机拥有 1 辆车，并且每年行驶低于 5000 英里。

表格边缘的数字汇总了行或列。例如，16%的驾驶者行驶少于 5000 英里，而 31%的司机拥有两辆车。这些叫作边际概率。

4.8 条件概率

条件概率是已知发生某个相关事件的条件下计算的概率。例如，在玻璃球试验中，如果已知第一个取出的玻璃球是红色的，那么第二个取出的玻璃球是绿色的概率就是 4/5 = 80%。这就是条件概率，条件是第一个玻璃球是红色的，可以写作：

P（第 2 球是绿色 G|第 1 球是红色 R）=4/5=80%

（竖线符号|读作“给定”）。

另一方面，第二个玻璃球是绿色的（无条件）概率是：

P(第 2 球是 G) = P(RG) + P(GG) = 4 /15 + 6 /16 =10 /15 = 2 / 3 = 67%

在一个红球移走之后，取出的第二个玻璃球是绿色的概率会更大（80%），这看起来是合理的。第二次取出绿色玻璃球的概率和第一次取出绿色玻璃球的概率是相同的，这看起来也应该是合理的。

给定一个事件 E，事件 F 的条件概率一般公式是：

$$P(F \mid E) = \frac{P(E \cap F)}{P(E)}$$

符号 $E \cap F$ 的意思是“E 和 F”。

为了在玻璃球示例上运用这个公式，设事件 E 是第一个取出的玻璃球是红色的（第一个是 R），设事件 F 是第二个取出的玻璃球是绿色的（第二个是 G）。那么：

$$\begin{aligned} P(F \mid E) &= \frac{P(E \cap F)}{P(E)} = \frac{P(RG)}{P(RR) + P(RG)} \\ &= \frac{\left(\frac{4}{15}\right)}{\left(\frac{1}{15}\right) + \left(\frac{4}{15}\right)} \\ &= \frac{4}{5} \\ &= 80\% \end{aligned}$$

如果根据条件概率公式中的分母交叉相乘，可以得到：

$$P(E \cap F) = P(E)P(F \mid E)$$

这里有一种简单的解释：E 和 F 同时发生的概率是，在确定 E 发生的条件下，E 发生的概率乘以 F 发生的概率。这听起来似乎有时间上的安排，暗示着 E 的发生早于 F 的发生。但在数学上，无论事件何时发生，结论都是有效的。

4.9 概率事件的独立性

如果 $P(F \mid E) = P(F)$，那么可以说两个事件 E 和 F 独立。换句话说，E 的发生对 F 的概率没有影响。从前面的公式可以看到这个定义等价于条件：

$$P(E \cap F) = P(E)P(F)$$

这表明定义是对称的：E 独立于 F 当且仅当 F 独立于 E。

在前面的玻璃球示例中，E=（第一个是 R）并且设 F=（第二个是 G）。因为 $P(F \mid E) = 80\%$ 且 $P(F) = 67\%$，可以看到 E 和 F 不独立。很明显，F 依赖于 E。

再举另一个例子，考虑前面的机动车示例。设 E=（司机拥有两辆车）和 F=（司机至少行驶了 10000 英里/年），那么可以根据边际资料计算无条件的概率：$P(E)$=0.31 并且 $P(F)$=0.36+0.19=0.55。因此 $P(E)P(F)$=(0.31)(0.55)=0.17。但是，$P(E \cap F)$=0.12+0.08=0.20≠

0.17，所以这两个事件不独立。根据这个资料，一个人行驶的距离长度依赖于他拥有的车辆个数。

要牢记，说到独立性时，指的是统计独立性，这是根据公式 $P(F|E)=P(F)$ 给出的定义。换句话说，它完全是概率化的定义。

4.10　列联表

表 4-4 和表 4-5 是**列联表**（contingency tables）的例子（也叫作**交叉表**）。这是两个随机变量的多元表格，可以用来寻找这两个随机变量是否独立的证明。

表 4-6 是个经典的示例。

表 4-6　按性别区分的用手习惯

性别 \ 类型	右撇子	左撇子	合计
男性	43%	8%	51%
女性	45%	4%	49%
合计	88%	12%	100%

在这个总体中，88%的人是右撇子，但 49%的人是女性，45%的人既是女性又是右撇子，所以 92%的女性是右撇子。因此，右撇子与性别是不独立的。

4.11　贝叶斯定理

条件概率公式是：

$$P(F \mid E)=\frac{P(E \cap F)}{P(E)}$$

其中 E 和 F 是具有正概率的任意事件（即，结果的集合）。如果互换两个事件的名字，可以得到等价的公式：

$$P(E \mid F)=\frac{P(F \cap E)}{P(F)}$$

但是，$F \cap E=E \cap F$。所以 $P(F \cap E)=P(E \cap F)=P(F|E)P(E)$。因此：

$$P(E \mid F)=\frac{P(F \mid E)P(E)}{P(F)}$$

这个公式叫作贝叶斯定理。它的主要思想在于揭示条件关系，从而可以根据 $P(F|E)$计算 $P(E|F)$。

为了说明贝叶斯定理，考虑这组资料，一些卫生部门的记录内容，记录了 1000 名 40 岁以上的妇女为诊断乳腺癌而进行的乳房 X 光检查。

- 80 人检查为阳性并患癌症。
- 3 人检查为阴性但患癌症（第一类错误，Type I error）。
- 17 人检查为阳性但没有患癌症（第二类错误，Type II error）。
- 900 人检查为阴性且没有患癌症。

注意第一类错误与第二类错误的命名。通常，一个假设或诊断在它应该被接受时被拒绝，这是**第一类错误**（也叫作**假阴性**，false negative），而一个结论应该被拒绝时被接受，这是**第二类错误**（也叫作**假阳性**，false positive）。 表 4-7 是这些资料的列联表。

表 4-7　癌症检查

类型 \ 阴阳	阳性	阴性	合计
肿瘤	0.080	0.003	0.083
良性	0.017	0.900	0.917
合计	0.097	0.903	1.000

如果把条件概率视为因果关系的一种度量，E 引起了 F。那么可以使用贝叶斯定理来度量原因 E 的概率。

例如，在列联表 4-6 中，如果已知男性群体中左撇子的百分比 $P(L|M)$，人群中男性的百分比 $P(M)$以及人群中左撇子的百分比 $P(L)$，那么就能计算左撇子人群中男性的百分比：

$$P(M \mid L)=\frac{P(L \mid M)P(M)}{P(L)}$$

有时候，贝叶斯定理可以使用下面这种更一般的表达形式：

$$P(F_k \mid E)=\frac{P(F_k)P(E \mid F_k)}{\sum_{i=1}^{n} P(F_i)P(E \mid F_i)}$$

在这里，$\{F_1, F_2, \cdots, F_n\}$ 是样本空间划分的 n 个不相交子集。

4.12 协方差和相关

假定 X 和 Y 是随机变量，联合密度函数是 $f(x,y)$，那么可以定义下列统计量：

$$\mu_X = \sum_x \sum_y x f(x,y)$$

$$\mu_Y = \sum_x \sum_y y f(x,y)$$

$$\sigma_X^2 = \sum_x \sum_y (x-\mu_X)^2 f(x,y)$$

$$\sigma_Y^2 = \sum_x \sum_y (y-\mu_Y)^2 f(x,y)$$

$$\sigma_{XY} = \sum_x \sum_y (x-\mu_X)(y-\mu_Y) f(x,y)$$

$$\rho_{XY} = \frac{\sigma_{XY}}{\sigma_X \sigma_Y}$$

统计量 σ_{XY} 叫作二元分布的**协方差**（covariance），ρ_{XY} 叫作**相关系数**（correlation coefficient）。

可以在数学上证明，如果 X 和 Y 独立，那么 $\sigma_{XY} = 0$。另一方面，如果 X 和 Y 完全相依（例如，如果一个随机变量是另一个随机变量的函数），那么 $\sigma_{XY} = \sigma_X \sigma_Y$。协方差有两种极端值。因此，相关系数是 X 和 Y 相互依赖的一种度量，并且是有界的：

$$-1 \leqslant \rho_{XY} \leqslant 1$$

清单 4-3 中的程序帮助解释了相关系数的作用。它在第 14～16 行定义了一个三维数组，每个数组有两行，一行是 X 值，另一行是 Y 值。

第一个数组 `data1`，是被第 24～31 行定义的 `random()` 方法生成的。它包含了 1000 个 (x, y) 对，X 值在 `data1[0]` 中，Y 值在 `data1[1]` 中。这些配对变量的相关系数在第 19 行打印。在图 4-10 的输出中，可以看到 $\rho_{XY} = 0.032$。这个值接近 0.0，表明在 X 和 Y 之间没有相关性，符合人们对随机数的期待。结论可知，X 和 Y 不相关。

`rho()` 方法返回了第 33～42 行定义的相关系数 ρ_{XY}，它实现了前面显示的公式。方差 σ_X^2 和 σ_Y^2 在第 35 行和第 37 行定义，使用了在第 34 行实例化的 `Variance` 对象 `v`，对应的标准差 σ_X 和 σ_Y 在第 36 行和第 38 行计算。协方差 σ_{XY} 是从第 30 行实例化的协方差对象 `c`

计算的。Covariance 和 Variance 类是定义在 Apache Commons Math library 中的，在第 9～10 行导入。

清单 4-3 相关系数

CorrelationExample.java

```
 8 import java.util.Random;
 9 import org.apache.commons.math3.stat.correlation.Covariance;
10 import org.apache.commons.math3.stat.descriptive.moment.Variance;
11 
12 public class CorrelationExample {
13     static final Random RANDOM = new Random();
14     static double[][] data1 = random(1000);
15     static double[][] data2 = {{1, 2, 3, 4, 5}, {1, 3, 5, 7, 9}};
16     static double[][] data3 = {{1, 2, 3, 4, 5}, {9, 8, 7, 6, 5}};
17 
18     public static void main(String[] args) {
19         System.out.printf("rho1 = %6.3f%n", rho(data1));
20         System.out.printf("rho2 = %6.3f%n", rho(data2));
21         System.out.printf("rho3 = %6.3f%n", rho(data3));
22     }
23 
24     static double[][] random(int n) {
25         double[][] a = new double[2][n];
26         for (int i = 0; i < n; i++) {
27             a[0][i] = RANDOM.nextDouble();
28             a[1][i] = RANDOM.nextDouble();
29         }
30         return a;
31     }
32 
33     static double rho(double[][] data) {
34         Variance v = new Variance();
35         double varX = v.evaluate(data[0]);
36         double sigX = Math.sqrt(varX);
37         double varY = v.evaluate(data[1]);
38         double sigY = Math.sqrt(varY);
39         Covariance c = new Covariance(data);
40         double sigXY = c.covariance(data[0], data[1]);
41         return sigXY/(sigX*sigY);
42     }
43 }
```

```
Output - CorrelationExample (run)
run:
rho1 =  0.032
rho2 =  1.000
rho3 = -1.000
```

图 4-10 输出的相关系数

第二个测试集 data2 定义在第 15 行。它的相关系数是 1，在第 20 行打印，表明完全正相关。这在意料之中，因为 Y 是 X 的线性函数：$Y=2X-1$。类似地，第三个测试资料集 data3 定义在第 16 行，有完全的负相关：$Y=10-X$，所以 $\rho_{XY} = -1.000$。

当 ρ_{XY} 接近 0.0 时，可以推断 X 和 Y 不相关，这表示没有任何线性相关的证据。原因可能是这个资料集太小或太不准确，无法揭示线性相关性。或者，它们存在某种非线性方式的相依性。

4.13 标准正态分布

回忆一下第 3 章“资料可视化”，正态分布概率密度函数是：

$$f(x) = \frac{e^{\frac{-(x-\mu)^2}{2\sigma^2}}}{\sqrt{(2\pi)}\sigma}$$

其中 μ 是总体均值且 σ 是总体标准差。它的图形就是著名的钟形曲线，以 $x=\mu$ 为中心并大致覆盖了区间 $x=\mu-3\sigma$ 到 $x=\mu+3\sigma$（即，$x=\mu\pm 3\sigma$）。在理论上，曲线渐进地逼近 x 轴，随着 x 越来越接近 $\pm\infty$，两者越来越接近，但永远不会触及。

如果总体是正态分布的，那么可以期望超过 99%的资料点在区间 $\mu\pm 3\sigma$ 之内。例如，美国大学理事会数学学业能力倾向测验（AP math test）最初平均得分设置为 $\mu=500$，并且标准差设置为 $\sigma=100$。这表示几乎所有得分会落在 $\mu+3\sigma=800$ 和 $\mu-3\sigma=200$ 之间。

当 $\mu=0$ 且 $\sigma=1$ 时，可以得到一种特殊的情形，叫作**标准正态分布**，如图 4-11 所示。

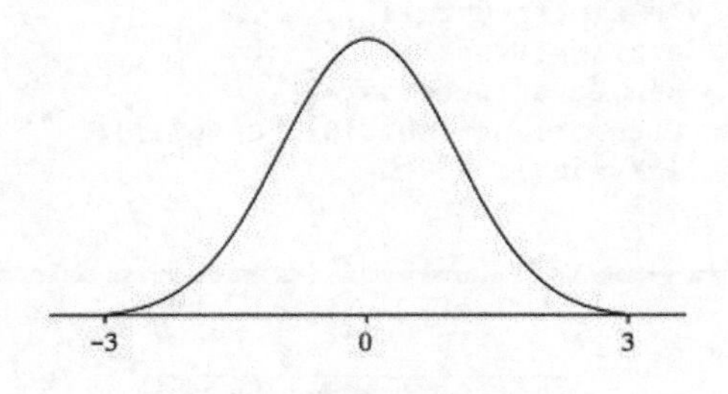

图 4-11 标准正态分布

它的 PDF 是：

$$\varphi(x) = \frac{e^{-x^2/2}}{\sqrt{2\pi}}$$

正态分布与二项分布的一般形状相同：对称、最高点在中间、在末端收缩到零，如图4-12所示。但两者也有一个根本区别：正态分布连续，二项分布离散。

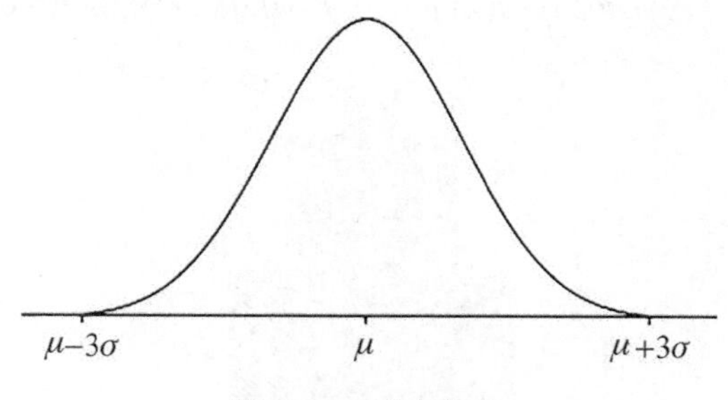

图4-12 正态分布

离散分布是一种随机变量的取值范围为有限集的分布。连续分布是一种随机变量的取值范围为完整区间的分布，区间上有无穷多个值。

图3-22中的图像说明了这种区别，上方的直方图是投掷4枚均匀硬币所得到的正面个数分布图像，取值范围是有限的集合{0, 1, 2, 3, 4}。下方的图像是正态分布，取值范围是整个x轴——区间（$-\infty,+\infty$）。

当分布离散时，只要将构成事件基本结果的概率简单相加，就可以得到这个事件的概率。例如，在4个硬币的试验中，事件$E=(X>2)=\{3,4\}$的概率是$P(X>2)=f(3)+f(4)=0.25+0.06125=0.31125$。但是当分布连续时，事件包括无穷多个值，它们不能以一般的方式相加。

为了解决这个困境，再看一下图3-22。在每个直方图中，每个矩形的高度等于它标记的x值的基本概率。例如，在上方的直方图中（4枚硬币的试验），最后两个直方图的高度是0.25和0.06125，表示结果X=3和结果X=4的概率。但如果每个矩形的宽度恰好是1，那么这些基本概率也等于矩形的面积：第四个矩形的面积是$A=(宽度)(高度)=(1.0)(0.25)=0.25$。

图4-13中的直方图展示了投掷32枚硬币得到正面个数的分布。个数X可以是0～32的任意整数。

这4个红色矩形（带斜纹部分）表示事件$E=\{x:17<x\leqslant 21\}=\{18,19,20,21\}$。注意，区间范围在左边使用了“<”，在右边使用了“≤”。这确保了范围内数值个数等于两个边界值之差：

$$21-17=4$$

这个事件 $P(E)$的概率是红色区域（带斜纹部分）的面积：

$$P(E)=\sum\{f(x):17<x\leqslant 21\}$$
$$=f(18)+f(19)+f(20)+f(21)=0.1098+0.0809+0.0300=0.2733$$

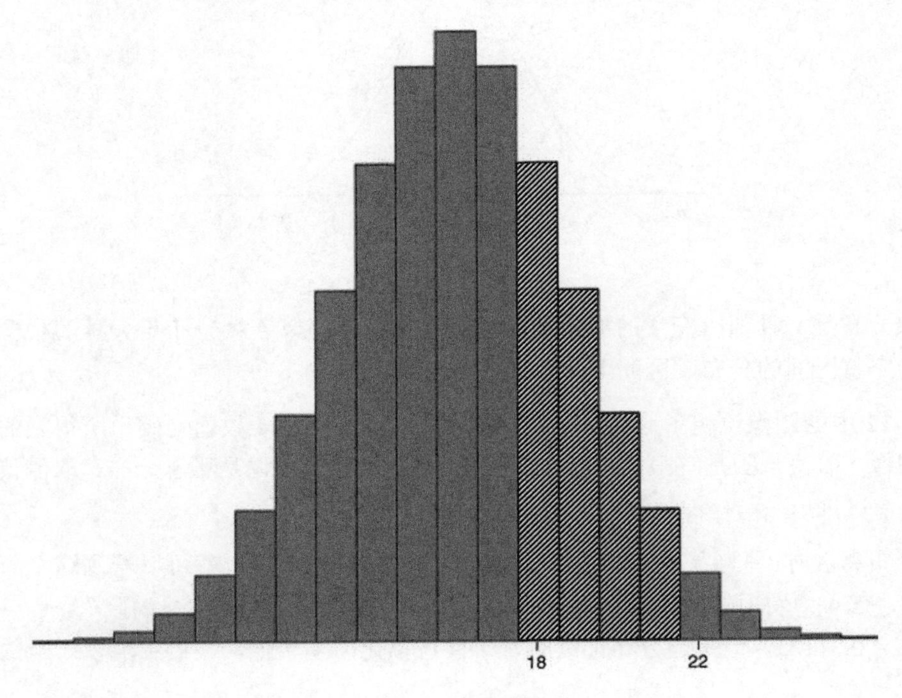

图 4-13　投掷 32 枚硬币

因此，像这样的区间事件概率是位于事件区间之上、PDF 曲线之下的区域面积。当 X 的取值范围很小时，只好向右移动半个单位，正如图 4-13 使用区间（$17.5\leqslant x<21.5$）代替区间（$17<x\leqslant 21$），当作区域的基础。但是，正如图 3-22 所示，连续的随机变量，与在取值范围内有大量取值的离散随机变量相比，几乎是一样的。

与其将基础概率相加来计算事件 E 的概率，更简单的方法是取随机变量累积分布函数 CDF 上两个值的差。在上述例子中，这个差会是：

$$P(E)=\sum\{f(x):17<x\leqslant 21\}=F(21)=0.9749-0.7017=0.2733$$

这就是连续随机变量的事件概率的计算方法。

标准正态分布（见图 4-12）下方的全部面积恰好为 1。累积分布 CDF 记为$\Phi(x)$，并由下面公式计算：

$$\Phi(x)=\int_{-\infty}^{x}\varphi(u)\,\mathrm{d}u$$

这表示标准正态曲线 φ 之下区间 $(-\infty,x)$ 之上的面积。这个面积等于 $X\leqslant x$ 概率。面积相减可以得到 X 在给定的数字 a 和 b 之间概率的计算公式：

$$P(a<X\leqslant b)=\Phi(b)-\Phi(a)$$

图 4-14 中的正态曲线是展示在图 4-13 中二项分布的最佳近似。

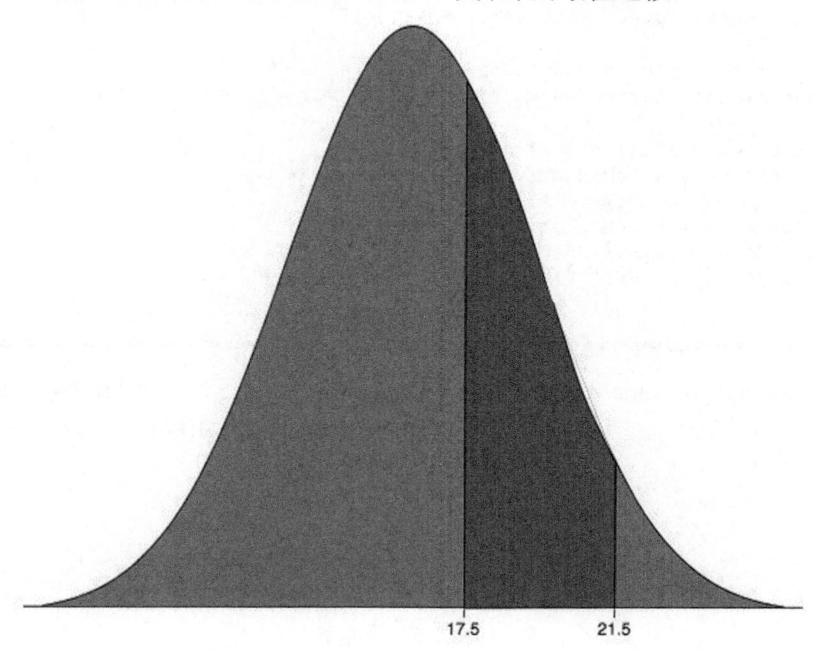

图 4-14 正态分布的概率

它的均值是 $\mu=16.0$，标准差是 $\sigma=2.82$。这些值是根据公式 $\mu=np$ 和 $\sigma^2=np(1-p)$ 计算的。对于这个分布，该区域的面积是 $P(17.5<X\leqslant 21.5)$，等于：

$$P(17.5<X\leqslant 21.5)=\Phi(21.5)-\Phi(17.5)=0.941-0.7021=0.2720$$

可以从二项分布的计算看出，0.2720 对 0.2733 的近似相当好。

这些概率的计算程序展示在清单 4-4 中。

清单 4-4　正态分布的概率

```
BinomialDist.java    NormalDistributionTester.java
8   import org.apache.commons.math3.distribution.NormalDistribution;
9
10  public class NormalDistributionTester {
11      static int n = 32;
12      static double p = 0.5;
        static double mu = n*p;
        static double sigma = Math.sqrt(n*p*(1-p));
15
16      public static void main(String[] args) {
17          NormalDistribution nd = new NormalDistribution(mu, sigma);
18
19          double a = 17.5, b = 21.5;
20          double Fa = nd.cumulativeProbability(a);
21          System.out.printf("F(a) = %6.4f%n", Fa);
22          double Fb = nd.cumulativeProbability(b);
23          System.out.printf("F(b) = %6.4f%n", Fb);
24          System.out.printf("F(b) - F(a) = %6.4f%n", Fb - Fa);
25      }
26  }
```

它使用了 Apache Commons Math library 的 `NormalDistribution` 类，如第 8 行所示。它的 `cumulativeProbability()` 方法返回了 $\Phi(x)$ 的值，如图 4-15 所示。

```
Output - NormalDistributionTester (run)
run:
F(a) = 0.7021
F(b) = 0.9741
F(b) - F(a) = 0.2720
```

图 4-15　清单 4-4 的输出

4.14　中心极限定理

随机样本是数字的集合 $S=\{x_1,x_2,\cdots,x_n\}$，其中每个数字是某些未知的研究变量的测量。可以假设每个 x_i 是随机变量 X_i 的一个取值，所有这些随机变量 $X_1,X_2,\cdots,X_n$ 相互独立，而且分布都相同，均值为 μ，标准差为 σ。设 S_n 和 Z 是随机变量：

$$S_n=\sum_{i=1}^{n}X_i$$

$$Z=\frac{S_n-n\mu}{\sigma\sqrt{n}}$$

中心极限定理的内容是，随着 n 的增大，随机变量 Z 趋于正态分布。这表示 Z 的 PDF 会接近函数 $\varphi(x)$，并且 n 越大，接近程度越大。

在分子和分母上都除以 n，可以得到 Z 的替换公式：

$$Z = \frac{\frac{1}{n}S_n - \mu}{\sigma / \sqrt{n}}$$

这个方程并不更简单，但如果将随机变量 $\overline{X}$ 指定为：

$$\overline{X} = \frac{1}{n}\sum_{i=1}^{n} X_i = \frac{1}{n}S_n$$

那么可以将 Z 写成：

$$Z = \frac{\overline{X} - \mu}{\sigma / \sqrt{n}}$$

中心极限定理认为，这个标准化的随机变量 $\overline{X}$ 的分布接近于标准正态分布 $\Phi(x)$。因此，如果对某个分布未知的未知变量进行 n 次测量，记为 $x_1, x_2, \cdots, x_n$，接着计算样本均值：

$$\overline{x} = \frac{1}{n}\sum_{i=1}^{n} x_i$$

可以预计这个值的性质类似于标准正态分布：

$$z = \frac{\overline{x} - \mu}{\sigma / \sqrt{n}}$$

4.15 置信区间

中心极限定理提出了一种估计总体均值的系统化方法，对经济部门中自动化生产的质量控制而言至关重要，经济部门范围广泛，涵盖了从农业到制药等行业。

例如，假定一个拥有自动化的机器的制造商可以生产滚球轴承，直径假定为 0.82 厘米。**质量控制部门**（Quality Control Department, QCD）对滚球轴承抽取了一个随机样本，样本规模为 200，并发现样本均值为 $\overline{x} = 0.824$ 厘米。从长期经验来看，机器的标准差已经确定为 $\sigma = 0.042$ 厘米。因为 $n = 200$ 足够大，所以可以假设 z 的分布接近标准正态分布，如下：

$$z = \frac{\overline{x} - \mu}{\sigma / \sqrt{n}} = \frac{0.824 - \mu}{0.042 / \sqrt{200}} = 336.7(0.824 - \mu)$$

假定 QCD 有 95%的置信政策，可以解释为它仅仅接受在 5%的时间内有误差。因此，目标是找到一个区间(a,b)，从而有 95%的信心认为未知的总体均值 μ 位于这个区间内，即 $P(a \leqslant \mu \leqslant b)=0.95$。

使用类似于清单 4-4 中的代码，或者现有的标准正态分布表格，又或者图 4-1，都可以找到满足 $P(-z_{95} \leqslant z \leqslant z_{95})=0.95$ 的数字 z_{95}。这个常数 z_{95} 叫作 **95%置信系数**（confidence coefficient）。它的取值是 $z_{95}=1.96$，即 $P(-1.96 \leqslant z \leqslant 1.96)=0.95$。

在这个示例中，$z = 336.7(0.824 - \mu)$，所以$-1.96 \leqslant z \leqslant 1.96 \Leftrightarrow 0.818 \leqslant \mu \leqslant 0.830$。于是 $P(0.818 \leqslant \mu \leqslant 0.830)=0.95$。换句话说，有 95%的信心认为未知的总体均值位于 0.818 厘米和 0.830 厘米之间。

注意，区间边界 a 和 b 是根据这些公式计算的：

$$a = \overline{x} - z_{95}\sigma / \sqrt{n}$$

$$b = \overline{x} + z_{95}\sigma / \sqrt{n}$$

这个区间叫作 **95%的置信区间**（confidence interval）。

更一般地，可以在任何置信水平 c 计算一个置信区间，只要用 z_c 替换 z_{95}，其中 z_c 满足条件 $P(-z_c \leqslant z \leqslant z_c)=c$。$z_c$ 的一些值展示在表 4-8 中。例如，$z_{99}=2.58$。因此，如果上述示例中的 QCD 希望将质量政策提升到置信 99%，可以使用 2.58 替换 1.96 来计算 99%的置信区间：

$$a = \overline{x} - z_{99}\sigma / \sqrt{n} = 8.24 - (2.58)0.42 / \sqrt{200} = 8.24 - 0.077 = 8.16$$
$$b = \overline{x} + z_{99}\sigma / \sqrt{n} = 8.24 + (2.58)0.42 / \sqrt{200} = 8.24 + 0.077 = 8.32$$

因此，99%置信区间是(8.16,8.32)，意味着 $\mu = 8.24 \pm 0.08$。如你所料，这比之前计算的 95%置信区间精度更低：(8.18,8.30)。置信度越高，置信区间越大。100%的置信区间是 $(-\infty,+\infty)$。

表 4-8 置信系数

置信水平 c	置信系数 z_c
99%	2.58
98%	2.33
96%	2.05
95%	1.96

续表

置信水平 c	置信系数 z_c
90%	1.645
80%	1.28
68.25%	1.00

4.16 假设检验

假定一家制药公司声称，他们的抗过敏药物对缓解 12 小时内过敏的有效性为 90%。为了检验这项声明，一所独立实验室进行了一项有 200 名试验对象的试验。在这些人中，只有 160 人报告药效和声明一样，可以有效对抗过敏 12 小时。实验室必须确定，这个资料是否足够拒绝制药公司的声明。

为了建立分析过程，首先确定总体、随机样本、相关的随机变量、随机变量的分布以及待检验的假设。此时，总体可以是该药物所有的潜在消费者，随机样本是报告服药结果的 n=200 名试验对象集，随机变量是发现药效符合承诺缓解过敏的人数。这个随机变量具有二项分布，其中 p 是任何一个病人服药后过敏得到缓解的概率。最后，假设该药物（至少）是 90%有效的，这表示 $p \geqslant 0.90$。

待检验的假设在传统上叫作**原假设**（null hypothesis），记为 H_0。它的对立面叫作**备择假设**（alternative hypothesis），记为 H_1。

还指定检验的**显著性水平**（level of significance）。这是错误拒绝原假设（叫作**第一类错误**）的概率阈值。在这个例子中，显著性水平选择为$\alpha = 1\%$，这个统计检验处理的选择相当标准。解释这种选择的一种方法是，在拒绝原假设的检验中，检验者大约会在 1%的情形中犯错。

因此，检验内容如下：

- X 是二项分布，n=200 且 p 未知
- x=160
- $H_0 : p = 0.90$
- $H_1 : p < 0.90$
- $\alpha = 0.01$

为了完成这个分析，假设 H_0 为真，然后使用值（p=0.90）来决定检验结果是否可能。换句话说，如果这个事件的概率小于1%的显著性水平，这就叫作在1%的水平上拒绝原假设，此时就接受备择假设 H_1。如果事件的概率不低于1%的阈值，那么就接受原假设 H_0。注意，接受原假设并不等于于证明了它，这只是说缺乏足够的证据拒绝它。没有什么结论可以使用统计进行证明（当然，除非样本是整个总体）。

这种分析依赖的事实是，正态分布对于大的 n 很好地近似了二项分布，下面是分析步骤。

（1）确定标准正态分布满足 $P(Z < z_1) = \alpha$ 的标准值 z_1。

（2）对这个二项分布计算 $\mu = np, \sigma^2 = np(1-p)$ 以及 σ。

（3）使用 $x_1 = \mu + z_1\sigma$，根据 z_1 计算 x_1。

（4）如果 $x < x_1$，拒绝 H_0。

根据表 4-9，可以取 z_1。它展示了对标准正态分布来说，$P(Z < 0.33) = 0.01$。因此 $z_1 = -2.33$。

表 4-9 单侧检验临界值

显著性水平 α	临界值 z_1
10%	±1.28
5%	±1.45
1%	±2.33
0.5%	±2.58
0.2%	±2.88

现在，我们可以假设 p=0.9（原假设），所以均值是 $\mu = np = (200)(0.9) = 180$，方差是 $\sigma^2 = np(1-p) = (200)(0.9)(0.1) = 18$，而且标准差是 $\sigma = 4.24$。

接下来，$x_1 = \mu + z_1\sigma = 180 + (-2.33)(4.24) = 180 - 9.9 = 170$，这是阈值 x 值。如果 H_0 是真的，那么 X 低于 170 的可能性极小。既然检验值是 x=160 就必须拒绝 H_0。公司声明的“90%有效”不被这个资料支持。

上面描述的假设检验算法仅仅在**单边检验**上运用。这表示备择假设只是单个不等式，比如 $p<0.90$。此时，1%临界区域位于临界值 z_1 的左侧（见图 4-16），所以我们选择负值 $z_1=-2.33$。反之，如果备选假设有 $H_1: p>0.90$，那么应该使用对应值 $z_1=2.33$。

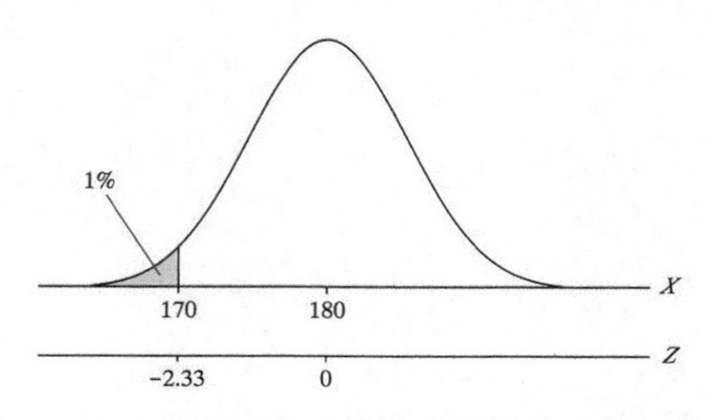

图 4-16 单侧临界区域

一个滚球轴承**双边检验**的例子假定制造商想要的检验假设是直径 0.82 厘米。这个检验会设置为：

$$H_0: d=0.82$$

$$H_1: d\neq 0.82$$

此时有两个对称的临界区域：一个是 $z<-z_1$，另一个是 $z>z_1$。

双边检验使用的表格与表 4-2 不同。

4.17 小结

统计领域是资料分析中最早的组织研究。本章讲述了这个领域的一些主要概念：随机抽样、随机变量、一元和多元概率分布、条件概率和独立性、贝叶斯定理和中心极限定理、置信区间以及假设检验。资料分析师应该理解所有这些主题。

有些主题的形式更数学化一些，为了完全理解需要采用一些计算，比如中心极限定理。但是，即使没有这些计算，也可以领会定理的结论，而且看到定理就可以体会操作原则。

第 5 章
关系数据库

第 2 章“数据预处理”曾出现过一些数据存储的标准方法。在那里，可以看到小型的非结构化数据通常存储在文本文件中，数据字段的分隔使用空格、制表符或逗号。小的结构化数据集使用 XML 和 JSON 这样的格式可以处理得更好。

数据库则是一个大型的数据集合，通常是结构化的，并通过独立的软件系统访问。

本章将讨论关系数据库及其管理系统。第 10 章“使用 NoSQL 数据库”将考查非关系数据库。

5.1 关系数据模型

关系数据库（relational database）将数据存储在由特定结构约束联系起来的表中。词汇“关系”源于其数学概念，它在本质上和表一样。确切定义如下。

域（domain）是数据类型相同的数据值集合，数据类型通常是整数、小数或者文本，也可能是布尔值（`True/False`），名义值或者 URL 等。如果 $D_1, D_2, \cdots, D_n$ 是域，那么它们的笛卡儿乘积（Cartesian product）是集合 $D_1, D_2, \cdots, D_n$ 的所有 n 个成分的集合 $t = (d_1, \cdots, d_n)$，其中每个 $d_i \in D_i$。这样的集合叫作元组（当 n=8 时就是八维的）。元组类似于向量，只是元组的成分数据可以是不同的类型，而向量的成分数据通常就是数字。关系是域笛卡儿积的子集，即全部来自相同的域序列 $(D_1, D_2, \cdots, D_n)$ 的元组集合，这个域序列叫作关系的**模式**（schema）。我们将关系看作一张普通表，表的行是元组，表的列对应到域。

表 5-1 展示了一个关系的例子，它的域模式可以是整数、文本、文本、日期、文本和电子邮箱。它有 5 个元组。

表 5-1 雇员的数据库表

ID	姓	名	出生日期	职务	Email
49103	Adams	Jane	1975-09-02	CEO	jadams@xyz.com
15584	Baker	John	1991-03-17	数据分析师	jbaker@xyz.com
34953	Cohen	Adam	1978-11-24	人事总监	acohen@xyz.com
23098	Davis	Rose	1983-05-12	IT 经理	rdavis@xyz.com
83822	Evans	Sara	1992-10-10	数据分析师	sevans@xyz.com

每列有一个唯一的名称（例如，Date of Birth），这个名称显示时出现在列的顶部。而且，表本身必须有一个名字，这张表的名字是 Employees。

因为表和关系实际上一样，通常会把它们都称为表。用相应简化的术语“行”表示元组，“列”表示域，“属性”表示列名，“字段”表示元组的成分值。关系表叫作表模式的实例（instance）。

注意，关系是元组的一个集合，因此它是无序的。换句话说，数据库中行的顺序不相关。列的顺序也不相关，而每列有唯一的列名（例如，Date of Birth）和类型。

除了域模式，表的定义通常还包括了键的指定。关系的主键（primary key）是一个属性的集合，它们的值必须在表的各行中是唯一的。对于表 5-1，键属性的明显选择是 ID 字段。

5.2 关系数据库

关系数据库包含一组数据库对象，包括关系（表）及其指定约束。表 5-2 中的关系可以和表 5-1 中的关系一起组合形成一个关系数据库。

表 5-2 部门的数据库表

部门 ID	名　称	负　责　人
HR	人力资源	34953
IT	信息技术	23098
DA	数据分析	15584

这个关系数据库也包括指定的主键，对 Employees 表是 ID，对 Departments 表是 Dept ID。

关系数据库自身的**模式**（schema）是表标题、对应的数据类型以及键指定的集合。可以把这个两张表的数据库模式指定为：

- Employees(ID, Last Name, First Name, Date of Birth, Job Title,Email)
- Departments(Dept ID, Name, Director)

主键也可以通过它们的名字来表示。在这个示例中，ID 是 Employees 表的主键，Dept ID 是 Departments 表的主键。因此，没有哪两个 Employees 记录有相同的 ID，而且也没有哪两个 Departments 记录有相同的 Dept ID。

5.3 外键

数据库表的**外键**（foreign key）是一个字段，通常它的值必须匹配在另一张表中的对应主键值。前面定义的数据库会指定外键 Departments.Director 去引用主键 Employees.ID。因此，举例来说，"Director of Data Analysis"有 ID 15584，它识别了表 5-1 中的 John Baker。

注意，一旦表指定了外键，除非键值与引用表中现有的主键值匹配，否则不能再增加任何行。Departments 表的每一行必须有一个匹配 Employees 表现有 ID 值的 Director 值。

当表 A 的外键引用了表 B 的主键，则 A 称为子表而 B 称为父表。在这个示例中，Departments 表是子表，而 Employees 表是父表。每张子表（Departments.Director）必须有一张父表（Employees.ID），而且子表存在的前提是其父表必须存在。注意，这是一种多对一的关系。

外键约束是保证关系数据库有效的主要机制。它可以帮助数据重复最小化，数据重复也许是误差的主要来源。例如，在前面描述的数据库中，如果没有外键的力量，就不得不使用一张体积更大结构化更少的表来替换这两张表。

为什么在数据库中数据重复不好？有多个重要理由：

- 如果一个数据值变了，那么为了保持数据的一致性，每个重复都必须同步变化。因为很难找到所有重复值，所以很容易出错。

- 当从数据库移除一个数据值时，一个类似的问题会产生。

关系数据库模型是在 1970 年，由埃德加·科德（Edgar F. Codd）（见图 5-1）在 IBM 工作时开发的，那时还有其他一些与之竞争的数据库模型。

图 5-1 埃德加·科德

但到了 20 世纪 80 年代，关系数据库模型的名气已经盖过所有其他竞争者。只有最近 10 年 No-SQL 数据库的发展，才让关系数据库在这个领域失去了支配地位。

5.4 关系数据库设计

关系数据库的设计通常进行分阶段管理。第一个阶段的工作是识别表的关系模式。

为了阐述这个过程，我们设计一个关于个人藏书的小型数据库。下面是比较合理的模式：

```
Authors(id, lastName, firstName, yob)
Books(title, edition, hardcover, publisher, pubYear, isbn, numPages)
Publishers(id, name, city, country, url)
```

这里指定的大多数字段是文本类型的（在 Java 中是 `String` 类型）。`Authors.yob`（用于出生年份，“year of birth”）、`Books.pubYear` 和 `Books.numPages` 字段应该是整数类型的。主键是 `Authors.id`、`Books.isbn` 以及 `Publishers.id`。出版者的 ID 是一个短字符串，比如 A-W 代表 Addison-Wesley，Wiley 代表 John Wiley and Sons。

下一步工作是识别外键约束。有一个外键是明显的，例如 `Books.publisher` 引用了 `Publishers.id`。

但是，不能使用外键来链接 Authors 和 Books 表，因为它们之间是多对多的关系：一位作者可以写多本书，一本书也可以有多位作者，而外键关系必须是多对一的。解决方法是添加一张链接表，这张表使用外键连接另两张表：AuthorsBooks(author, book)。

这张表有一个包含两字段的键：{author, book}。这很有必要，因为这两个字段本身都没有唯一值。例如，它可能包含这样 3 行（见表 5-3）。

表 5-3　图书馆数据库的链接表

作　者	图　书
JRHubb	978-0-07-147698-0
JRHubb	978-0-13-093374-0
AHuray	978-0-13-093374-0

现在，我们可以对该模式定义其余外键：

- AuthorsBooks.author 引用 Authors.id
- AuthorsBooks.book 引用 Books.isbn

该复杂模式现在包含 4 张表，每张表有一个主键和 3 个外键：

- Authors(id, lastName, firstName, yob)
- Books(title, edition, hardcover, publisher, pubYear, isbn, numPages)
- Publishers(id, name, city, country, url)
- AuthorsBooks(author, book)
- Books.publisher 引用 Publishers.id
- AuthorsBooks.author 引用 Authors.id
- AuthorsBooks.book 引用 Books.isbn

这个模式在图 5-2 中说明。主键有下划线，外键用箭头表示。

5.4.1　创建数据库

现在，模式已经确定了（见图 5-2）。图中显示了 4 张表 Authors,Books、Publishers

和 AuthorsBooks。每张表都列出了自己的字段，主键用下划线表示。外键约束用箭头显示。例如，对 AuthorsBooks.book 字段来说，Books.isbn 是一个外键。

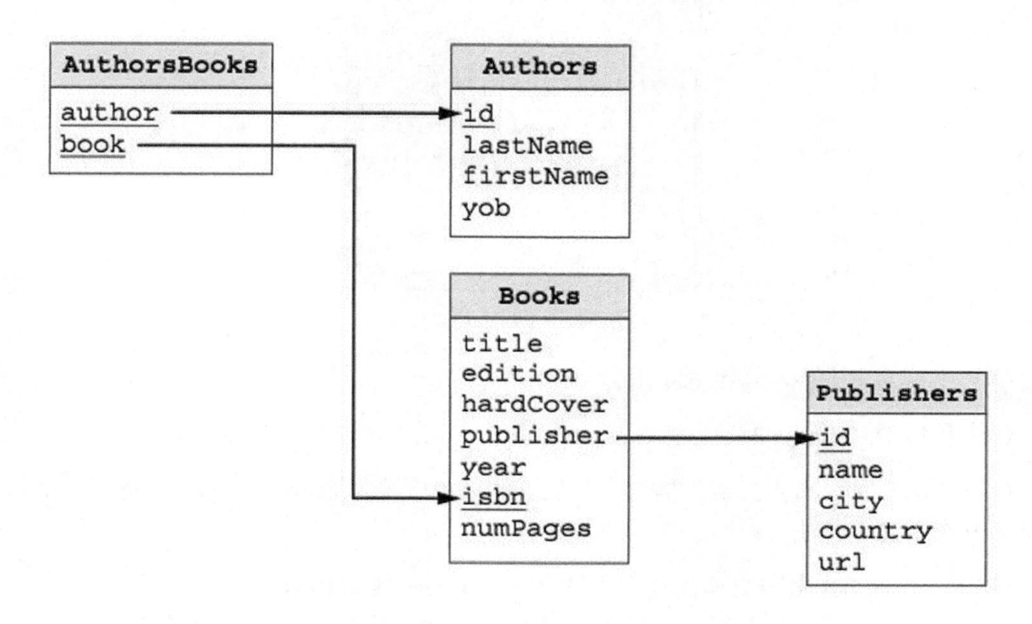

图 5-2 library 数据库的模式

下一步工作是创建数据库。为此，首先必须选择一个**关系数据库系统**（relational database system , RDBMS）。

有许多优秀的 RDBMS 可供选择。如果你的学校或者雇主向你提供专有 RDBMS 的账号，那会是最棒的选择。最受欢迎的系统是 Oracle RDB、Microsoft SQL Server 以及 IBM DB2。另外，还有一些优秀的免费 RDBMS。其中最流行的是 MySQL，本书在附录中会对它进行描述。

因为本书已经采用 NetBeans IDE 来处理 java 示例，所以本章将使用它的 Java DB 数据库系统。但是，此处清单中显示的所有 SQL 命令都可以在 MySQL、Oracle、SQL Server 或者 DB2 中运行。NetBeans Java DB 网站为 Java DB 数据库系统提供了更多的信息。网站 NetBeans MySQL 解释了如何从 NetBeans 连接到 MySQL 数据库系统。

数据库开发者通过 **SQL** 与 RDBMS 通信。不像 Java 和 Python 这样的编程语言，SQL 主要是一种说明性语言，这表示它会对个别命令做出反应，就像 R 语言或者 OS 命令。本章后面将讨论如何使用 JDBC 执行 Java 编程的 SQL 命令。

配备 NetBeans 的 RDBMS 称为 Java DB。如图 5-3 所示，根据下面这些步骤，可以创建你的 Library 数据库。

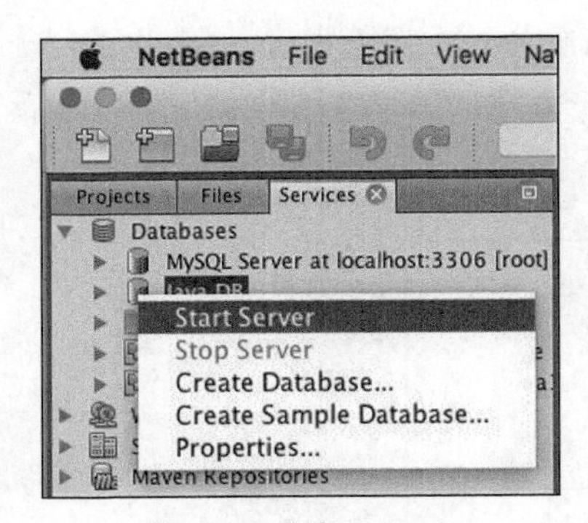

图 5-3　开始 Java DB

（1）点击左上方面板中的 **Services** 标签。

（2）扩展 **Databases** 节点。

（3）在 **Java DB** 节点上点击右键，并从下拉菜单中选择 **Start Server**。服务器会对输出面板的几个消息进行响应。

（4）在 **Java DB** 节点上再次点击右键，选择 **Create Database...**。

（5）如图 5-4 所示，在 **Create Java DB Database** 面板中的 **Database Name** 对话框输入 Library，然后选取一个用户名和一个你记得住的简单密码。如果你还想指定数据库的位置，点击 **Properties...**按钮。

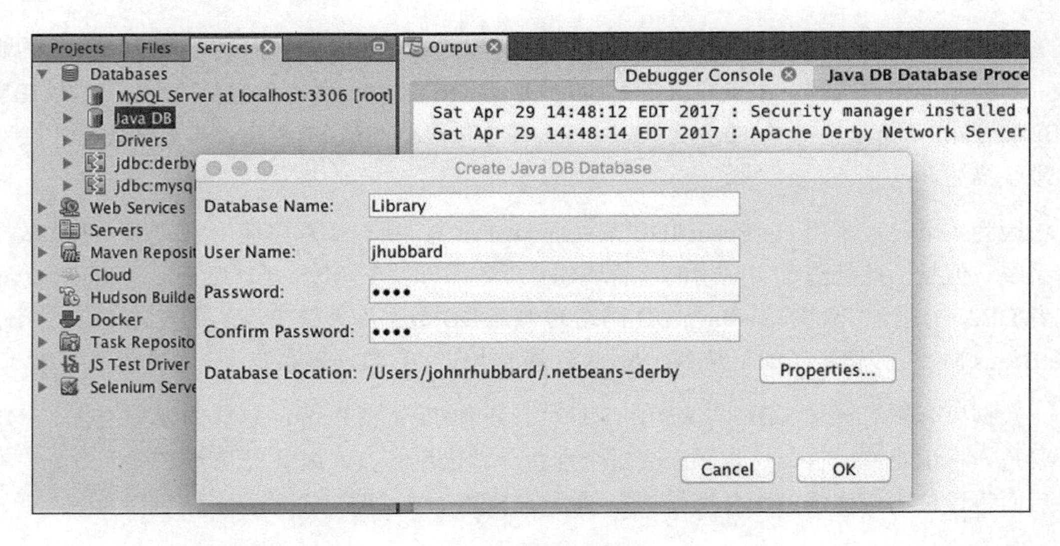

图 5-4　创建数据库

（6）**Databases** 下面应该出现一个新节点，它的标签应该是 **jdbc:derby://localhost:1527/Library**，如图 5-5 所示。它表示连接到了这个数据库。如果图标看起来是断的，表示这个连接目前是关闭的。

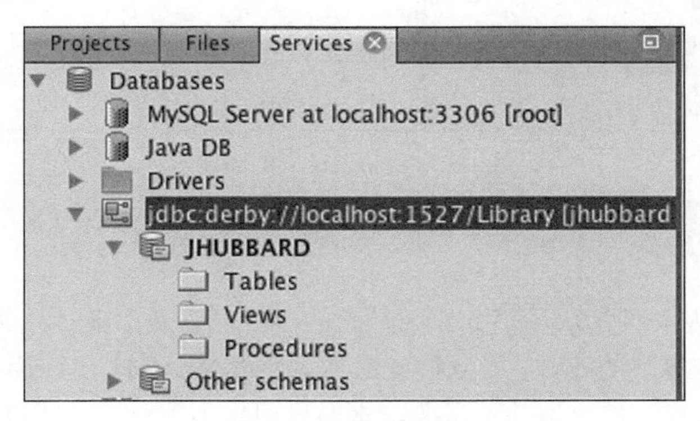

图 5-5　连接到数据库

（7）点击连接图标并选择 **Connect...**，此时图标看起来连接上了，因此你可以扩展该节点。

（8）现在，在 **Library** 连接图标上点击右键并选择 **ExecuteCommand...**，这样会激活 SQL 命令编辑器，你可以输入并执行 SQL 命令。

（9）如清单 5-1 所示，输入 `create table` 命令。注意第 2～5 行这 4 行末尾有逗号，而第 6 行末尾没有（在 SQL 中，逗号是分隔符而不是结束符）。而且，与 Java 不同，SQL 使用圆括号（第 1 和第 7 行）而不是大括号来分隔字段定义列表。

清单 5-1　SQL create table 命令

```
SQL 1 [jdbc:derby://localhost:15...]
1  create table Publishers (
2      id          char(4)      primary key,
3      name        varchar(32),
4      city        varchar(32),
5      country     char(2),
6      url         varchar(32)
7  );
```

（10）现在在 SQL 编辑器窗口点击右键并选择 **Run Statement**。如果没有错误，**Output** 窗口会报告执行成功。否则，返回并再次检查清单 5-1 中的代码，修正并再次运行。在代码成功运行之后，在数据库的 **Tables** 节点下将出现一个新的 **PUBLISHERS** 表图标，如图 5-6 所示。

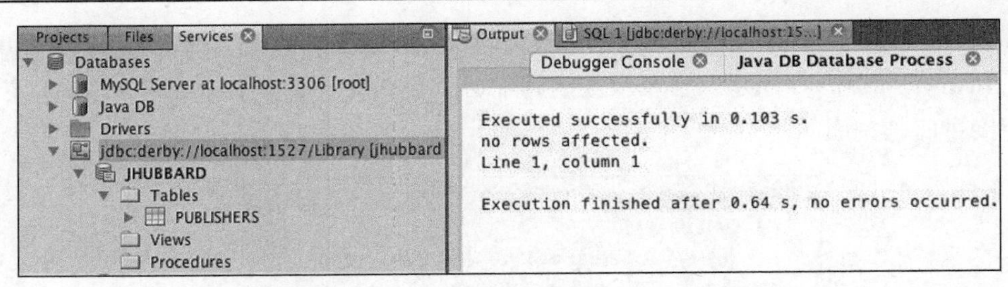

图 5-6 Publishers 表的创建

5.4.2 SQL 命令

SQL 查询语言庞大且复杂。部分原因是它的年龄，它差不多 50 岁了。还有部分原因是这种语言经过了许多代的改进，受到彼此激烈竞争的 RDBMS 供应商们（IBM、Microsoft 和 Oracle）的严重影响。但害怕并不必要，本书只用到小部分 SQL 语言。

SQL 命令分成两组：一组用于定义数据库，一组用于访问数据库的数据。第一组叫作**数据定义语言**（Data Definition Language, DDL），第二组叫作**数据操作语言**（Data Manipulation Language, DML）。前面第 4 步使用的 `create database` 命令是 DDL 语句，清单 5-1 中使用的 `create table` 命令也是。

这里是其他一些常见的 DDL 命令：

```
alter table
drop table
create index
```

这里是一些常见的 DML 命令：

```
insert into
update
delete from
```

在 SQL 中，本书交替使用命令（command）和语句（statement）这两个术语。许多作者喜欢用大写字母写 SQL 语句。但不同于 Java 和其他的大多数程序语言，SQL 不区分大小写，它忽略了大写字母和小写字母之间的差异。是否使用大小写只是风格问题。

现在继续创建你的 Library 数据库，下一步是对 Books 表执行 create table 命令，如清单 5-2 所示。这张表具有一些新特征，在 Publishers 表中没有。

首先，注意本书使用了 int 数据类型（第 3、第 6、第 8 行）。它和 Java 中的 int 类型是相同的。在 SQL 中，它也可以写成 integer。

其次，在 cover 字段的声明中（第 4 行），本书使用了一个 check 子句来限制该字段的可能值只有'HARD'和'SOFT'。这在本质上是一种名义数据类型，类似于 Java 的枚举（enum）类型。

创建 books 表的命令显示在清单 5-2 中。

清单 5-2　创建 books 表的命令

```
SQL 1 [jdbc:derby://localhost:15...]
1 create table Books (
2     title       varchar(64),
3     edition     int           default 1,
4     cover       char(4)       check(cover in ('HARD','SOFT')),
5     publisher   char(4)       references Publishers,
6     pubYear     int,
7     isbn        char(13)      primary key,
8     numPages    int
9 );
```

还要注意不像 Java 使用规则的引号，SQL 中的所有字符串都是用竖撇号分隔的（单引号字符），写作'HARD'，而非"HARD"。

最后，注意第 5 行的 references 子句。它强制外键 Books.publisher 引用 Publishers.id。注意这两个字段 Books.publisher 和 Publishers.id 有相同的数据类型：char(4)。外键应该和它引用的主键保持相同的数据类型。

你的数据库结构现在应该类似于图 5-7，只是使用了你自己的用户名代替其中的 **JHUBBARD**。

创建 Authors 表和 AuthorsBooks 表的 SQL 命令显示在清单 5-3 和清单 5-4 中。

清单 5-3　创建 Authors 表的命令

```
Output    SQL 1 [jdbc:derby://localhost:15...]
1 create table Authors (
2     id          char(8)   primary key,
3     lastName    varchar(16),
4     firstName   varchar(16),
5     yob         int
6 )
```

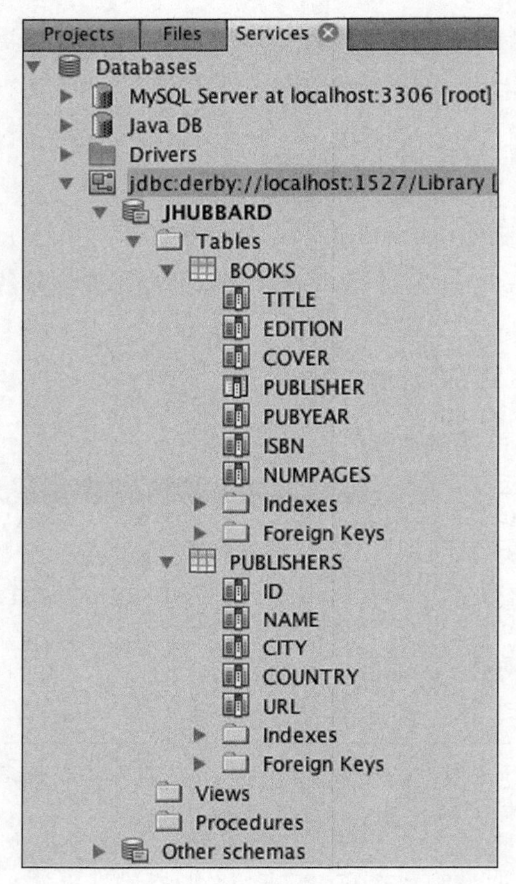

图 5-7　数据库的结构

在清单 5-4 中，两个必需的外键由 references 子句指定（在第 2 行和第 3 行）。还要注意这两个字段 primary key 是在第 4 行分别指定的。单字段主键（例如 Authors.id）可以使用两者中任一方式指定，作为一个附加的子句或单独的一行。但是，多字段主键必须按这种方式分开指定。

清单 5-4　创建 Authors Books 表的命令

```
Output × | SQL 1 [jdbc:derby://localhost:15...] ×
1 create table AuthorsBooks (
2     author  char(8)   references Authors,
3     book    char(13)  references Books,
4     primary key(author, book)
5 )
```

将所有这 4 个 SQL 命令组合到一个文件中，命名为 `CreateTables.sql`，显示在清单 5-5 中。它叫作 SQL 脚本，你可以从异步社区网站下载。

清单 5-5 创建所有四个表的 SQL 脚本

```
SQL 1 [jdbc:derby://localhost:15...]
1  -----------------------------------------------------------------
2  --  CreateTables.sql
3  --  Creates four tables for the Library database.
4  --  Data Analysis with Java
5  --  John R. Hubbard
6  --  May 4 2017
7  -----------------------------------------------------------------
8
9  drop table AuthorsBooks;
10 drop table Authors;
11 drop table Books;
12 drop table Publishers;
13
14 create table Publishers (
15     id          char(4)       primary key,
16     name        varchar(32),
17     city        varchar(32),
18     country     char(2),
19     url         varchar(32)
20 );
21
22 create table Books (
23     title       varchar(64),
24     edition     int           default 1,
25     cover       char(4)       check(cover in ('HARD','SOFT')),
26     publisher   char(4)       references Publishers,
27     pubYear     int,
28     isbn        char(13)      primary key,
29     numPages    int
30 );
31
32 create table Authors (
33     id          char(8)       primary key,
34     lastName    varchar(16)   not null,
35     firstName   varchar(16),
36     yob         int           default 0
37 );
38
39 create table AuthorsBooks (
40     author      char(8)       references Authors,
41     book        char(13)      references Books,
42     primary key (author, book)
43 );
```

这个脚本从一个 7 行的头部注释开始，注释通过名称标识文件并介绍其用途，标识书籍、作者和它所撰写的日期。在 SQL 中，出现在双行破折号之后行中间的任何内容都会被 SQL 解释器作为注释忽略。

在 4 张表重新创建之前，首先必须删除。这由第 9～12 行的 `drop table` 命令完成。

这些表必须按与其创建时相反的顺序删除，从而适应外键约束。例如，`Books` 表依赖于 `Publishers` 表（见图 5-2），所以它必须在 `Publishers` 表之前删除。当然，创建表的顺序是相反的，出于同样的理由，`Publishers` 表必须在 `Books` 之前创建。

注意这个脚本包含 8 行 SQL 语句：4 行 `drop` 和 4 行 `create`。这些语句必须用分号隔开，尽管单个语句没有分号也可以运行。

如果要在 NetBeans SQL 编辑器中运行这个脚本，可以在窗口任何地方右键并选择 **Run File**。

5.4.3　数据插入数据库

通过 `insert into` 语句，数据可以插入数据库，如清单 5-6 所示。

清单 5-6　插入一行数据

```
SQL 1 [jdbc:derby://localhost:15...]    SQL 2
1 insert into Publishers values (
2     'PPL',
3     'Packt Publishing Limited',
4     'Birmingham',
5     'UK',
6     'packtpub.com'
7 )
```

要运行这个命令，首先打开一个新的 SQL 编辑窗口。在数据库连接图标上点击右键，并选择 **Execute Command...**。输入清单 5-6 显示的 SQL 代码，然后在窗口任何地方点击右键并选择 **Run Statement**。

如果想看数据是否已经插入表中，在 **PUBLISHERS** 表的图标（在 **NetBeans Services** 标签中）点击右键并选择 **View Data...**。出现的输出窗口如图 5-8 所示。

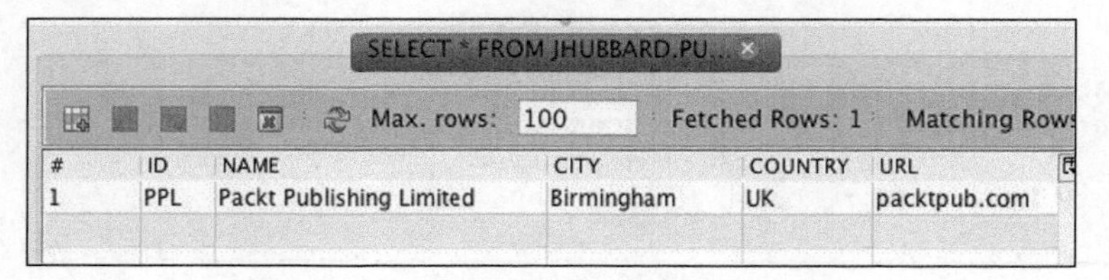

图 5-8　Publishers 表中的数据视图

注意在这个输出窗口顶部的标签：**SELECT * FROM JHUBBARD.PU…**。这是完整查询的第一部分，这个查询为了产生这个输出而执行。你可以在上面的 SQL 编辑窗口的第一行看到完整的查询，如图 5-9 所示。

```
1 SELECT * FROM JHUBBARD.PUBLISHERS FETCH FIRST 100 ROWS ONLY;
2
```

图 5-9 为产生输出执行的查询

`insert into` 语句有两个版本。一个版本在清单 5-6 中说明，它对定义在表中的每个字段定义一个值。如果这些值的任何一个是未知的或者不存在的，那就需要更详细版本的 `insert into` 语句。第二种版本只对提供的值列出每个字段。

清单 5-7 执行的 `insert` 语言说明了第二种版本。

清单 5-7 插入指定字段的名称

```
1 insert into Publishers (id, name, city, country)
2 values ('A-V', 'Akademie-Verlag', 'Berlin', 'DE')
3
```

这家出版商没有 URL，因此这个字段必须留空（<NULL>）。注意图 5-10 中有这个字段的显示。

#	ID	NAME	CITY	COUNTRY	URL
1	PPL	Packt Publishing Limited	Birmingham	UK	packtpub.com
2	A-V	Akademie-Verlag	Berlin	DE	<NULL>

图 5-10 Publishers 表中的当前数据

这种版本的优点是，只要值的顺序匹配，就可以按任何顺序列出字段。

在 **batch mode** 中，数据也可以使用 `insert into` 语句插入表中。这表示在单个 SQL 文件中，多个语句结合在一起，再运行文件本身，与清单 5-5 中处理 `create table` 命令一样。

在 SQL 编辑器中运行这个批文件，见清单 5-8。

清单 5-8 批处理模式插入

```
1 insert into Publishers values ('PH', 'Prentice Hall, Inc.', 'Upper Saddle River, NJ', 'US', 'www.prenhall.com');
2 insert into Publishers values ('MHE', 'McGraw-Hill Education', 'New York, NY', 'US', 'www.mheducation.com');
3 insert into Publishers values ('A-W', 'Addison-Wesley Longman, Inc.', 'Reading, MA', 'US', 'www.awl.com');
4 insert into Publishers values ('CUP', 'Cambridge University Press', 'Cambridge', 'UK', 'www.cambridge.org');
```

然后检查结果，如图 5-11 所示。

#	ID	NAME	CITY	COUNTRY	URL
1	PPL	Packt Publishing Limited	Birmingham	UK	packtpub.com
2	A-V	Akademie-Verlag	Berlin	DE	<NULL>
3	PH	Prentice Hall, Inc.	Upper Saddle River, NJ	US	www.prenhall.com
4	MHE	McGraw-Hill Education	New York, NY	US	www.mheducation.com
5	A-W	Addison-Wesley Longman, Inc.	Reading, MA	US	www.awl.com
6	CUP	Cambridge University Press	Cambridge	UK	www.cambridge.org

图 5-11　Publishers 表

这种方法的唯一问题是将所有这些 `insert into` 语句写入文件有些冗长而乏味。之后将讨论一种更优雅的 JDBC 使用解决方法。

5.4.4　数据库查询

SQL 数据库查询（database query）是一个请求数据库信息的 SQL 语句。如果查询成功，它会产生表格形式的数据集，即一张虚拟的表。当点击 **View Data...**表的下拉菜单中的 `Publishers` 时，会自动生成一个 SQL 查询，如图 5-9 所示，这里需要注意的关键词是 **select**。

`select` 语句的子句和变化比其他任何 SQL 语句都要多，这一点在维基百科的页面上有相当全面的介绍，本节只看一些变化。

清单 5-9 中的查询返回了非美国出版公司的 `name`、`city` 和 `country`，结果按 `name` 排序。

清单 5-9　基于 Publishers 表的查询

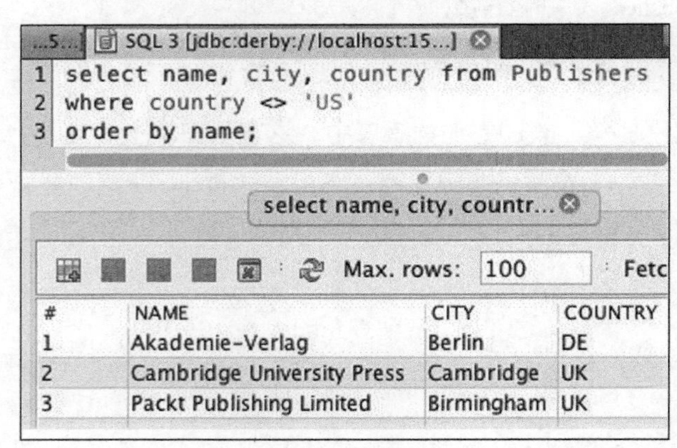

where 子句和 order by 子句都是可选的。符号<>意味着“不等于”。

清单 5-10 中的查询显示出，如果你在 order by 子句中列出两个字段，那么当第一个字段不变时，结果将根据第二个字段进行排序。

清单 5-10 根据两个字段排序的查询

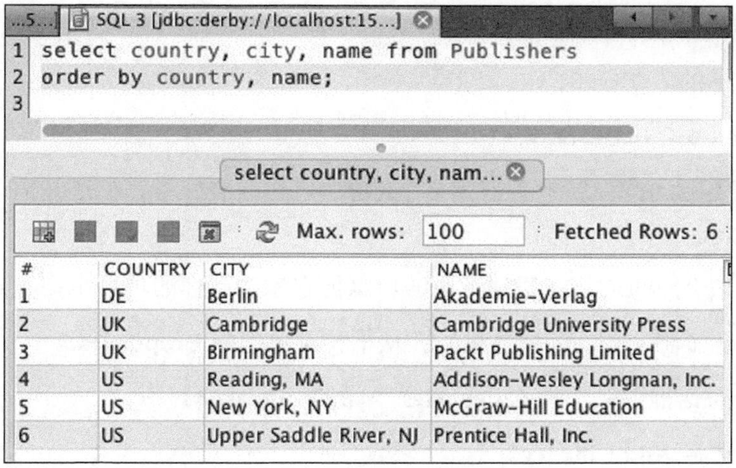

...5... SQL 3 [jdbc:derby://localhost:15...]

```
1 select country, city, name from Publishers
2 order by country, name;
3
```

select country, city, nam...

Max. rows: 100 Fetched Rows: 6

#	COUNTRY	CITY	NAME
1	DE	Berlin	Akademie-Verlag
2	UK	Cambridge	Cambridge University Press
3	UK	Birmingham	Packt Publishing Limited
4	US	Reading, MA	Addison-Wesley Longman, Inc.
5	US	New York, NY	McGraw-Hill Education
6	US	Upper Saddle River, NJ	Prentice Hall, Inc.

5.4.5 SQL 数据类型

标准的 SQL 数据类型有 4 种：数值、字符串、位串以及时态类型。

数值类型包括 int、smallInt、bigInt、double 和 decimal(p,s)，其中 p 是精度（最大位数），s 是刻度（小数点后的位数）。

正如你所见，字符串类型包括 char(n) 和 varchar(n)。

两种位串类型是 bit(n) 和 bit varying(n)。它们可以解释成单个比特的数组，比特为 0 和 1。

时态类型包括 date、time 和 timestamp。时间戳是指定了日期和时间的时间实例，比如 2017-04-29 14:06。注意日期使用的 ISO 标准，例如，April 29, 2017 记作 2017-04-29。

由于主要 RDMS 供应商之间的竞争，许多 SQL 类型都有其他的名称。例如，integer 可用于代替 int，character 可用于代替 char。MySQL 使用 int 和 char。

5.4.6 JDBC

Java 数据库连接（Java Database Connectivity，JDBC）API 是一个 Java 包和类的库，在一个 Java 程序内的 RDB 上，提供容易执行的 SQL 命令。这个 API 称为“数据库驱动”，它可以从你的 DBMS 提供者那里下载，例如：

- 用于 MySQL 的 Connector/J。
- 用于 Oracle Database 11g 的 `ojdbc6.jar`。
- 用于 SQL Server 的 Microsoft JDBC Driver 6.0。

如果你正在 NetBeans 中使用 JDBC，就不必下载了，JDBC 已经安装好了。但还是需要把这个库添加到你的项目中来。

如果想在 NetBeans 项目中使用 JDBC，就根据下面的步骤把它添加到你的项目中：

（1）在项目图标上点击右键（在 **Projects** 标签里）并从下拉菜单选择 **Properties**。

（2）在 **Project Properties** 对话框中，选择 **Categories** 下面的 **Libraries**。

（3）在 **Compile** 标签中，选择 **Add Library**。

（4）然后从 **Add Library** 对话框中的 **Available Libraries** 列表中选择 **Java DB Driver**，并点击 **Add Library** 按钮，如图 5-12 所示。

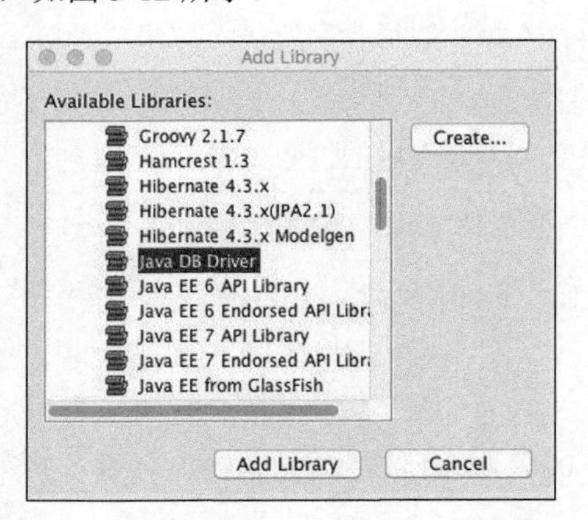

图 5-12 在 NetBeans 中添加 JDBC 库

（5）然后点击 **Project Properties** 对话框中的 **OK** 按钮。

为了测试 JDBC 是否连接成功，可以运行简单的测试程序 `JDBCTester`，这个程序展示在清单 5-11 中。

清单 5-11 访问一个数据库的 JDBC 程序

```
JDBCTester.java
 8 import java.sql.Connection;
 9 import java.sql.DriverManager;
10 import java.sql.SQLException;
11 import java.sql.Statement;
12
13 public class JDBCTester {
14     private static final String URL = "jdbc:derby://localhost:1527/Library";
15     private static final String USR = "jhubbard";  // USE YOUR USERNAME HERE
16     private static final String PWD = "dawj";      // USE YOUR PASSWORD HERE
17
18     public static void main(String[] args) {
19         try {
20             Connection conn = DriverManager.getConnection(URL, USR, PWD);
21             Statement stmt = conn.createStatement();
22
23             stmt.close();
24             conn.close();
25         } catch (SQLException e) {
26             System.err.println(e);
27         }
28     }
29 }
```

当你写第 20～21 行时（只要点击需要导入的行号上的红色小球就可以了，然后选择要插入的导入语句），第 8～11 行的 import 语句可以自动插入。注意这些对象 DriverManager、Connection、Statement 和 SQLException，都是 java.sql 包所定义的类实例。

第 14～16 行定义的 3 个常数，由第 20 行定义的 DriverManager.getConnection() 方法使用。其中 URL 定义并标识了数据库。USR 和 PWD 常数应该使用你创建数据库时选择的用户名和密码来初始化，见图 5-3。

第 21 行对一个 Statement 对象进行了实例化，它将包含一个可以对数据库执行的 SQL 语句。这个代码适合第 22 行区域现在的空白。

清单 5-12 中的 Java 程序填补了清单 5-11 中第 22 行的空白。

清单 5-12 打印 Publishers 数据的程序

```
JDBCTester.java
19     public static void main(String[] args) {
20         try {
21             Connection conn = DriverManager.getConnection(URL, USR, PWD);
22             Statement stmt = conn.createStatement();
```

```
23
24            String sql = String.format("select name, city from Publishers");
25            ResultSet rs = stmt.executeQuery(sql);
26            while (rs.next()) {
27                String pubName = rs.getString("name");
28                String pubCity = rs.getString("city");
29                System.out.printf("%s, %s%n", pubName, pubCity);
30            }
31            rs.close();
32
33            stmt.close();
34            conn.close();
35        } catch (SQLException e) {
36            System.err.println(e);
37        }
38    }
```

要执行的 SQL 语句在第 20 行定义为一个 `String` 对象。第 23 行将这个字符串传递给 `stmt` 对象的 `executeQuery()` 方法，然后将结果保存在 `ResultSet` 对象中。

`ResultSet` 是一个类似表格的对象，提供了不少于 70 种的 `getter` 方法来访问内容。因为已经从 `Publishers` 表请求了两个字段（name 和 city），并且已知它有 6 行，那么将得到这样的结论，这个 `rs` 对象规模为两个 `Strings` 数组的 6 倍。第 26～30 行的 `while` 循环将迭代这个数组，每次一行。程序的第 25～27 行分别读取表的每行的两个字段，接着程序的第 28 行会把它们打印出来，输出显示在图 5-13 中。

```
run:
Packt Publishing Limited, Birmingham
Prentice Hall, Inc., Upper Saddle River, NJ
McGraw-Hill Education, New York, NY
Addison-Wesley Longman, Inc., Reading, MA
Cambridge University Press, Cambridge
W. H. Freeman and Company, New York, NY
```

图 5-13 JDBC 程序输出

5.4.7 使用 JDBC PreparedStatement

前面的示例使用了一个 JDBC **statement object** 对象来查询 `Library` 数据库。另外，也可以使用更灵活的 `PreparedStatement`，它包含可以动态指派不同值的变量。

清单 5-13 中的程序展示了如何将新记录插入数据库表中。它从图 5-14 显示的 CSV 文件中读取了 6 行数据，将每行数据作为一个新记录插入 `Library` 数据库的 `Authors` 表中。

清单 5-13 插入数据的 JDBC 程序

```
JDBCTester.java   Authors.dat   AddAuthors.java
18 public class AddAuthors {
19     private static final String URL = "jdbc:derby://localhost:1527/Library";
20     private static final String USR = "jhubbard";  // USE YOUR USERNAME HERE
21     private static final String PWD = "dawj";      // USE YOUR PASSWORD HERE
22
23     public static void main(String[] args) {
24         try {
25             Connection conn = DriverManager.getConnection(URL, USR, PWD);
26             File file = new File("data/Authors.dat");
27             String sql = "insert into Authors values(?, ?, ?, ?)";
28             PreparedStatement ps = conn.prepareStatement(sql);
29             Scanner fileScanner = new Scanner(file);
30             int rows = 0;
31             while (fileScanner.hasNext()) {
32                 String line = fileScanner.nextLine();
33                 Scanner lineScanner = new Scanner(line).useDelimiter(",");
34                 String id = lineScanner.next();
35                 String lastName = lineScanner.next();
36                 String firstName = lineScanner.next();
37                 int yob = lineScanner.nextInt();
38                 ps.setString(1, id);
39                 ps.setString(2, lastName);
40                 ps.setString(3, firstName);
41                 ps.setInt(4, yob);
42                 rows += ps.executeUpdate();
43                 lineScanner.close();
44             }
45             System.out.printf("%d rows inserted in Authors table.%n", rows);
46             fileScanner.close();
47             conn.close();
48         } catch (IOException | SQLException e) {
49             System.err.println(e);
50         }
51     }
52 }
```

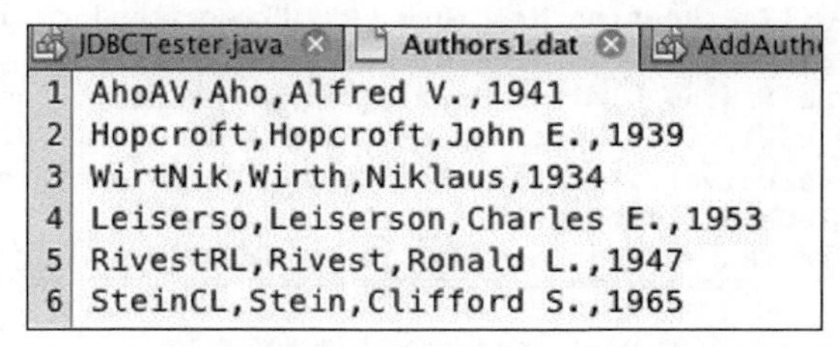

```
JDBCTester.java   Authors1.dat   AddAuth
1 AhoAV,Aho,Alfred V.,1941
2 Hopcroft,Hopcroft,John E.,1939
3 WirtNik,Wirth,Niklaus,1934
4 Leiserso,Leiserson,Charles E.,1953
5 RivestRL,Rivest,Ronald L.,1947
6 SteinCL,Stein,Clifford S.,1965
```

图 5-14 一个外部数据文件

为了读取文件，接着对第 24 行的 File 对象以及第 28 行的 Scanner 对象进行实例化。

在第 25 行，SQL insert 语句使用 4 个问号作为占位符，并编码到 sql 字符串中。它们在第 38～41 行被真实数据替换。PreparedStatement 对象 ps 在第 28 行使用 sql 字符串进行了实例化。

第 30～43 行的 while 循环的每次迭代都从文件中读取一行。一个单独的扫描器解析了这一行，在第 33～37 行读取了 4 个 CSV 值。然后这 4 个值粘贴到第 37～40 行的 PreparedStatement 中。在第三次迭代中，这些值是字符串"WirthNik" "Wirth" "Niklaus"和整数 1934，一起构成了完整的 SQL 语句：

```
insert into Authors values('WirthNik', 'Wirth', 'Niklaus', 1934)
```

这条语句接下来在第 41 行执行。

因为 PreparedStatement 的每次执行只改变表中的一行，rows 计数器在程序的第 41 行增加（加一个）。因此，第 45 行的输出是：

```
6 rows inserted.
```

5.4.8　批处理

清单 5-13 中的程序提供的是一般化的处理建议，使用 JDBC PreparedStatement 从外部文件载入完整的数据库。图 5-15 的示例展示了这个过程的完成。

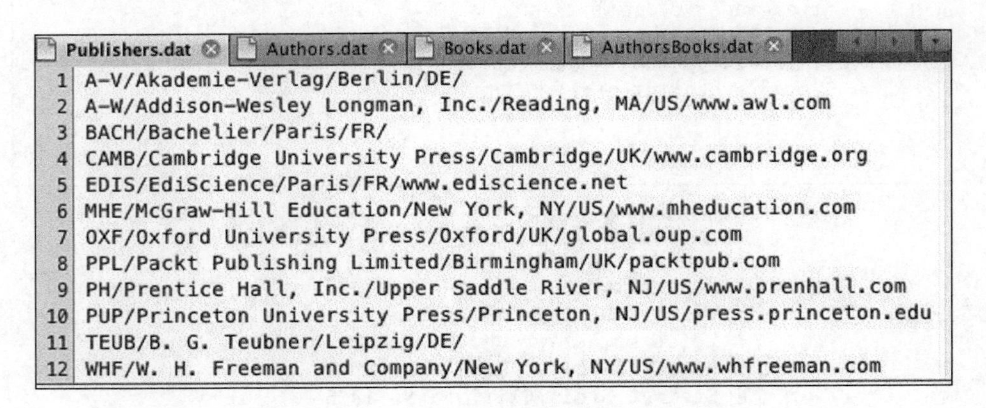

图 5-15　Publishers 表的数据文件

图 5-15 展示的数据文件包含了 Publishers 表的 12 个完整记录的数据。这个文件的每行都有一个记录，通过斜杠（/）分隔字段。清单 5-14 中的程序将所有数据载入

Publishers 表。

清单 5-14 将数据载入到 Publishers 表的程序

```
LoadPublishers.java  LoadAuthors.java  LoadBooks.java  LoadAuthorsBooks.java...
20 public class LoadPublishers {
21     private static final String URL = "jdbc:derby://localhost:1527/Library";
22     private static final String USR = "jhubbard";  // USE YOUR USERNAME HERE
23     private static final String PWD = "dawj";      // USE YOUR PASSWORD HERE
24     private static final String SQL =
25             "insert into Publishers values(?, ?, ?, ?, ?)";
26     private static final File DATA = new File("data/Publishers.dat");
27 
28     public static void main(String[] args) {
29         try {
30             Connection conn = DriverManager.getConnection(URL, USR, PWD);
31             conn.createStatement().execute("delete from AuthorsBooks");
32             conn.createStatement().execute("delete from Books");
33             conn.createStatement().execute("delete from Publishers");
34             PreparedStatement ps = conn.prepareStatement(SQL);
35             Scanner fileScanner = new Scanner(DATA);
36             int rows = 0;
37             while (fileScanner.hasNext()) {
38                 String line = fileScanner.nextLine();
39                 Scanner lineScanner = new Scanner(line).useDelimiter("/");
40                 String id = lineScanner.next();
41                 String name = lineScanner.next();
42                 String city = lineScanner.next();
43                 String country = lineScanner.next();
44                 String url = (lineScanner.hasNext() ? lineScanner.next() : "");
45                 ps.setString(1, id);
46                 ps.setString(2, name);
47                 ps.setString(3, city);
48                 ps.setString(4, country);
49                 if (url.length() > 0) {
50                     ps.setString(5, url);
51                 } else {
52                     ps.setNull(5, Types.VARCHAR);
53                 }
54                 rows += ps.executeUpdate();
55                 lineScanner.close();
56             }
57             System.out.printf("%d rows inserted in Publishers table.%n", rows);
58             conn.close();
59         } catch (IOException | SQLException e) {
60             System.err.println(e);
61         }
62     }
63 }
```

PreparedStatement 在第 24 行定义为常量字符串 SQL，而数据文件在第 23 行被定义为 File 对象 DATA。

在第 31～33 行，首先使用匿名的 Statement 对象在 AuthorsBooks、 Books 和 Publishers 表上执行 delete from 语句来清空这些表。Publishers 表希望是空的，这样它最终会只包含这个数据文件的记录。同时，AuthorsBooks 和 Books 表必须先清空，原因是它们的外键约束（见图 5-2）。在 SQL 中，如果一个记录被另一个现有的记录引用，那么它不能删除。

清单 5-14 余下的代码类似于清单 5-13 中的代码，除了对 url 字段的处理。正如数据文件的第 1 行和第 3 行所示（见图 5-15），一些 Publishers 记录对于 url 字段没有值（这些出版商在因特网发明之前就退出了业务）。在这样的情况下，数据库表在这些缺失的槽中应该有 NULL 值。此时需要 varchar() 类型的 NULL 值。这由第 50 行的代码完成：

```
ps.setNull(5, Types.VARCHAR);
```

如果数据文件解析时已到达行末，那么首先使用第 44 行的条件表达式操作符在 url 变量中存储空的字符串。可以看到，接下来第 44 行的 if 语句处理正确，无论 url 是否存在。

Authors 表的数据展示在图 5-16 中。

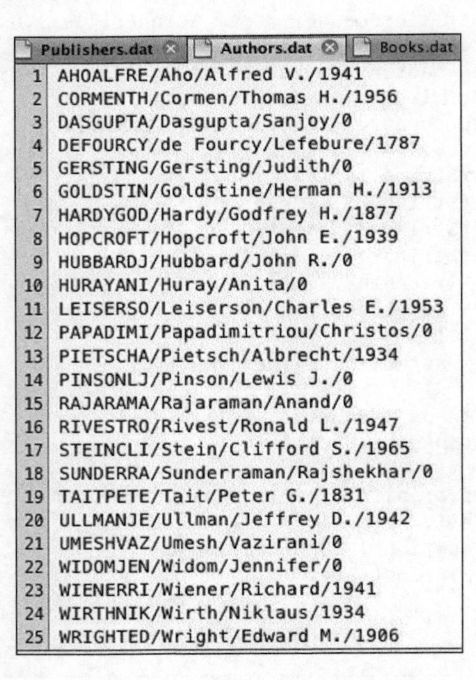
Publishers.dat | Authors.dat | Books.dat

```
1 AHOALFRE/Aho/Alfred V./1941
2 CORMENTH/Cormen/Thomas H./1956
3 DASGUPTA/Dasgupta/Sanjoy/0
4 DEFOURCY/de Fourcy/Lefebure/1787
5 GERSTING/Gersting/Judith/0
6 GOLDSTIN/Goldstine/Herman H./1913
7 HARDYGOD/Hardy/Godfrey H./1877
8 HOPCROFT/Hopcroft/John E./1939
9 HUBBARDJ/Hubbard/John R./0
10 HURAYANI/Huray/Anita/0
11 LEISERSO/Leiserson/Charles E./1953
12 PAPADIMI/Papadimitriou/Christos/0
13 PIETSCHA/Pietsch/Albrecht/1934
14 PINSONLJ/Pinson/Lewis J./0
15 RAJARAMA/Rajaraman/Anand/0
16 RIVESTRO/Rivest/Ronald L./1947
17 STEINCLI/Stein/Clifford S./1965
18 SUNDERRA/Sunderraman/Rajshekhar/0
19 TAITPETE/Tait/Peter G./1831
20 ULLMANJE/Ullman/Jeffrey D./1942
21 UMESHVAZ/Umesh/Vazirani/0
22 WIDOMJEN/Widom/Jennifer/0
23 WIENERRI/Wiener/Richard/1941
24 WIRTHNIK/Wirth/Niklaus/1934
25 WRIGHTED/Wright/Edward M./1906
```

图 5-16 Authors 表的数据

清单 5-15 中的程序可以将这 25 条记录载入 Authors 表，它和清单 5-14 中的程序以相同的方式进行工作。

异步社区网站对所有这些文件和程序提供下载，它还包括 Library 数据库用来载入另两个表的（Books 和 AuthorsBooks）程序。

清单 5-15 将数据载入 Authors 表的程序

```
LoadPublishers.java  LoadAuthors.java  LoadBooks.java  LoadAuthorsBooks.java...
19 public class LoadAuthors {
20     private static final String URL = "jdbc:derby://localhost:1527/Library";
21     private static final String USR = "jhubbard";  // USE YOUR USERNAME HERE
22     private static final String PWD = "dawj";      // USE YOUR PASSWORD HERE
23     private static final String SQL = "insert into Authors values(?, ?, ?, ?)";
24     private static final File DATA = new File("data/Authors.dat");
25 
26     public static void main(String[] args) {
27         try {
28             Connection conn = DriverManager.getConnection(URL, USR, PWD);
29             conn.createStatement().execute("delete from AuthorsBooks");
30             conn.createStatement().execute("delete from Authors");
31             PreparedStatement ps = conn.prepareStatement(SQL);
32             Scanner fileScanner = new Scanner(DATA);
33             int rows = 0;
34             while (fileScanner.hasNext()) {
35                 String line = fileScanner.nextLine();
36                 Scanner lineScanner = new Scanner(line).useDelimiter("/");
37                 String id = lineScanner.next();
38                 String lastName = lineScanner.next();
39                 String firstName = lineScanner.next();
40                 int yob = lineScanner.nextInt();
41                 ps.setString(1, id);
42                 ps.setString(2, lastName);
43                 ps.setString(3, firstName);
44                 ps.setInt(4, yob);
45                 rows += ps.executeUpdate();
46                 lineScanner.close();
47             }
48             System.out.printf("%d rows inserted in Authors table.%n", rows);
49             conn.close();
50         } catch (IOException | SQLException e) {
51             System.err.println(e);
52         }
53     }
54 }
```

5.4.9 数据库视图

本质上讲，数据库**视图**（view）是一张虚拟的表。通过在 create view 语句内嵌入一个 select 语句，可以创建数据库视图。你可以对这个视图运用 select 查询，仿佛它是一张真正的表或者结果集。

清单 5-16 展示的查询列出了在美国出版图书的作者。第 2 行的 from 子句列出了所有 4 张表，因为这个查询必须把 Authors 表的字段连接到 Publishers 表的字段（见图 5-2）。第 3～5 行的 3 个条件对应数据库中的 3 个外键。第 7 行的 order by 子句按姓氏的字母表顺序对结果进行了排序，并且第 1 行的关键词 distinct 移除了输出中的重复行。

清单 5-16　选择美国的作者

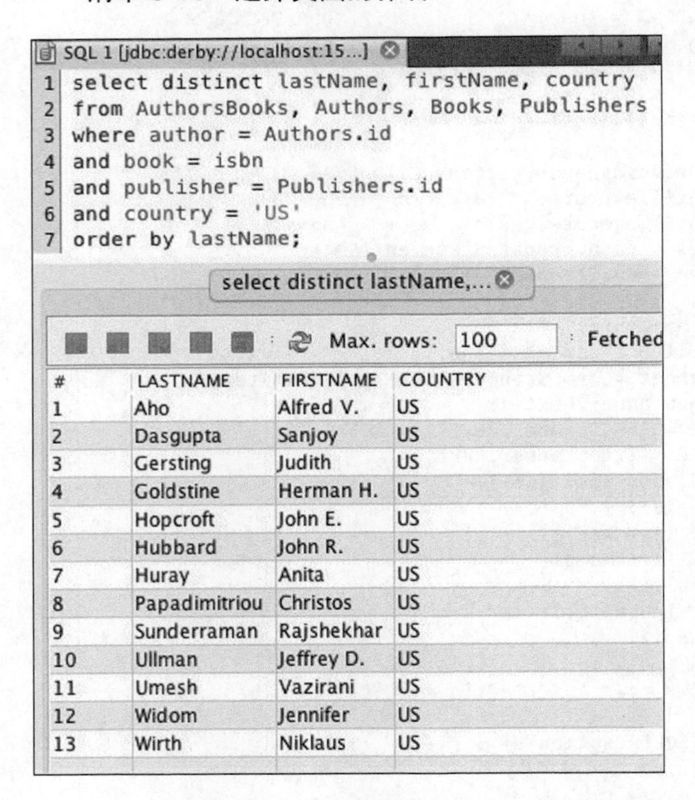

SQL 1 [jdbc:derby://localhost:15...]

```
1 select distinct lastName, firstName, country
2 from AuthorsBooks, Authors, Books, Publishers
3 where author = Authors.id
4 and book = isbn
5 and publisher = Publishers.id
6 and country = 'US'
7 order by lastName;
```

select distinct lastName,...

Max. rows: 100　Fetched

#	LASTNAME	FIRSTNAME	COUNTRY
1	Aho	Alfred V.	US
2	Dasgupta	Sanjoy	US
3	Gersting	Judith	US
4	Goldstine	Herman H.	US
5	Hopcroft	John E.	US
6	Hubbard	John R.	US
7	Huray	Anita	US
8	Papadimitriou	Christos	US
9	Sunderraman	Rajshekhar	US
10	Ullman	Jeffrey D.	US
11	Umesh	Vazirani	US
12	Widom	Jennifer	US
13	Wirth	Niklaus	US

这个（或任何一个）查询的输出是一张**虚拟表**（virtual table）。它的数据结构和一张普通的数据库表是相同的，但它的数据不作为单独表存储于此。虚拟表只是引用了存储的实际数据，实际数据存储在其他地方的实际表中。无论如何，虚拟表的概念非常有用，SQL 允许你对它命名，并作为一张真正的表来使用，这叫作数据库视图。

清单 5-17 创建了叫作 create view AmericanAuthors as 的视图。它只是在第

一行用代码 create view AmericanAuthors as 开启了之前的选择语句。

清单 5-17　创建视图 AmericanAuthors

SQL 1 [jdbc:derby://localhost:15...]

```
1  create view AmericanAuthors as
2      select distinct lastName, firstName, country
3      from AuthorsBooks, Authors, Books, Publishers
4      where author = Authors.id
5      and book = isbn
6      and publisher = Publishers.id
7      and country = 'US'
8      order by lastName;
```

在 NetBeans 的 **Services** 标签窗口，你可以看到生成的视图列表，和其他的数据库对象列在一起，如图 5-17 所示。

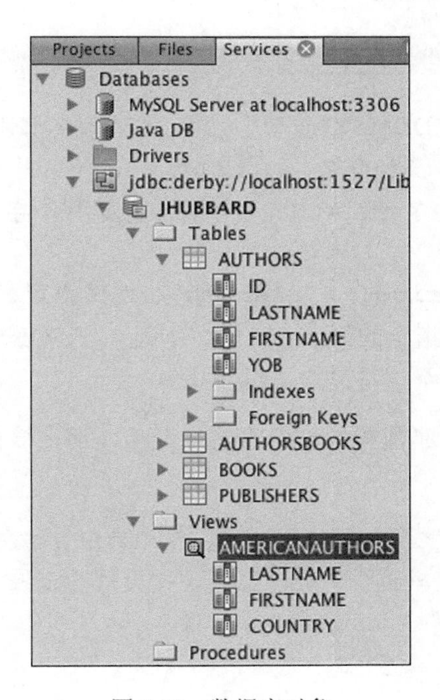

图 5-17　数据库对象

现在，你可以按照与数据库中 4 张真表相同的方式，从 `AmericanAuthors` 视图中进行选择。清单 5-18 中的查询找到了那个视图中名字以 J 开头的所有作者。

注意 SQL 子串函数在这个查询中的使用：

```
substr(firstName,1,1)
```

清单 5-18 查询 AmericanAuthors 视图

SQL 1 [jdbc:derby://localhost:15...]

```
1 select firstName, lastName
2 from AmericanAuthors
3 where substr(firstName,1,1) = 'J';
```

select firstName, lastNam.

Max. rows: 100

#	FIRSTNAME	LASTNAME
1	Judith	Gersting
2	John E.	Hopcroft
3	John R.	Hubbard
4	Jeffrey D.	Ullman
5	Jennifer	Widom

某些 RDBMS 供应商，尤其是 Microsoft SQL Server，将子串函数命名为 substring，而不是 substr。这返回了 firstName 字符串的第一个字母。

通常调用 **substr(string, n, length)** 将返回指定字符串（string）的子串，从第 *n* 个字符开始，长度为指定的（length）。但是，在 SQL 中计数从 1 开始，而在 Java 中计数从 0 开始，因此第一个字符是字符编号 1。

视图是动态的，如果创建视图的表内容发生变动，那么该视图的查询后续输出也将相应地变动。

例如，假定我们将作者 GERSTING 的名字由 Judith 改为 Judith L。如清单 5-19 所示，这工作由 SQL update 命令完成。那么，如果再次查询 AmericanAuthors 视图，会看到那里的改变。

清单 5-19 改变数据

SQL 1 [jdbc:derby://localhost:15...]

```
1 update Authors
2 set firstName = 'Judith L.
3 where id = 'GERSTING';
```

视图是一张虚拟表，它看起来像表，但本身没有数据。你可以在视图上面运行 select 语句，但无法运行 update 语句。要改变数据，你必须更新数据所属的表。改变数据之后的重复查询如清单 5-20 所示。

清单 5-20 改变数据之后的重复查询

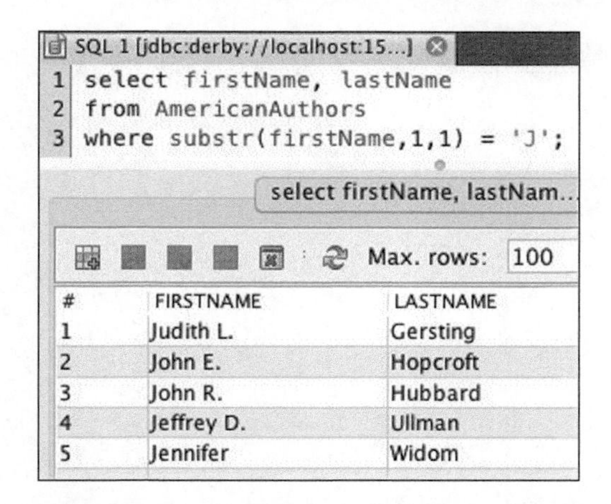

```
SQL 1 [jdbc:derby://localhost:15...]
1 select firstName, lastName
2 from AmericanAuthors
3 where substr(firstName,1,1) = 'J';
```

select firstName, lastNam...

Max. rows: 100

#	FIRSTNAME	LASTNAME
1	Judith L.	Gersting
2	John E.	Hopcroft
3	John R.	Hubbard
4	Jeffrey D.	Ullman
5	Jennifer	Widom

5.4.10 子查询

视图是一个数据库对象，作用类似于虚拟的查询表。子查询本质上是一个临时视图，它在一次查询中定义并仅存在于这次查询中。所以，你可以把子查询看作一张临时的虚拟表。

清单 5-21 中的语句创建了一个叫作 `EuropeanBooks` 的视图，它列出了所有在美国以外出版的书籍的 `isbn` 代码。

清单 5-21 创建 EuropeanBooks 视图

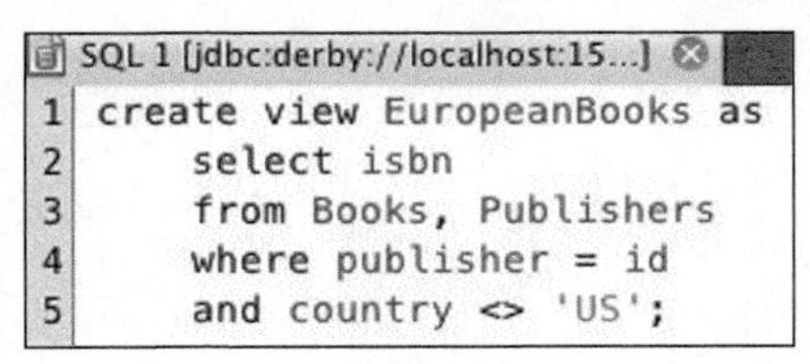

```
SQL 1 [jdbc:derby://localhost:15...]
1 create view EuropeanBooks as
2     select isbn
3     from Books, Publishers
4     where publisher = id
5     and country <> 'US';
```

清单 5-22 中的语句在第 4～5 行包含一个子查询，这个子查询返回所有欧洲图书的 `isbns` 虚拟表。然后，主 `select` 语句从第 1 行开始返回这些书的作者。

清单 5-22 欧洲图书的作者

```
SQL 1 [jdbc:derby://...
1 select author
2 from AuthorsBooks
3 where book in (
```

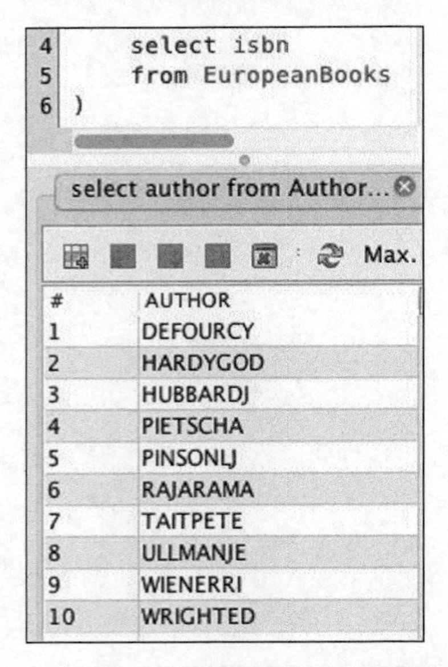

注意，子查询中不需要使用视图。但是，视图会使查询更好理解。就像在 Java 程序中使用一种方法时，方法的名称有助于理解代码的工作。

清单 5-23 中的查询说明了两个 SQL 特征。它使用了**聚合函数** `avg()`，它返回指定字段的平均值，这里的指定字段是 `numPages`。查询还为输出指定**标签** `Average`，它（全部用大写字母）出现在输出栏的顶部。输出的是单个值 447。

清单 5-23　页面的平均值

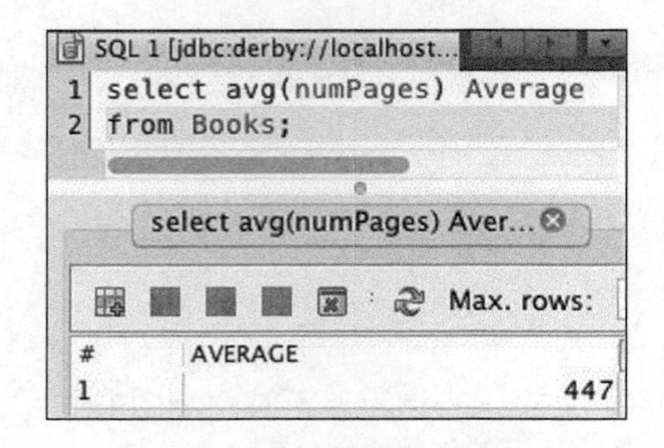

标准 SQL 有 5 个聚合函数：`avg()`、 `sum()`、 `count()`、 `max()` 以及 `min()`。

清单 5-24 中的查询使用了之前的代码作为子查询，列出了那些 `numPages` 值高于平均数的图书。它还说明了另两个 SQL 特征，它展示了子句如何跟着一个子查询，这里指的是 `order by` 子句；它还展示了如何使用 `desc` 关键词使结果降序输出。

清单 5-24 高于平均页数的图书

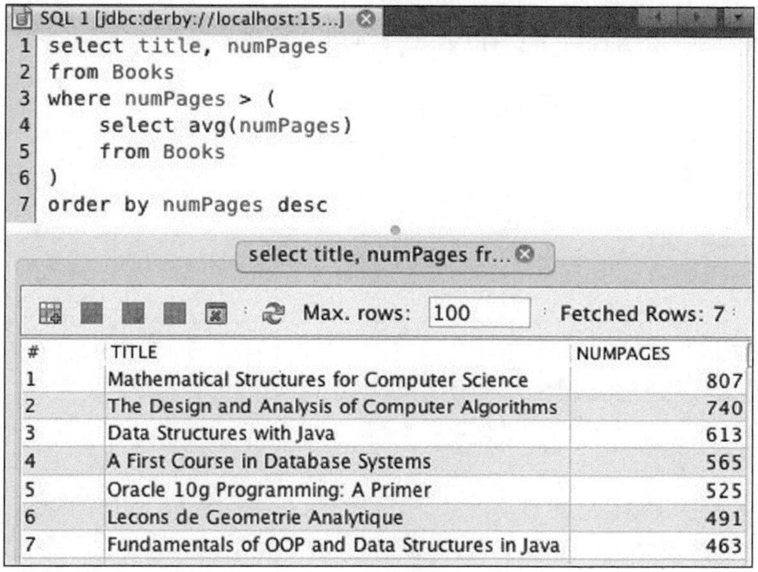

SQL 1 [jdbc:derby://localhost:15...]

```
1 select title, numPages
2 from Books
3 where numPages > (
4     select avg(numPages)
5     from Books
6 )
7 order by numPages desc
```

select title, numPages fr...

Max. rows: 100 Fetched Rows: 7

#	TITLE	NUMPAGES
1	Mathematical Structures for Computer Science	807
2	The Design and Analysis of Computer Algorithms	740
3	Data Structures with Java	613
4	A First Course in Database Systems	565
5	Oracle 10g Programming: A Primer	525
6	Lecons de Geometrie Analytique	491
7	Fundamentals of OOP and Data Structures in Java	463

5.4.11 表索引

数据库表索引（table index）是一个绑定到数据库表的对象，有助于数据库搜索。

虽然索引的实际实现通常是私有的，并由 RDBMS 供应商设计，但它可以看做一个单独的文件，包含了能以**对数时间**定位键记录的多路搜索树，这表示它的查找时间与表中记录个数的对数成比例。例如，如果一个查找可以将 3 个探针放到一个有 10000 条记录的表中，那么它应该可以用 6 个探针在 100000000 个记录的表中进行相似的探查（因为 $\log n^2 = 2\log n$ ）。

索引占用额外空间，并且，当表由于插入或删除而变动时，索引会花一些时间来更新。但是，如果一个大型表的主要用途是查找，那么强烈建议数据库的管理者为它创建一个索引。

数据库索引通常实现为 **B-tree**（1971 年，鲁道夫·拜尔和爱德华·麦科特在波音研究实验室工作时发明了它），它存储键值和记录的地址。图 5-18 说明了这种数据结构。

图 5-18 是一个表的索引，表的键值为两位正整数。比如，要找到键值为 94 的记录，从树的根部开始搜索，它是在顶部的节点。这个节点包含 61 和 82。既然目标值大于这些

值，搜索继续沿着 82 右侧的连接向下，到达包含 90 和 96 在内的节点。目标在这两个值之间，因此搜索继续沿着两者之间的连接向下，到达下一个节点。这个节点包含 90 和 92，所以搜索沿着 92 右侧的连接并最终抵达包含了目标键值 94 地址的叶节点。

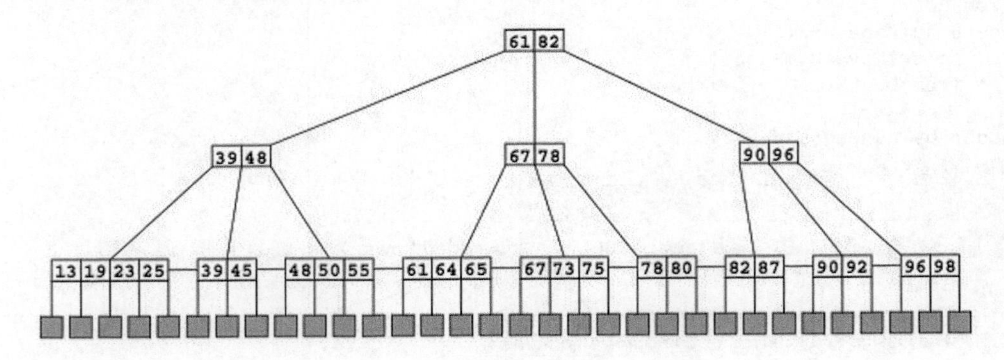

图 5-18　B-tree 数据结构

图 5-18 中的 B-tree 总共包含 3 层 31 个键节点，每个节点包含 2～4 个键。但是，B-tree 可以为每个节点配置不止 4 个键。事实上，每个节点包含 20～40 个键才会不寻常。一个有 4 层 40 个键节点的 B-tree 能够对包括 100000000000 个记录的表进行索引。而且，只有 4 层表示每次搜索只有 4 个探针，这几个探针几乎是瞬时搜索的！

自带 NetBeans IDE 的 Java DB 数据库系统自动地对用主键创建的每个表进行索引。和数据库中的每个对象一样，索引也有名字。在图 5-19 中，你能看到，在作者版本的数据库中，这个索引叫作 **SQL170430152720920**。

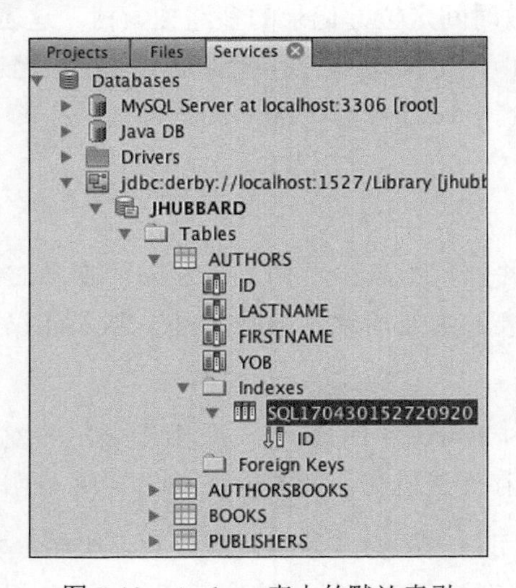

图 5-19　Authors 表上的默认索引

如果你正在使用不能自动根据键表进行索引的 RDBMS，那么你可以用 SQL`create index` 命令创建一个索引：

```
create index AuthorsIndex on Authors(id)
```

这将在 `Authors` 表的 `id` 字段上创建一个叫作 `AuthorsIndex` 的索引。

5.5 小结

本章描述了关系数据库的一些基本特征和 Java 程序的访问，包括关系数据库设计、主键和外键、如何用 SQL 查询语言创建并访问数据库、Java 编程的 JDBC 应用程序接口（API）、数据库视图、子查询和表索引等内容。

通过研究示例和变换运行本章的代码，相信你对于如何使用 Java 访问关系数据库会有一个充分了解。

第 6 章 回归分析

数据分析的一个基本目标是探索数据的规律。换句话说，先研究数据的模式，再根据发现的模式预测看不到的甚至未来的行为。当数据集看起来服从的模式很像数学函数时，识别这个函数或者函数类的算法就称为回归分析。就最简单的情况来说，如果数学函数是线性函数，那么这种分析就叫作线性回归。

6.1 线性回归

术语“回归”由英国统计学家弗朗西斯·高尔顿（见图 6-1）发明，高尔顿还提出过相关性的概念。高尔顿根据他的遗传学研究开创了数据科学领域。他有一项早期的研究与父子的身高有关，在这项研究中，他观察到高个父亲的儿子身高往往更趋向于平均值。这篇著名研究论文的标题是《身高遗传中的平均数回归》（Regression towards Mediocrity in Hereditary Stature）。

图 6-1　弗朗西斯·高尔顿爵士

线性回归分析是形式最简单的一般回归分析。它的主要思想是找到数字 m 和 b，这样方程 $y = mx + b$ 的直线将紧密拟合给定数据集的(x, y)点。常数 m 和 b 是直线的斜率和 y 轴截距。

6.1.1 Excel 中的线性回归

微软 Excel 是处理回归分析的好工具，图 6-2 展示了 Excel 中线性回归的一个示例。数据集展示在左上角列 A～B 的第 1～11 行。它有两个变量 `Water` 和 `Dextrose`，包含 10 个数据点。这个数据来自于一个实验（来源：J. L. Torgesen, V. E. Brown, and E. R.Smith，Boiling Points of Aqueous Solutions of Dextrose within the Pressure Range of 200 to 1500 Millimeters, J. Res. Nat. Bur. Stds. 45, 458-462 (1950).），这个实验测量了水和葡萄糖溶液在不同压力下的沸

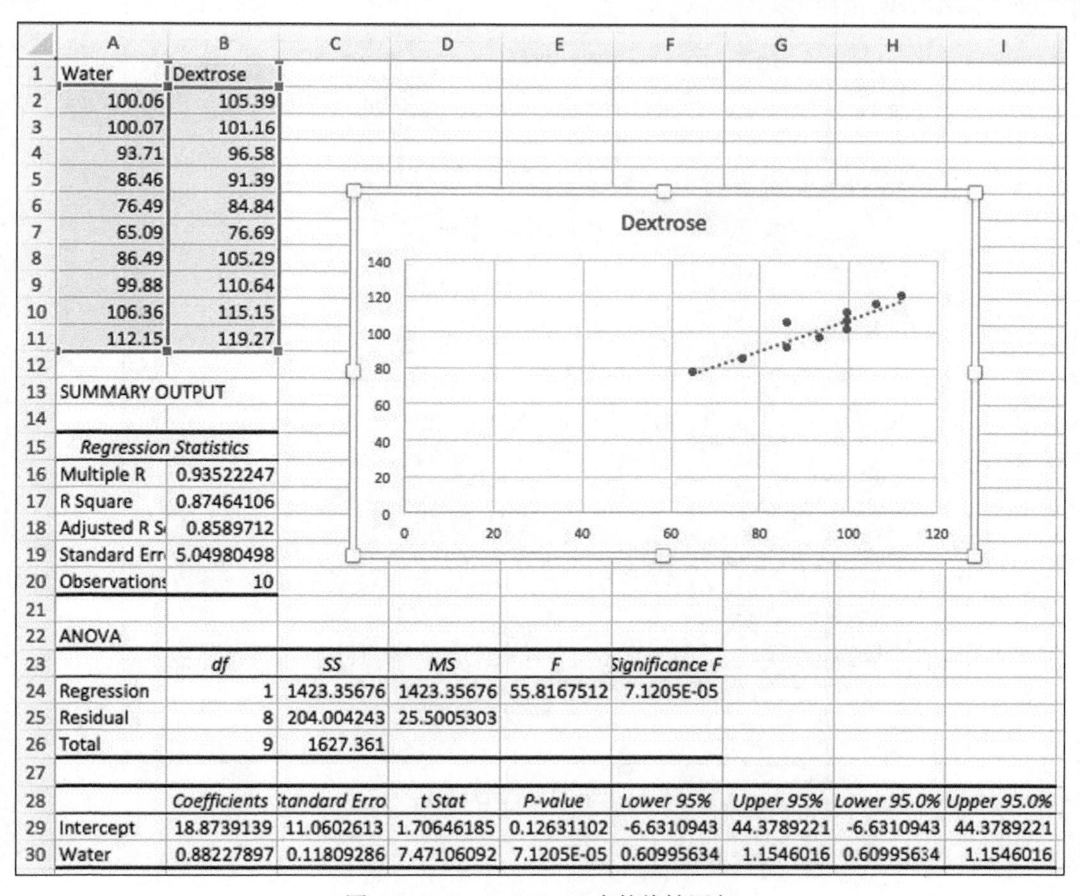

Water	Dextrose
100.06	105.39
100.07	101.16
93.71	96.58
86.46	91.39
76.49	84.84
65.09	76.69
86.49	105.29
99.88	110.64
106.36	115.15
112.15	119.27

SUMMARY OUTPUT

Regression Statistics	
Multiple R	0.93522247
R Square	0.87464106
Adjusted R S	0.8589712
Standard Err	5.04980498
Observation	10

ANOVA

	df	*SS*	*MS*	*F*	*Significance F*
Regression	1	1423.35676	1423.35676	55.8167512	7.1205E-05
Residual	8	204.004243	25.5005303		
Total	9	1627.361			

	Coefficients	*Standard Erro*	*t Stat*	*P-value*	*Lower 95%*	*Upper 95%*	*Lower 95.0%*	*Upper 95.0%*
Intercept	18.8739139	11.0602613	1.70646185	0.12631102	-6.6310943	44.3789221	-6.6310943	44.3789221
Water	0.88227897	0.11809286	7.47106092	7.1205E-05	0.60995634	1.1546016	0.60995634	1.1546016

图 6-2 Microsoft Excel 中的线性回归

点。它表示两组沸点之间存在着相关性，换句话说，它们以相同的方式受到压力的影响。设 x 为水的沸点，y 是葡萄糖溶液的沸点，该假设不表示 y 依赖于 x。事实上，它们都依赖于压力，未测量的变量，但因此希望它们的数据集之间存在线性关系。

遵循以下步骤，可以产生图 6-2 所示的结果。

（1）输入数据集，如电子表格左上角所示。

（2）从 **Toolbar** 的 **Data** 标签选择 **Data Analysis**。

（3）从弹出式菜单选择 **Regression**。

（4）填上图 6-3 展示的 **Input** 和 **Output** 字段。

（5）点击 **OK** 按钮。

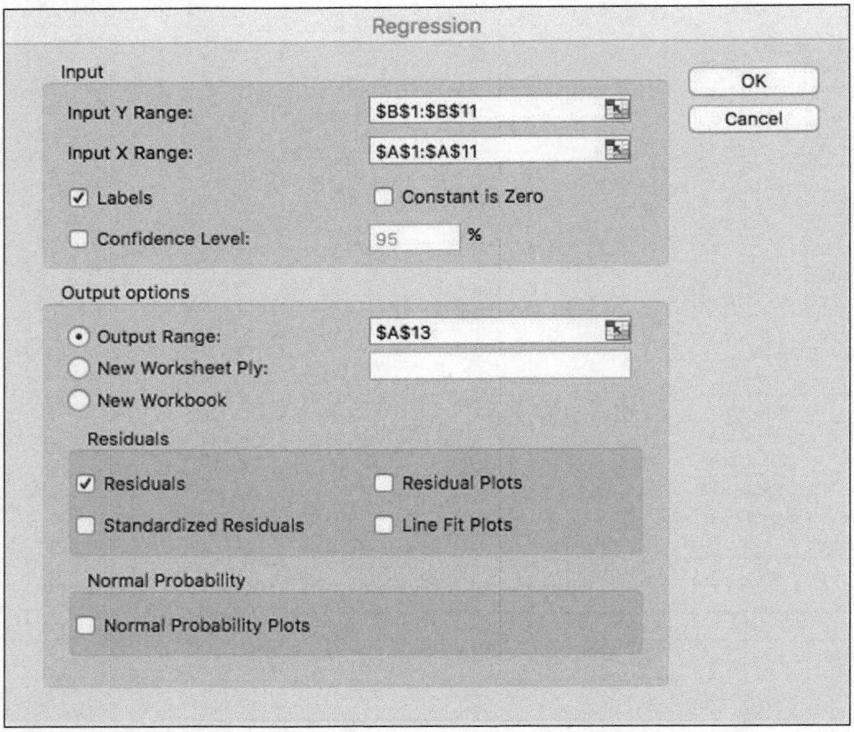

图 6-3 Excel 线性回归对话框

除了没有图，结果看起来和图 6-2 一样。

为了在 Excel 中运行回归和其他大部分数据分析，你必须先激活它的分析工具库，选择 **File |Options | AddIns | Analysis ToolPak** 并点击 **OK** 按钮。

为了得到图 6-2，还要采用以下步骤。

（1）选择 **A1～B11** 的 22 个单元格。

（2）点击 **Insert** 标签上的 *XY*（散点）图标，再选择弹出式菜单上的 **Scatter** 按钮（第一个）。

（3）在生成的散点图上，点击一个点，从而全选所有点。然后在一个选好的点上点击右键，从弹出菜单选择 **Add Trendline...**。

散点图上的虚线是数据的回归直线（Excel 中称为“趋势线”）。它是对数据点拟合最好的直线。在所有可能的拟合线中，回归直线使数据点到直线的垂直距离平方和达到了最小化。

系数标签下的两个数（在单元格 **A29** 和 **A30**）是 y 轴截距和回归直线的斜率：b = 18.8739139 和 m = 0.88227897。因此，这条线的方程是：

$$y = 0.88228x + 18.874$$

图 6-4 中的图像是图 6-2 中散点图的放大版，其中的 x 和 y 都在 100 左右。这里的 3 个点是(100.07, 101.16), (100.06, 105.39),和 (99.88, 110.64)。

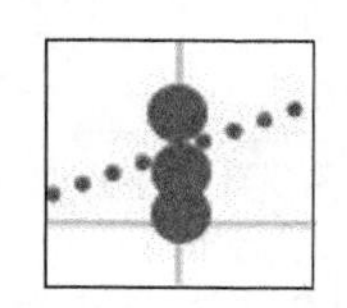

图 6-4　散点图的放大

第二个点离回归直线最近。它与回归直线上对应点的 x 值相同，(100.06, 107.15)。因此，第二个点到回归直线的垂直距离是 107.15–105.39 = 1.76。这个距离叫作该数据点的**残差**（residual）。回归直线可以将所有这些残差的平方和最小化。（为什么要平方？原因在于毕达哥拉斯定理。欧氏空间中的距离由点坐标之差的平方和来计算。）

除了截距 y、斜率 b 和回归直线的 m，Excel 还生成了其他 29 个统计量。第一个统计量标记为 Multiple R，是样本相关系数（sample correlation coefficient），位于回归统计量之下：

$$r = 0.93522247$$

它的计算公式如下：

$$r = \frac{n\sum xy - (\sum x)(\sum y)}{\sqrt{n\sum x^2 - (\sum x)^2}\sqrt{n\sum y^2 - (\sum y)^2}}$$

为了解这个公式的计算原理，考虑计算一个简单的人工数据集的 r。表 6-1 中的数据集包含 3 个点：(1, 4)、(2, 5)和(3, 7)。

表 6-1 计算 r

x	y	x^2	y^2	xy
1	4	1	16	4
2	5	4	25	10
3	7	9	49	21
6	16	14	90	35

14 个阴影单元格中的数字都通过 6 个给定的坐标计算得出。底行的每个数字是它上面 3 个数字的和。例如：

$$\sum y^2 = y_1^2 + y_2^2 + y_3^2 = 4^2 + 5^2 + 7^2 = 16 + 25 + 49 = 90$$

数据点的个数是 n=3。于是：

$$r = \frac{3(35) - (6)(16)}{\sqrt{3(14) - (6)^2}\sqrt{3(90) - (16)^2}} = \frac{105 - 96}{\sqrt{6}\sqrt{14}} = 0.982$$

这 3 个数据点的回归直线展示在图 6-5 中。

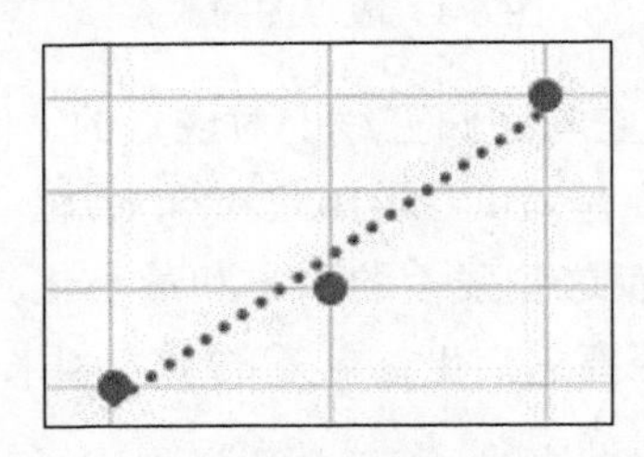

图 6-5 3 个数据点的回归直线

很明显，数据点离这条直线很近。这反映在相关系数的取值为 r = 0.982。这可以解释成，y 与 x 的线性相关程度为 98.2%。

为了看看 100%的线性相关程度表示什么，将第三个点从(3, 7)移到(3, 6)，再重新计算 r：

$$r = \frac{3(32)-(6)(15)}{\sqrt{3(14)-(6)^2}\sqrt{3(77)-(15)^2}} = \frac{96-90}{\sqrt{6}\sqrt{6}} = \frac{6}{6} = 1.00$$

这 3 个点恰好位于直线 $y = x + 3$ 之上。

在另一个极端情形中，把第三个点移动到(3, 4)再一次重新计算 r：

$$r = \frac{3(26)-(6)(13)}{\sqrt{3(14)-(6)^2}\sqrt{3(57)-(13)^2}} = \frac{76-76}{\sqrt{6}\sqrt{8}} = \frac{0}{4\sqrt{3}} = 0.00$$

这就是线性相关程度为 0%的情况。

6.1.2 计算回归系数

回归直线的方程是 $y = mx + b$，其中常数 m 和 b 根据给定数据集数据点的坐标计算得出。公式是：

$$m = \frac{n\sum xy - (\sum x)(\sum y)}{n(\sum x^2) - (\sum x)^2}$$

$$b = \frac{(\sum y)(\sum x^2) - (\sum x)(\sum y)}{n(\sum x^2) - (\sum x)^2}$$

这里有 4 个求和式，每一个都是数据的直接计算结果。通过将这些求和式更名为 A、B、C 和 D，可以简化公式：

$$A = \sum_{i=1}^{n} x_i$$

$$B = \sum_{i=1}^{n} y_i$$

$$C = \sum_{i=1}^{n} x_i^2$$

$$D = \sum_{i=1}^{n} x_i y_i$$

然后得到：

$$m = \frac{nD - AB}{nC - A^2}$$

$$b = \frac{BC - AD}{nC - A^2}$$

例如，考虑前面表 6-1 中的三点数据集，其中 $A = 6$、$B = 16$、$C = 14$ 且 $D = 35$，所以：

$$m = \frac{3(35) - (6)(16)}{3(14) - (6^2)} = \frac{9}{6} = 1.5$$

$$n = \frac{(16)(14) - (6)(35)}{3(14) - (6^2)} = \frac{14}{6} = 2.33$$

因此，回归直线的方程是 $y = 1.5x + 2.33$。

在这里，m 和 b 的公式推导使用多元微积分可以得到。为了求出 m 和 b，最小化以下函数：

$$f(m,b) = \sum_{i=1}^{n}(y_i - \hat{y}_i)^2 = \sum_{i=1}^{n}(y_i - mx_i - b)^2$$

对 m 和 b 取偏导数，并将它们设置为 0，然后同时求解 m 和 b 的两个方程：

$$\frac{\partial}{\partial m} f(m,b) = \frac{\partial}{\partial m}\sum(y_i - mx_i - b)^2 = \sum 2(y_i - mx_i - b)\frac{\partial}{\partial m}(y_i - mx_i - b)$$
$$= \sum 2(y_i - mx_i - b)(-x_i) = -2\left[\sum x_i y_i - m\sum x_i^2 - b\sum x_i\right] = -2[D - mC - bA]$$
$$\frac{\partial}{\partial b} f(m,b) = \frac{\partial}{\partial b}\sum(y_i - mx_i - b)^2 = \sum 2(y_i - mx_i - b)\frac{\partial}{\partial b}(y_i - mx_i - b)$$
$$= \sum 2(y_i - mx_i - b)(-1) = -2\left[\sum y_i - m\sum x_i - b\sum 1\right] = -2[B - mA - bn]$$

将这两个表达式设置为 0，可以得到：

$$Cm + Ab = D$$
$$Am + nb = B$$

或者，等价方程如下：

$$\left(\sum x_i^2\right)m + \left(\sum x_i\right)b = \sum x_i y_i$$
$$\left(\sum x_i\right)m + nb = \sum y_i$$

这两个方程叫作回归直线的**正规方程组**（normal equations）。

这里的术语“正规（normal）”与正态分布中的“正态（normal）”的用法是不同的。

现在，可以同时解出这两个正规方程（例如，使用 Cramer 法则），得到 m 和 b 的公式：

$$m = \frac{nD - AB}{nC - A^2}$$

$$b = \frac{BC - AD}{nC - A^2}$$

最后，如果在第二个正规方程两边除以 n，可以得到：

$$\left(\frac{1}{n}\sum x_i\right)m + b = \frac{1}{n}\sum y_i$$

这就更简单了：

$$\overline{x}m + b = \overline{y}$$

换句话说，坐标为均值 $\overline{x}$ 和 $\overline{y}$ 的点落在回归线上。这个事实给出了一个更为简单的公式，根据 m 来计算 b，假设均值已经算出：

$$b = \overline{y} - \overline{x}m$$

6.1.3 变异统计量

为了明晰相关系数 r 的含义，可以先回顾在第 4 章“统计”中的样本方差。对于 y 的坐标为 $\{y_1, y_2, \cdots, y_n\}$ 的数据集，样本方差的公式是：

$$S^2 = \frac{1}{n}\sum_{i=1}^{n}(y_i - \overline{y})^2$$

它只是数据值距均值离差的平方均值。例如，对于集合 $\{4, 7, 6, 8, 5\}$，均值是 $\overline{y} = 6$，所以：

$$s^2 = \frac{1}{5}\left[(4-6)^2 + (7-6)^2 + (6-6)^2 + (8-6)^2 + (5-6)^2\right] = 2$$

如果计算不除以 n 的求和式，就可以得到所谓的**总变异**（total variation）：

$$TV = \sum_{i=1}^{n}(y_i - \overline{y})^2$$

在这个小例子中 $TV = 10$。它是一个数据对于均值偏离程度大小的一个简单度量。

结合线性回归，可以使用回归线方程 $y = mx + b$ 计算回归线上与数据集中 x 坐标相同的 y 值。这些 y 值记作 $\hat{y}_i$。所以，对每一个 i：

$$\hat{y}_i = mx_i + b$$

在图 6-2 中 Water-Dextrose 的例子中，第 8 个数据点（在图 6-2 的第 9 行）是：

$$(x_8, y_8) = (99.88, 110.64)$$

因此，$x_8 = 99.88$ 且 $y_8 = 110.64$。回归线是：

$$y = 0.88228x + 18.874$$

所以 $\hat{y}_8$ 是：

$$\hat{y}_8 = 0.88228x_8 + 18.874 = 0.88228(99.88) + 18.874 = 106.00$$

这个 y 值叫作 y 在 x 上的**估计值**。当然，这和均值 $\overline{y} = 100.64$ 是不同的。

x_8 的真实 y 值是 y_8=110.64。因此可以看到 3 个差：

y_8 到它的均值 $\overline{y}$ 的离差：

$$y_8 - \hat{y} = 110.64 - 100.64 = 10.00$$

y_8 到它的估计值 $\hat{y}_8$ 的离差（也叫作残差）：

$$y_8 - \hat{y}_8 = 110.64 - 106.00 = 4.64$$

以及估计值 $\hat{y}_8$ 到均值 $\overline{y}$ 的离差：

$$\hat{y}_8 - \overline{y} = 106.00 - 100.64 = 5.36$$

很明显，第一个差值是另两个之和：

$$(y_8 - \overline{y}) = (y_8 - \hat{y}_8) + (\hat{y}_8 - \overline{y})$$

因此一般来说，离差 $(y_i - \overline{y})$ 可以看作两个部分的和：残差 $(y_i - \hat{y}_i)$ 和因素 $(\hat{y}_i - \overline{y})$。

正如在前一小节所见，均值点 $(\overline{x}, \overline{y})$ 始终位于回归直线上，这是一个数学事实。既然 $\hat{y}$ 值是基于回归线方程计算的，那么可以认为因素 $(\hat{y}_i - \overline{y})$ 可以根据这些回归线的计算来解释。因此，离差 $(y_i - \overline{y})$ 是未解释的残差部分 $(y_i - \hat{y}_i)$ 和被解释的因素部分 $(\hat{y}_i - \overline{y})$ 这两部分的和，即：

$$(y_i - \overline{y}) = (y_i - \hat{y}_i) + (\hat{y}_i - \overline{y})$$

两边取平方，得到：

$$(y_i - \overline{y})^2 = (y_i - \hat{y}_i)^2 + (\hat{y}_i - \overline{y})^2 + 2(y_i - \hat{y}_i)(\hat{y}_i - \overline{y})$$

然后求和：

$$\sum_{i=1}^{n}(y_i - \overline{y})^2 = \sum_{i=1}^{n}(y_i - \hat{y}_i)^2 + \sum_{i=1}^{n}(\hat{y}_i - \overline{y})^2 + 2\sum_{i=1}^{n}(y_i - \hat{y}_i)(\hat{y}_i - \overline{y})$$

但最后一个和是 0:

$$\begin{aligned}\sum(y_i - \hat{y}_i)(\hat{y}_i - \overline{y}) &= \sum(y_i - mx_i - b)(mx_i + b - \overline{y}) \\ &= m\sum x_i(y_i - mx_i - b) + (b - \overline{y})\sum(y_i - mx_i - b) \\ &= m(0) + (b - \overline{y})(0) = 0\end{aligned}$$

这是因为：

$$\sum x_i(y_i - mx_i - b) = \sum x_i y_i - \left(\sum x_i^2\right)m - \left(\sum x_i\right)b = 0$$
$$\sum x_i(y_i - mx_i - b) = \sum y_i - \left(\sum x_i\right)m - nb = 0$$

这些方程源于正规方程（在前一节中）。

于是：

$$\sum_{i=1}^{n}(y_i - \overline{y})^2 = \sum_{i=1}^{n}(y_i - \hat{y}_i)^2 + \sum_{i=1}^{n}(\hat{y}_i - \overline{y})^2$$

或者：

$$TV=UV+EV$$

在这里：

$$\begin{aligned}TV &= \sum_{i=1}^{n}(y_i - \overline{y})^2 \\ UV &= \sum_{i=1}^{n}(y_i - \hat{y}_i)^2 \\ EV &= \sum_{i=1}^{n}(\hat{y}_i - \overline{y})^2\end{aligned}$$

这些方程定义了总变异 TV、未解释的变异 UV 以及解释的变异 EV。

图 6-2Water-Dextrose 示例的变异数据在图 6-6 中重现。

你可以在 ANOVA（表示“方差分析”）部分的 SS（代表“平方和”）栏之下读到这些值：

22	ANOVA		
23		*df*	*SS*
24	Regression	1	1423.35676
25	Residual	8	204.004243
26	Total	9	1627.361

图 6-6 W-D 试验中的变异

$$TV = \sum_{i=1}^{n}(y_i - \overline{y})^2 = 1627.361$$

$$UV = \sum_{i=1}^{n}(y_i - \hat{y}_i)^2 = 204.0042$$

$$EV = \sum_{i=1}^{n}(\hat{y}_i - \overline{y})^2 = 1423.35676$$

6.1.4 线性回归的 Java 实现

Apache Commons Math 库包括 `stat.regression` 包，这个包有一个叫作 `SimpleRegression` 的类，它包含的方法可以返回本章讨论的许多统计量。关于如何在 NetBeans 中安装这个库，参见附录“Java 工具”。

图 6-7 展示的数据文件 `Data1.dat` 包含了之前展示的 Water-Dextrose 试验数据。

```
Data1.dat    Example1.java
 1 Boiling Temperatures
 2 10
 3 Water   Dextrose Solution
 4 100.06  105.39
 5 100.07  101.16
 6 93.71   96.58
 7 86.46   91.39
 8 76.49   84.84
 9 65.09   76.69
10 86.49   105.29
11 99.88   110.64
12 106.36  115.15
13 112.15  119.27
```

图 6-7 Example1 的数据源

第 4～13 行的数据值用制表符进行间隔。清单 6-1 中的程序读取了数据，使用 `SimpleRegression` 对象来提取统计量，然后将它们打印显示在输出面板上，这些输出和之前从数据中获得的结果是相同的。

清单 6-1 使用 SimpleRegression 对象

```
Data1.dat  Example1.java
11 import org.apache.commons.math3.stat.regression.SimpleRegression;
12
13 public class Example1 {
14     public static void main(String[] args) {
15         SimpleRegression sr = getData("data/Data1.dat");
16         double m = sr.getSlope();
17         double b = sr.getIntercept();
18         double r = sr.getR();  // correlation coefficient
19         double r2 = sr.getRSquare();
20         double sse = sr.getSumSquaredErrors();
21         double tss = sr.getTotalSumSquares();
22
23         System.out.printf("y = %.6fx + %.4f%n", m, b);
24         System.out.printf("r = %.6f%n", r);
25         System.out.printf("r2 = %.6f%n", r2);
26         System.out.printf("EV = %.5f%n", tss - sse);
27         System.out.printf("UV = %.4f%n", sse);
28         System.out.printf("TV = %.3f%n", tss);
29     }
```

```
Output - LinearRegression (run)
run:
y = 0.882279x + 18.8739
r = 0.935222
r2 = 0.874641
EV = 1423.35676
UV = 204.0042
TV = 1627.361
```

在第 20 行，变量 `sse` 被指派了方法 `sr.getSumSquaredErrors()` 返回的值。这个误差平方和是未被解释的变异（*UV*），Excel 把它叫作残差（Residual）。输出显示它的值是 204.0042，符合图 6-6 中的结果。

在第 21 行，变量 `tss` 被指派了方法 `sr.getTotalSumSquares()` 返回的值。这个“总的平方和”（“total sum of squares”）是**总变异**（*TV*）。输出显示它的值是 1627.361，也符合图 6-6 中的结果。

第 11 行的 `import` 语句展示这里定义了 `SimpleRegression` 类。它根据展示在清单 6-2 中第 32 行的 `getData()` 方法进行了实例化。

清单 6-2 来自 Example1 的 getData()方法

```
Data1.dat  Example1.java
31     public static SimpleRegression getData(String data) {
```

```
32          SimpleRegression sr = new SimpleRegression();
33          try {
34              Scanner fileScanner = new Scanner(new File(data));
35              fileScanner.nextLine();  // read past title line
36              int n = fileScanner.nextInt();
37              fileScanner.nextLine();  // read past line of labels
38              fileScanner.nextLine();  // read past line of labels
39              for (int i = 0; i < n; i++) {
40                  String line = fileScanner.nextLine();
41                  Scanner lineScanner = new Scanner(line).useDelimiter("\\t");
42                  double x = lineScanner.nextDouble();
43                  double y = lineScanner.nextDouble();
44                  sr.addData(x, y);
45              }
46          } catch (FileNotFoundException e) {
47              System.err.println(e);
48          }
49          return sr;
50      }
51  }
```

在第 34 行实例化的 fileScanner 对象读取了数据文件的各行，这个数据文件根据传递给它的 data 字符串来定位。在第 35~38 行，它读取文件的头 3 行，将数据点的个数保存在变量 n 中。然后，第 39~45 行的 for 循环读取这 n 个数据行的每一行，提取 x 和 y 的值，并把它们加到第 44 行的 sr 对象上。注意第 41 行实例化的 lineScanner，告知使用制表符'\t'作为它的分隔符。反斜杠符号\必须用前面一个反斜杠来“逃脱”，用来使 Java 承认它是这样一个符号。于是，表达式\\t 是一个包含单个制表符的字符串。

清单 6-3 展示的程序 Example2 类似于程序 Example1。它们有相同的输出：

清单 6-3 直接计算统计数据

```
Data1.dat    Example1.java    Example2.java
12  public class Example2 {
13      private static double sX=0, sXX=0, sY=0, sYY=0, sXY=0;
14      private static int n=0;
15
16      public static void main(String[] args) {
17          getData("data/Data1.dat");
18          double m = (n*sXY - sX*sY)/(n*sXX - sX*sX);
19          double b = sY/n - m*sX/n;
20          double r2 = m*m*(n*sXX - sX*sX)/(n*sYY - sY*sY);
21          double r = Math.sqrt(r2);
22          double tv = sYY - sY*sY/n;
23          double mX = sX/n;  // mean value of x
24          double ev = (sXX - 2*mX*sX + n*mX*mX)*m*m;
25          double uv = tv - ev;
26
```

```
27          System.out.printf("y = %.6fx + %.4f%n", m, b);
28          System.out.printf("r = %.6f%n", r);
29          System.out.printf("r2 = %.6f%n", r2);
30          System.out.printf("EV = %.5f%n", ev);
31          System.out.printf("UV = %.4f%n", uv);
32          System.out.printf("TV = %.3f%n", tv);
33      }
```

```
Output - LinearRegression (run)
run:
y = 0.882279x + 18.8739
r = 0.935222
r2 = 0.874641
EV = 1423.35676
UV = 204.0042
TV = 1627.361
```

两个程序的差异是，Example2 直接计算统计量，而不是使用 SimpleRegression 对象间接计算。

在第 18~25 行，这 8 个统计量全部根据前一个小节推导的公式计算得出。它们是回归线的斜率 m 和 y 轴截距 b，相关系数 r 和它的平方 r^2，均值 $\bar{x}$ 以及 3 个方差 *TV*、*EV* 和 *UV*。这些值都是根据 5 个和来计算，这 5 个和在第 13 行声明为全局变量，它们是 $\sum x_i$ 、$\sum x_i^2$ 、$\sum y_i$ 、$\sum y_i^2$ 和 $\sum x_i y_i$ 。这 5 个和，记为 sX、sXX、sY、 sYY 和 sXY，由第 42~52 行的 for 循环逐渐累加起来。

清单 6-4 展示了来自 Example 2 的 getData()方法。

清单 6-4　来自 Example2 的 getData()方法

```
Data1.dat   Example1.java   Example2.java
35      public static void getData(String data) {
36          try {
37              Scanner fileScanner = new Scanner(new File(data));
38              fileScanner.nextLine();  // read past title line
39              n = fileScanner.nextInt();
40              fileScanner.nextLine();  // read past line of labels
41              fileScanner.nextLine();  // read past line of labels
42              for (int i = 0; i < n; i++) {
43                  String line = fileScanner.nextLine();
44                  Scanner lineScanner = new Scanner(line).useDelimiter("\\t");
45                  double x = lineScanner.nextDouble();
46                  double y = lineScanner.nextDouble();
47                  sX += x;
48                  sXX += x*x;
49                  sY += y;
```

```
50                sYY += y*y;
51                sXY += x*y;
52            }
53        } catch (FileNotFoundException e) {
54            System.err.println(e);
55        }
56    }
57 }
```

清单 6-5 展示的程序 Example3，从 Example2 封装了代码并生成了图 6-8 的图像。

清单 6-5　Example3 程序

```
RegressionPanel.java  Data.java  Example3.java
11 public class Example3 {
12     public static void main(String[] args) {
13         Data data = new Data(new File("data/Data1.dat"));
14         JFrame frame = new JFrame(data.getTitle());
15         frame.setDefaultCloseOperation(JFrame.EXIT_ON_CLOSE);
16         RegressionPanel panel = new RegressionPanel(data);
17         frame.add(panel);
18         frame.pack();
19         frame.setSize(500, 422);
20         frame.setResizable(false);
21         frame.setLocationRelativeTo(null);  // center frame on screen
22         frame.setVisible(true);
23     }
24 }
```

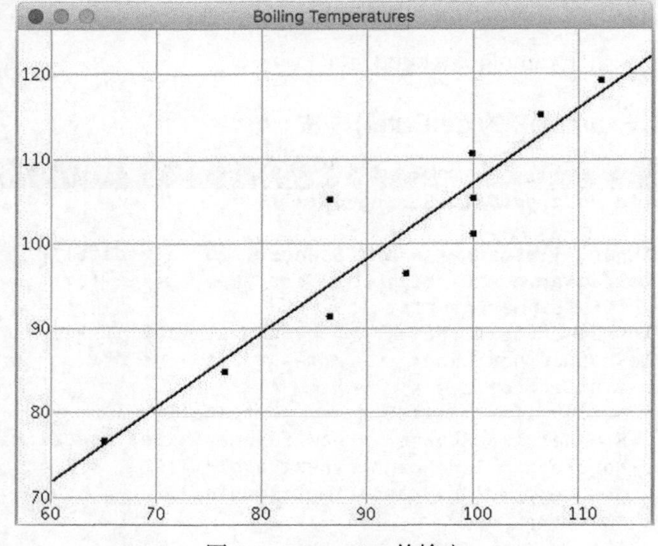

图 6-8　Example3 的输出

程序对两个辅助类进行了实例化，分别是第 13 行的 Data 类和第 16 行的 RefressionPanel 类。其余代码建立了 JFrame。Data 类构造器展示在清单 6-6 中，Data 类构造器是放置 Example2 代码的地方。

清单 6-6 Example3 的 Data 类

```
RegressionPanel.java   Data.java   Example3.java
12 public class Data {
13     private String title,xName, yName;
14     private int n;
15     private double[] x, y;
16     private double sX, sXX, sY, sYY, sXY, minX, minY, maxX, maxY;
17     private double meanX, meanY, slope, intercept, corrCoef;
18
19     public Data(File inputFile) {
20         try {
21             Scanner input = new Scanner(inputFile);
22             title = input.nextLine();
23             n = input.nextInt();
24             xName = input.next();
25             yName = input.next();
26             input.nextLine();
27             x = new double[n];
28             y = new double[n];
29             minX = minY = Double.POSITIVE_INFINITY;
30             maxX = maxY = Double.NEGATIVE_INFINITY;
31             for (int i = 0; i < n; i++) {
32                 double xi = x[i] = input.nextDouble();
33                 double yi = y[i] = input.nextDouble();
34                 sX += xi;
35                 sXX += xi*xi;
36                 sY += yi;
37                 sYY += yi*yi;
38                 sXY += xi*yi;
39                 minX = (xi < minX? xi: minX);
40                 minY = (yi < minY? yi: minY);
41                 maxX = (xi > maxX? xi: maxX);
42                 maxY = (yi > maxY? yi: maxY);
43             }
44             meanX = sX/n;
45             meanY = sY/n;
46             slope = (n*sXY - sX*sY)/(n*sXX - sX*sX);
47             intercept = meanY - slope*meanX;
48             corrCoef = slope*Math.sqrt((n*sXX - sX*sX)/(n*sYY - sY*sY));
49         } catch (FileNotFoundException e) {
50             System.err.println(e);
51         }
52     }
```

Data 类余下的部分由 16 个 getter 方法组成，它们列在图 6-9 中。

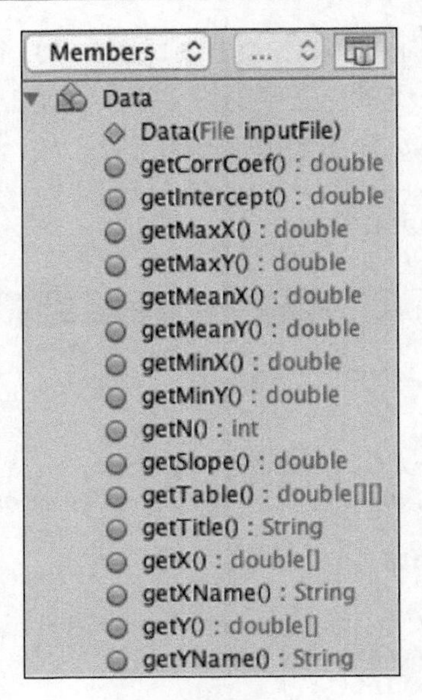

图 6-9　Data 类成员

RegressionPanel 类展示在清单 6-7 中。

清单 6-7　Example3 的 RegressionPanel 类

RegressionPanel.java　Data.java　Example3.java

```
14  public class RegressionPanel extends JPanel {
        private static final int WIDTH=500, HEIGHT=400, BUFFER=28, MARGIN=40;
16      private final Data data;
        private double xMin, xMax, yMin, yMax, xRange, yRange, gWidth, gHeight;
        private double slope, intercept;
19
20      public RegressionPanel(Data data) {
21          this.data = data;
            this.setSize(WIDTH, HEIGHT);
23          this.xMin = data.getMinX();
24          this.xMax = data.getMaxX();
25          this.yMin = data.getMinY();
26          this.yMax = data.getMaxY();
27          this.slope = data.getSlope();
28          this.intercept = data.getIntercept();
29          this.xRange = xMax - xMin;
30          this.yRange = yMax - yMin;
31          this.gWidth = WIDTH - 2*MARGIN - BUFFER;
32          this.gHeight = HEIGHT - 2*MARGIN - BUFFER;
            setBackground(Color.WHITE);
34      }
35
36      @Override
        public void paintComponent(Graphics g) {
```

```
38        super.paintComponent(g);
39        Graphics2D g2 = (Graphics2D)g;
40        g2.setStroke(new BasicStroke(1));
41        drawGrid(g2);
42        drawPoints(g2, data.getX(), data.getY());
43        drawLine(g2);
44    }
```

它包括了所有的图形代码（没有显示在这里）。图像是由第 41~43 行调用的 `paintComponent()`方法中的 3 个方法生成。

- `drawGrid()`
- `drawPoints()`
- `drawLine()`

这里生成的图像可以和图 6-2 中的 Excel 图像进行比较。

所有的代码都可以从异步社区网站下载。

6.1.5 安斯库姆的四重奏

线性回归算法很有吸引力，因为它的实现很直接，而且许多不同的来源都能提供，比如 Microsoft Excel 或 Apache Commons Math Java API。但是，普及也会产生轻率的滥用。

这个算法的基础假设建立在随机变量 X 和 Y 实际上线性相关的基础上。相关系数 r 可以帮助研究者确定这个假设对示例来说是否有效。$r \approx \pm 1$ 表示线形相关，$r \approx 0$ 表示线性无关。

例如，Water-Dextrose 数据集的 r 值是 93.5%，表示 X 和 Y 的关系很可能是线性相关的。但是当然，确定也不可能。研究人员能够提高置信度的最好方法是，获得更多的数据并再次“运行这些数字”。毕竟，样本规模大小为 10 不太可信。

英国统计学家弗兰克·安斯库姆（Frank Anscombe）提出了图 6-10 展示的 4 个例子。

这里显示了 4 个数据集，每个数据集有 11 个点并运用了线性回归算法。选取的数据点使每个线性回归都获得了相同结果。此外，这 4 个数据集还具有相同的均值、方差和相关系数。

很明显，这些数据区别很大。第一个例子中的散点图看起来和 Water-Dextrose 的示例类似。它们的线性相关系数是 93.5%，所以回归直线具有一定有效性。在第二个例子中，数据看起来是二次的，就像地面发射的抛射物的延时照片，比如炮弹或者足球。这个相关系数的预期或许接近 0。第三个例子的 10 个点几乎具有完美线性，但第 11 个点远离直线。离群点是测量或者数据的一个错误输入，这或许是个解释的好结论。

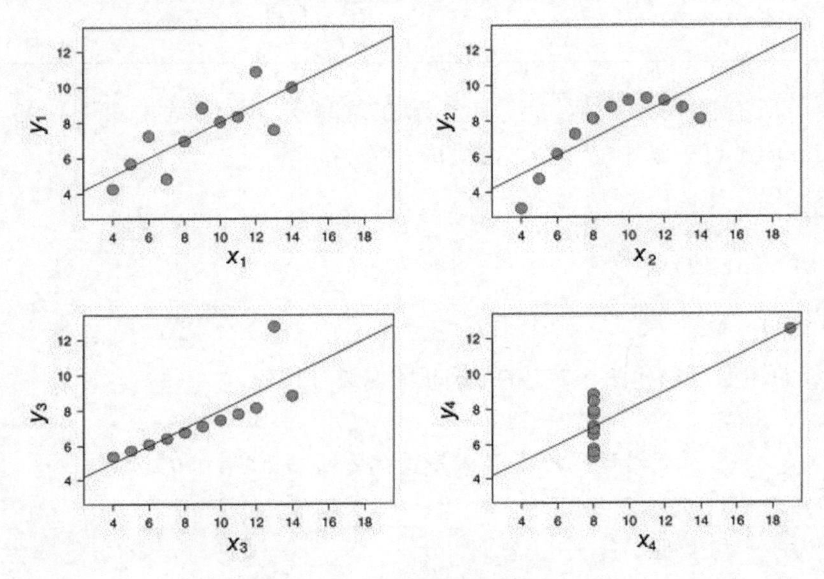

图 6-10　安斯库姆的四重奏

第 4 个例子也有一个离群点（角点）。但它的问题更严重，所有其他点的 x 值都相同。这将引起算法失效，因为斜率 m 的公式的分母接近 0。

$$m=\frac{n\sum y_i^2-\sum x_i\sum y_i}{n\sum x_i^2-\left(\sum x_i\right)^2}$$

例如，如果所有的 $x_i=8$（因为它们看起来就在那里），那么 $\sum x_i=80$ 而且 $\sum x^2=640$，因此分母是 10（640）（80）^{2}=0。

点是线性的，但直线是垂直的，所以不能得到 $y=mx+b$ 的方程。

为了解决安斯库姆四重奏中第 4 个例子反映的问题，方法是反转 x 和 y 的角色。这会产生一个 $x=b_0+b_1y$ 的方程，其中 b_0 和 b_1 可以从下面的公式得到：

$$b_1=\frac{n\sum x_iy_i-\sum x_i\sum y_i}{n\sum y_i^2-\left(\sum y_i\right)^2}$$

$$b_0=\overline{x}-b_1\overline{y}$$

对于这个特殊的数据集，斜率 b_1 看起来接近零。

6.2 多项式回归

之前的分析都围绕着如何获取线性方程来表示给定数据集的中心思想。但是，许多数据集的驱动关系是非线性的。幸运的是，还可以选择其他一些数学模型进行替代。

最简单的非线性函数是多项式 $y = f(x) = b_0 + b_1 x + b_2 x^2 + \cdots + b_d x^d$，其中 d 是多项式的次数，而 $b_0, b_1, b_2, \cdots, b_d$ 是待定的系数。

当然，线性函数就是一个一次的多项式：$y = b_0 + b_1 x$。这个问题已经解决过（在之前的推导中，系数叫作 m 和 b，而不是 b_1 和 b_0），可以使用最小二乘法导出系数的公式：

$$b_1 = \frac{n\sum x_i y_i - \sum x_i \sum y_i}{n\sum x_i^2 - \left(\sum x_i\right)^2}$$

$$b_0 = \overline{y} - b_1 \overline{x}$$

这些公式根据正规方程组导出：

$$\left(\sum x_i^2\right) b_1 + \left(\sum x_i\right) b_0 = \sum x_i y_i$$

$$\left(\sum x_i\right) b_1 + n b_0 = \sum y_i$$

方程组通过平方和的最小化得到：

$$\sum_{i=1}^{n} \left(y_i - \hat{y}_i\right)^2 = \sum_{i=1}^{n} \left(y_i - b_1 x_i - b_0\right)^2$$

可以运用相同的最小二乘法方法，对给定的数据集找到任意次数为 d 的最佳拟合的多项式，假定 d 小于数据集中独立数据点的个数。

例如，要找到拟合最佳的次数为 m=2 的多项式 $f(x) = b_0 + b_1 x + b_2 x^2$（也叫作给定数据集的最小二乘抛物线），需要对求和式最小化：

$$\sum_{i=1}^{n} \left(y_i - b_2 x_i^2 - b_1 x_i - b_0\right)^2$$

这个方程用来决定系数 b_0、b_1 和 b_2。从微积分的角度来讲，这个表达式具有如下形式：

$$z = \sum \left(A_i + B_i u + C_i v + D_i w\right)^2$$

和之前一样，通过将它的偏导数设置为 0，对 z 最小化：

$$\frac{\partial z}{\partial u}=\frac{\partial z}{\partial v}=\frac{\partial z}{\partial w}=0$$

这就产生了二次回归的正规方程：

$$\begin{aligned}
&nb_0+\left(\sum x_i\right)b_1+\left(\sum x_i^2\right)b_2=\sum y_i\\
&\left(\sum x_i\right)b_0+\left(\sum x_i^2\right)b_1+\left(\sum x_i^3\right)b_2=\sum x_i y_i\\
&\left(\sum x_i^2\right)b_0+\left(\sum x_i^3\right)b_1+\left(\sum x_i^4\right)b_2=\sum x_i^2 y_i
\end{aligned}$$

这 3 个方程可以同时将 3 个未知的 b_0、b_1 和 b_2 解出。

这里有一个具体的例子，它将某款指定汽车的停车制动距离与其刹车时的速度联系起来。变量如下：

- x 是刹车时刻的速度（英里每小时）。
- y 是距离（英尺），汽车从刹车点到停车点行驶的。

假设在停车期间，制动器均匀使用，而且在每次实验时，它们都施加大小相同的力。

这里是数据集：

$$\{(20,52),(30,87),(40,136),(50,203),(60,290),(70,394)\}$$

它有 $n=6$ 个数据点。

正规方程组所有的求和计算之后，可以得到：

$$\begin{aligned}
&6b_0+270b_1+13,900b_2=1162\\
&270b_0+13,900b_1+783,000b_2=64220\\
&13,900b_0+783,000b_1+46,750,000b_2=3,798,800
\end{aligned}$$

这些方程可以简化成：

$$\begin{aligned}
&6b_0+270b_1+13,900b_2=1162\\
&270b_0+1390b_1+78,300b_2=6422\\
&139b_0+7830b_1+467,500b_2=37,988
\end{aligned}$$

求解这样的方程组有多种方法。你可以使用 Cramer 法则，它涉及多种行列式的计算。或者，你可以使用高斯消去法，它系统性地从一行减去另一行的数倍，从而使每一行除了保留一个变量之外消去所有其他的变量。不过，本书将使用 Apache Commons math 库来求解这些方程。

程序的主要部分展示在清单 6-8 中。

清单 6-8 Example4 的主程序和输出

```
Example4.java    Example5.java    Example6.java
 8  import org.apache.commons.math3.linear.*;
 9
10  public class Example4 {
11      static int n = 6;
12      static double[] x = {20, 30, 40, 50, 60, 70};
13      static double[] y = {52, 87, 136, 203, 290, 394};
14      static double[][] a;
15      static double[] b;
16
17      public static void main(String[] args) {
            double[][] a = new double[3][3];
19          double[] w = new double[3];
20          deriveNormalEquations(a, w);
21          printNormalEquations(a, w);
22          solveNormalEquations(a, w);
23          printResults();
24      }
```

```
Output - Regression (run)
run:
      6b0 +    270b1 +    13900b2 =    1162
    270b0 +  13900b1 +   783000b2 =   64220
  13900b0 + 783000b1 + 24010000b2 = 3798800
f(t) = -115.67 + 6.950t + -0.00148t^2
f(55) = 262.1
```

正规方程封装成两个数组 $a[][]$ 和 $w[]$。矩阵方程 $a \cdot b = w$ 等价于前面展示的 3 个正规方程的方程组。

输出展示了这 3 个正规方程，产生的二次多项式和计算值 $f(55) = 262.1$。这个插值预测，如果制动器施加的速度为每小时 55 英里（约 422 千米），测试车辆的制动距离大约是 262 英尺（约 80 米）。

清单 6-9 展示了正规方程的推导，这里直接实现了先前展示过的求和公式。

清单 6-9 Example4 的正规方程组

```
Example4.java    Example5.java    Example6.java
26      public static void deriveNormalEquations(double[][] a, double[] w) {
            int n = y.length;
28          for (int i = 0; i < n; i++) {
29              double xi = x[i];
30              double yi = y[i];
31              a[0][0] = n;
32              a[0][1] = a[1][0] += xi;
```

```
33                  a[0][2] = a[1][1] = a[2][0] += xi*xi;
34                  a[1][2] = a[2][1] += xi*xi*xi;
35                  a[2][2] = xi*xi*xi*xi;
36                  w[0] += yi;
37                  w[1] += xi*yi;
38                  w[2] += xi*xi*yi;
39              }
40          }
41
42          public static void printNormalEquations(double[][] a, double[] w) {
43              for (int i = 0; i < 3; i++) {
44                  System.out.printf("%8.0fb0 + %6.0fb1 + %8.0fb2 = %7.0f%n",
45                          a[i][0], a[i][1], a[i][2], w[i]);
46              }
47          }
```

正规方程由图 6-10 展示的第 49~55 行的方法求解。

这个程序使用了 `org.apache.commons.math3.linear` 包的 6 个类。

清单 6-10 求解正规方程组

```
Example4.java   Example5.java   Example6.java
49          private static double[] solveNormalEquations(double[][] a, double[] w) {
50                  RealMatrix m = new Array2DRowRealMatrix(a, false);
51                  LUDecomposition lud = new LUDecomposition(m);
52                  DecompositionSolver solver = lud.getSolver();
53                  RealVector v = new ArrayRealVector(w, false);
54                  return solver.solve(v).toArray();
55          }
56
57          private static void printResults(double[] b) {
58              System.out.printf("f(t) = %.2f + %.3ft + %.5ft^2%n", b[0], b[1], b[2]);
59              System.out.printf("f(55) = %.1f%n", f(55, b));
60          }
61
62          private static double f(double t, double[] b) {
63              return b[0] + b[1]*t + b[2]*t*t;
64          }
65      }
```

第 50 行的代码实例化了一个 `RealMatrix` 对象 `m`，它表示系数数组 *a*[][]。在接下来的一行，`LUDecomposition` 对象 `lud` 实例化了矩阵 `m` 的 **LU 分解**，将矩阵分解成下三角和上三角因子（见下面一段）。第 52 行建立了一个 `solver` 对象，然后在第 54 行用它求解方程组并解出 b。`solve()` 方法要求一个 `RealVector` 对象 `v`，它已经在第 53 行的数组 *w*[] 实现了实例化。

第 52 行中实例化的 `solver` 对象执行了一个叫作 LU 分解的算法。字母 L 和 U 代表

“下”和“上”。这个算法将一个给定的矩阵 M 进行因子化，分解为两个矩阵 L 和 U，即 $M=LU$，其中 L 是一个下三角矩阵而 U 是一个上三角矩阵。这使得矩阵方程的求解不需要对原始矩阵直接求逆：

$$Mw=v$$
$$LUw=v$$
$$Uw=L^{-1}v$$
$$w=U^{-1}L^{-1}v$$

这种方法明显快于高斯消去法，并且通常大大快于 Cramer 法则。

求解线性和二次回归问题使用的最小二乘方法，也可以用同样的方式运用于一般多项式：$y=f(x)=b_0+b_1x+b_2x^2+\cdots+b_dx^d$。

多项式回归唯一的数学要求是多项式的次数要小于数据点的个数（即 $d<n$）。这种约束在最简单的情况下显而易见。例如，对于线性回归（d=1）来说，两点决定一条直线。对于二次回归（d=2）来说，3 个点决定一条抛物线。

但是，“数据越多越好”这条规则总没错。

6.2.1 多元线性回归

之前考虑的回归模型都假定了一个变量 y 只依赖于一个自变量 x。类似的模型对于包含任意 k 个自变量的多元函数都适用：

$$y=f\left(x_1,x_2,\cdots,x_k\right)$$

该小节讨论多元线性函数的回归模型：

$$y=a_0+a_1x_1+a_2x_2+\cdots+a_kx_k$$

这里将研究 $k=2$ 个自变量的多线性回归模型：

$$z=a+bx+cy$$

这里对变量和常数重新命名，让读者回顾立体解析几何。这个方程定义了三维欧氏空间中的一个平面。平面与 z 轴相交于 $z=c$，那里 $x=y=0$。常数 a 和 b 分别是平面与 xy 平面和 yz 平面相交的直线的斜率。

这里的回归问题是：

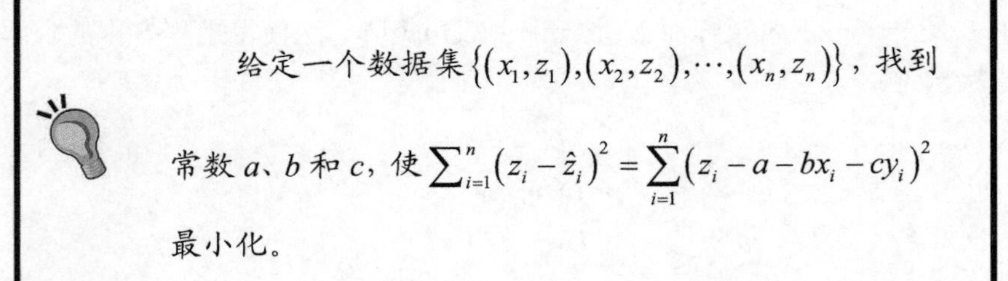

给定一个数据集$\{(x_1,z_1),(x_2,z_2),\cdots,(x_n,z_n)\}$，找到常数 a、b 和 c，使$\sum_{i=1}^{n}(z_i-\hat{z}_i)^2=\sum_{i=1}^{n}(z_i-a-bx_i-cy_i)^2$最小化。

这与我们求解过的二次回归问题几乎是一样的：

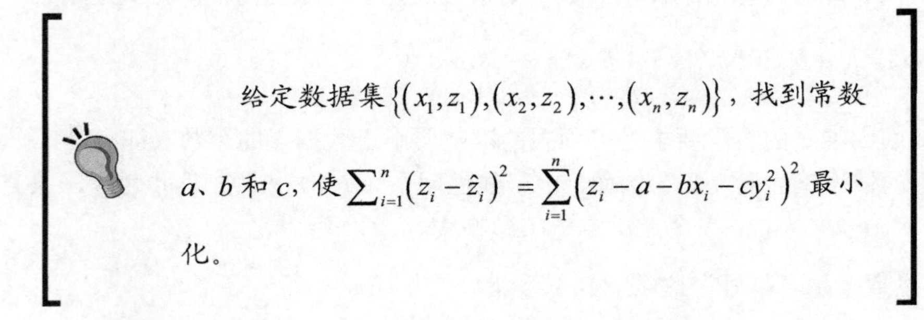

给定数据集$\{(x_1,z_1),(x_2,z_2),\cdots,(x_n,z_n)\}$，找到常数 a、b 和 c，使$\sum_{i=1}^{n}(z_i-\hat{z}_i)^2=\sum_{i=1}^{n}(z_i-a-bx_i-cy_i^2)^2$最小化。

在二次回归问题中，为了避免与多元线性问题中的自变量 y 相混淆，本书重新命名了因变量 z。最小二乘算法是相同的。这两种情况有 3 个正规方程来求解 3 个未知量：a、b 和 c。

正规方程组是：

$$na+\left(\sum x_i\right)b+\left(\sum y_i\right)c=\sum z_i$$
$$\left(\sum x_i\right)a+\left(\sum x_i^2\right)b+\left(\sum x_i y_i\right)c=\sum x_i z_i$$
$$\left(\sum y_i\right)a+\left(\sum x_i y_i\right)b+\left(\sum y_i^2\right)c=\sum y_i z_i$$

和以前一样，这些方程可以对平方和函数运用偏导数来推导，这些平方和可以通过人工或者机器进行计算。

下面的数据集说明男孩的体重 z 依赖于他的年龄 x 和身高 y: {(10, 59, 71), (9, 57, 68), (12, 61, 76), (10, 52, 56), (9, 48, 57), (10, 55, 77), (8, 51,55), (11, 62, 67)。例如，第一个数据点表示一个 10 岁的男孩，他身高 59 英尺，体重 71 磅。

清单 6-11 中的程序实现了这个多元线性回归问题的求解。这个程序类似于清单 6-10

中的二次回归的程序。

清单 6-11 多元线程回归的代码示例

```
Example4.java  Example5.java  Example6.java
10 public class Example5 {
11     static double[][] x = { {10,59}, {9,57}, {12,61}, {10,52}, {9,48},
12             {10,55}, {8,51}, {11,62} };
13     static double[] y = {71, 68, 76, 56, 57, 77, 55, 67};
14     static double[] b;    // coefficients to be determined
15
16     public static void main(String[] args) {
17         double[][] a = new double[3][3];
18         double[] w = new double[3];
19         deriveNormalEquations(a, w);
20         printNormalEquations(a, w);
21         solveNormalEquations(a, w);
22         printResults();
23     }
24
25     public static void deriveNormalEquations(double[][] a, double[] w) {
26         int n = y.length;
27         for (int i = 0; i < n; i++) {
28             double xi0 = x[i][0];
29             double xi1 = x[i][1];
30             double yi = y[i];
31             a[0][0] = n;
32             a[0][1] = a[1][0] += xi0;
33             a[0][2] = a[2][0] += xi1;
34             w[0] += yi;
35             a[1][1] += xi0*xi0;
36             a[2][2] += xi1*xi1;
37             a[1][2] = a[2][1] += xi0*xi1;
38             w[1] += xi0*yi;
39             w[2] += xi1*yi;
40         }
41     }
```

```
Output - Regression (run)
run:
     8x0 +   79x1 +   445x2 =   527
    79x0 +  791x1 +  4427x2 =  5254
   445x0 + 4427x1 + 24929x2 = 29543
f(s, t) = -5.75 + 1.55s + 1.01t
f(10, 59) = 69.5
f(9, 57) = 65.9
f(11, 64) = 76.1
```

特别地，它们的 `printNormalEquations()`和 `solveNormalEquations()`方法是相同的。

从输出可以看到，这个数据集的正规方程组是：

$$8a+79b+445c=527$$
$$79a+791b+4427c=5254$$
$$445a+4427b+24929c=29543$$

它们的解是：

$$a=-5.747$$
$$b=1.548$$
$$c=1.013$$

于是，解决这个问题的多元线性回归函数是：

$$f(x,y)=-5.75+1.55x+1.01y$$

可以看到，这个函数与前两个数据点吻合得相当好：

$$f(10.59)=69.5\approx z_1=71$$
$$f(9.57)=65.9\approx z_2=68$$

例如，它预测一个身高 64 英寸的 11 岁男孩的体重会是 76.1 磅：

$$f(11,64)=-5.75+1.55(11)+1.01(64)=76.1$$

6.2.2 Apache Commons 的实现

Apache Commons Math 库内容丰富，本书已经使用过它的一些实现。清单 6-1 用到了 `org.apache.commons.math3.stat.regression.SimpleRegression` 类。

清单 6-12 展示了如何使用 `OLSMultipleLinearRegression` 类来解决之前的多元线性回归问题。完整的程序只用了 30 行。前缀 **OLS** 代表**普通最小二乘**（ordinary least squares）。

清单 6-12 使用 OLSMultipleLinearRegression 类

```
Example5.java  Example6.java
 8 import org.apache.commons.math3.stat.regression.OLSMultipleLinearRegression;
 9
10 public class Example6 {
11     static double[][] x = {{10, 59}, {9, 57}, {12, 61}, {10, 52}, {9, 48},
12             {10, 55}, {8, 51}, {11, 62}};
13     static double[] y = {71, 68, 76, 56, 57, 77, 55, 67};
14     static double[] b;
15
16     public static void main(String[] args) {
```

```
17         OLSMultipleLinearRegression mlr = new OLSMultipleLinearRegression();
18         mlr.newSampleData(y, x);
19         b = mlr.estimateRegressionParameters();
20         System.out.printf("f(s, t) = %.2f + %.2fs + %.2ft%n",
21                 b[0], b[1], b[2]);
22         System.out.printf("f(10, 59) = %.1f%n", f(10, 59));
23         System.out.printf("f(9, 57) = %.1f%n", f(9, 57));
24         System.out.printf("f(11, 64) = %.1f%n", f(11, 64));
25     }
26 
27     private static double f(double x1, double x2) {
28         return b[0] + b[1]*x1 + b[2]*x2;
29     }
30 }
```

```
Output - Regression (run)
run:
f(s, t) = -5.75 + 1.55s + 1.01t
f(10, 59) = 69.5
f(9, 57) = 65.9
f(11, 64) = 76.1
```

在第 18 行，`newSampleData()`方法将数据载入 `mlr` 对象。这种方法有两个版本，另一种版本有 3 个参数。

在第 19 行，`estimateRegressionParameters()`方法返回了系数数组 `b[]`。其余所有内容是打印结果，这些结果和清单 6-11 中的结果吻合。

6.2.3 曲线拟合

变量之间的大部分关系是非线性的，适用这种关系的最小二乘法中有 3 种常见的方法。

- 使用多项式回归。
- 将给定的问题转化为等价的线性问题，然后使用线性回归。
- 使用最小二乘曲线拟合。

前面已将演示了第一种选择。本节将结合示例演示另两种选择。

作为一个将非线性问题转化为线性问题的示例，考虑指数延迟的标准方程：

$$y = y_0 \mathrm{e}^{-rx}$$

在这里，y_0 是 y 的初始值，r 是延迟比率。（常数 e 是自然对数的底，$\mathrm{e} \approx 2.71828$。）假定有一个联系两个变量 x 和 y 的数据集。这里运用的变换是自然对数。通过在方程两边取 `ln`，有：

$$\ln y = -rx$$

用 z 替代 `lny` 我们得到：

$$z = -rx$$

这是一个线性方程。可以使用同样的方式变换这个数据集，会得到一个联系了 z 和 x 的大小相同的数据集。然后可以对后者运用简单线性回归，得到形式如下的解：

$$z = b_0 + b_1 x$$

然后，因为 $z = \ln y, y = \mathrm{e}^z$，所以有：

$$y = \mathrm{e}^z = \mathrm{e}^{b_0 + b_1 x} = \mathrm{e}^{b_0}\mathrm{e}^{b_1 x}$$

常数 $\mathrm{e}^{b_0} = y_0$，因为这是 y 在 x=0 处的值。所以，解为：

$$y = \mathrm{e}^{b_0}\mathrm{e}^{b_1 x}$$

在这里，b_0 和 b_1 是根据线性回归算法得到的常数。

重要的是，注意这里的解是对数公式的最小二乘解。换句话说，常数 b_0 和 b_1 最小化了下列目标函数：

$$\sum\left(z_i - b_0 - b_1 x_i\right)^2$$

但是，这与下式的最小化是不同的：

$$\sum\left(y_i - c_0 - \mathrm{e}^{c_1 x}\right)^2$$

最小二乘拟合的一般方法可以用在更一般的、非多项式的函数上。例如，你可能有这样一个数据集，基础函数是：

$$f(x) = b_0 + b_1 x + b_2^x$$

甚至在某种程度上它像这个样子：

$$f(x) = b_0 + b_1 x + b_2 x^2 + b_3^x + x b_4^x$$

你可以运用相同的微积分技术来最小化目标函数 $\sum_{i=1}^{n}\left(y_i - f(x_i)\right)^2$，设置它的偏导数等于零，导出正规方程组。但这些方程可能不是线性的，所以不能用诸如 LU 分解这样的方法求解。

有一些数值方法可以用来求解非线性方程组。对于有界非渐进函数，常用傅里叶序列或者其他的正交序列，但是这些算法超出了本书的范围。

Apache Commons Math 库（`org.apache.commons.math3`）包括了用于曲线拟合的类。你可以从`math3.analysis.UnivariateFunction`接口选择一个一般的曲线类型，然后把它运用到`math3.fitting.SimpleCurveFitter`对象上。例如，如果你的数据在 x 轴两端都是非渐进的，那么`math3.analysis.UnivariateFunction.Logistic`函数就可能是一个好的选择。对于肿瘤生长的医学数据建模来说，或对于经济数据的扩散方程建模来说，它很可能是最好的选择。

6.3 小结

本章研究了一些回归分析的示例，包括线性回归、多项式回归、多元线性回归以及更一般的曲线拟合。在每种情况中，分析的目标是从给定的数据集导出模式的函数，然后使用这个函数来从给定的数据进行外推从而预测未知的值。

你可以看到，这些回归算法的原理是，通过对这个叫作正规方程组的线性方程组进行求解。求解方程组的部分可以通过各种算法来完成，比如 Cramer 法则、高斯消去法或者 LU 分解。

本章使用了多种方法来实现这些算法，包括 Windows Excel、直接的 Java 实现以及 Apache Commons Math 库。

第 7 章 分类分析

在数据分析的背景下，分类的主要思想是将数据集划分到标记好的子集中。如果数据集是数据库中的一张表，那么这种划分可能仅仅是增加了一个新属性（即表中的新列），它的域（即取值范围）是标签的集合。

例如表 7-1 展示的 16 种水果的表。

表 7-1　水果示例的训练集

Name	Size	Color	Surface	Sweet
apple	MEDIUM	RED	SMOOTH	T
apricot	MEDIUM	YELLOW	FUZZY	T
banana	MEDIUM	YELLOW	SMOOTH	T
cherry	SMALL	RED	SMOOTH	T
coconut	LARGE	BROWN	FUZZY	T
cranberry	SMALL	RED	SMOOTH	F
fig	SMALL	BROWN	ROUGH	T
grapefruit	LARGE	YELLOW	ROUGH	F
kumquat	SMALL	ORANGE	SMOOTH	F
lemon	MEDIUM	YELLOW	ROUGH	F
orange	MEDIUM	ORANGE	ROUGH	T
peach	MEDIUM	ORANGE	FUZZY	T
pear	MEDIUM	YELLOW	SMOOTH	T

续表

Name	Size	Color	Surface	Sweet
pineapple	LARGE	BROWN	ROUGH	T
pumpkin	LARGE	ORANGE	SMOOTH	F
strawberry	SMALL	RED	ROUGH	T

最后一列标记为 Sweet，是用来对水果分类的名义属性：或者甜，或者不甜。据推测，每种已知的水果类型都可以按这个属性进行分类。如果你在杂货店里看到未知的水果，还想知道它甜不甜，基于其他可观察的属性{Size, Color, Surface}，使用分类算法可以预测这个答案。在本章后面，可以看到这种方法的实现。

分类算法是一种**元算法**（meta-algorithm），它的目的是生成可对新对象分类的具体算法。元算法的输入是训练集，就是一个样本数据集，它的值可以用来计算具体算法生成的参数。在本章的几个元算法中，表 7-1 的数据集将用来作为输入的训练集。

元算法及其生成算法之间的关系展示在图 7-1 中。元算法的输入为训练集，产生的输出为算法。接着，将生成算法的输入取为测试数据集，结果为测试数据集中每个数据点的分类。注意，训练集包括了表示目标属性的值（例如 Sweet），但在测试集中这些值不存在。

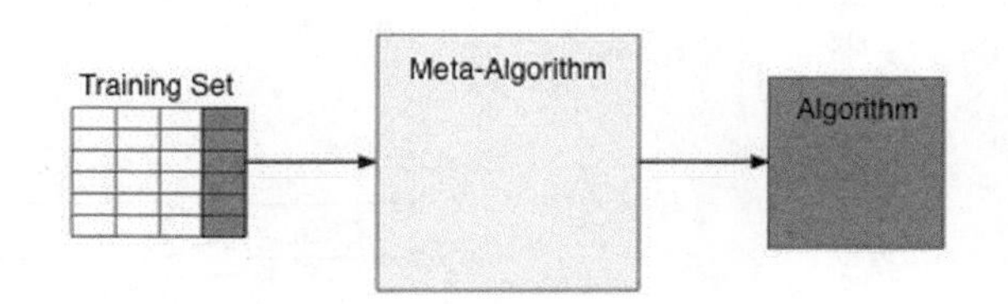

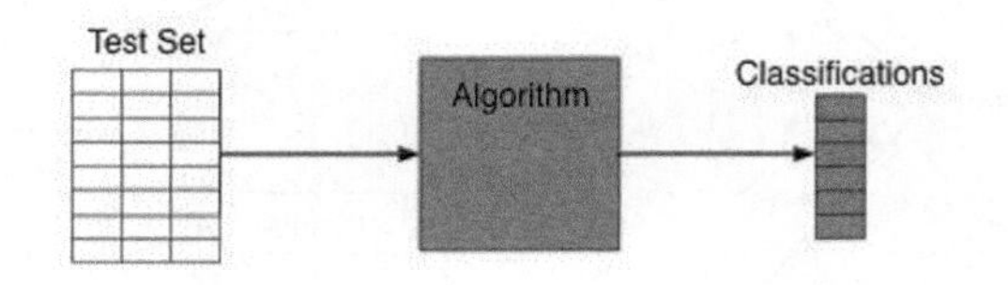

图 7-1　元算法生成算法

也可以将训练集作为测试集，通常的方法是使用训练集中的对应值比较预测值（分类）。这是一种度量算法正确率的标准方法。如果正确答案已知，算法应该可以预测出来。

训练集 S 是一个普通的数据集，有 n+1 个属性{ $A_1, A_2, \cdots, A_n$, T }，其中 T 是目标属性。

通常来说，A_j 要么都是名义型的，要么都是数值型的，这取决于算法。而通常来说，T 是名义型的，而且常常是布尔型的。考虑 S 是一个有 $n+1$ 个坐标 $\left(x_1,x_2,\cdots,x_n,y\right)$ 的点集。因此，分类算法可以表示为一个函数 f，其中输出为 $y=f\left(x_1,x_2,\cdots,x_n\right)$，或者更简单一点，$y=f\left(x_1,x_2,\cdots,x_n\right)=f(x)$，这里 $x=\left(x_1,x_2,\cdots,x_n\right)$ 是测试集的一个典型元素。那么可以说这个算法从数据 x 预测了值 y。

7.1 决策树

决策树是一种树结构，可以像流程图一样使用。每个中间节点包含一个真/假分类问题，两个分支分别对应着答案 `True` 和 `False`。每个叶节点都标有随后的分类标记。从根到叶的路径代表着分类规则。

决策树的目的是提供一个动态的问题序列，答案通向一个决策。这是分类算法的一种类型。目标属性是树叶上标记的所有可能决策。

二元搜索算法本质上是决策树。比如在一个按字母排序的长长的名单、电话簿或者联系清单上，用二元搜索来寻找一个名字。这个过程始于清单中部，基于目标名称与树的当前节点中名称的比较反复进行分支。

这个过程展示在图 7-2 中。

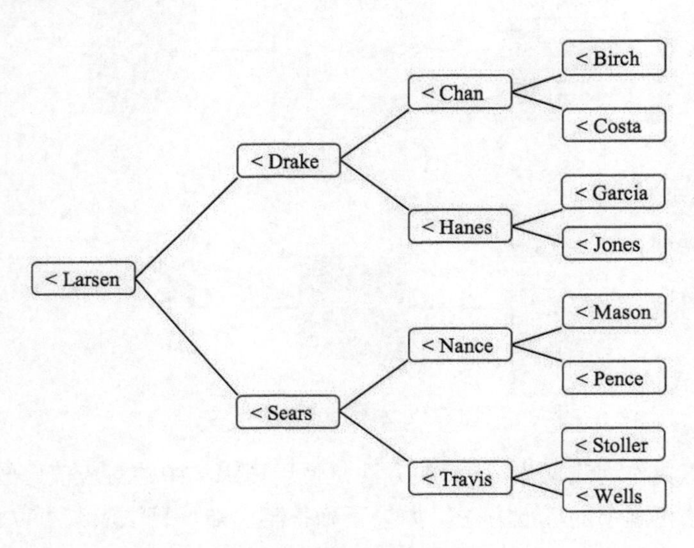

图 7-2 二元搜索决策树

假定你在寻找一个叫 Kelly 的名字。在根节点上，你把它和 Larsen 比较，之后将它发送到下一个节点 Drake，然后再到 Hanes，再到 Jones，一直这样下去，直到最终把范围缩小到目标 Kelly。

7.1.1 熵和它有什么关系？

为了实现一个决策树的标准分类生成算法，首先必须要理解这个概念：划分的熵。首先，回顾一下基础概率论，再来讨论这些相似概念的关系。

回顾第 4 章“统计”中的样本空间、随机变量和概率函数的概念。例如，在投掷红色骰子和绿色骰子的例子里，样本空间 S 有 36 个基本结果，比如（2，3）（表示着红色骰子出现了两点，绿色骰子出现了三点）。如果骰子是均匀的，那么这 36 个基本结果中每一个出现的可能性都相等，因此有概率 $p = 1/36$。

概率事件是基本结果的集合。一个事件的概率是它的基本结果的概率之和。例如，两个骰子点数和是 5 的事件是 $E = \{(1,4), (2,3), (3,2), (4,1)\}$。它的概率是 $P(E)= 4/36 = 1/9$。

随着热力学研究的发展，在 19 世纪出现了熵的思想。1948 年，克劳德·香农（Claude Shannon）将这个思想运用于信息论，用来度量一条传播中的消息的信息含量。它最近在数据科学中的地位愈发重要。这里的解释是基于基础概率论的。

给定样本空间 S，考虑定义这样一个函数 `I( )`，它对每个事件 $E \subseteq S$ 指派一个数字，这个数字刻画了试验中实际发生信息的数量，它其实度量了事件的信息含量。例如，骰子试验中的事件 E 报告了骰子点数的和是 5，但它没有准确说出两个骰子各出现了几点。因此，如果 E' 是事件（2,3），那么 l(E)要小于 $I(E')$，因为这个事件有更多的信息。

试图定义的这个函数 `I()` 应该仅仅依赖于事件的概率，即，对于某个函数 f:

$$I(E) = f\left(P(E)\right)$$

也可以根据它的已知性质推导函数 f。例如，$f(1) = 0$，因为当 $P(E) = 1$ 时，事件是确定的（100%概率），因此具有 0 信息量。

一个更有效的观察结果是：两个独立事件发生的信息应该是每个事件信息之和：

$$I(E \cap F) = I(E) + I(F)$$

考虑向某人付钱来了解两个事件的信息。如果这两个事件独立，你要支付的费用数额应该是为每个事件信息花费数额之和。

现在，令人震惊的是，根据观测就可以导出未知的函数 $f(\ )$并得到熵函数 $I(\ )$的定义。

这是从第4章“统计”中学到的另一个事实中得到的，即对独立事件有：

$$P(E\cap F)=F(E)\cdot P(F)$$

例如，$P(2,3)=P$(红色两点)$\cdot P$(绿色三点)$=(1/6)\cdot(1/6)=1/36$。

所以，对任意两个独立事件E和F：

$$\begin{aligned}f(P(E))+f(P(F))&=I(E)+I(F)\\&=I(E\cap F)\\&=f(P(E\cap F))\\&=F(P(E)\cdot P(F))\end{aligned}$$

因此，对任意的概率p和q：

$$f(p)+f(q)=f(p\cdot q)$$

在数学上，可以证明具有这种性质的函数只有对数函数：

$$\log(xy)=\log x+\log y$$

本章将在后面指定对数的底。这个性质对任意的底都成立。因此，现在可以推断出，对于某些常数K，熵函数必须是：

$$I(E)=K\log(P(E))$$

但是，$I(E)$应该是个正数（或者是0），因为它是信息量的度量，同时$P(E)\leqslant 1$，因为它是一个概率，所以有 $\log P(E)\leqslant 0$。这说明常数 K 必须为负，比如对某个正的常数K'有$K=K'$。于是：

$$I(E)=-K'\log(P(E))=-\mathrm{lb}(P(E))$$

因此，概率为p的单个结果x的熵是：

$$I(x)=-\mathrm{lb}(p)$$

这里的`lb`代表$\log_2$，二元（底为2）对数。

牢记所有的对数都可以写成比例形式。例如，$\mathrm{lb}\,x=(\ln x)/(\ln 2)=1.442695\ln x$。

这个函数`I( )`是样本空间S自身的一个函数（所有元素结果的集合），因此它是一个随机变量。

任何随机变量的期望值可以表示为如下的求和式：

$$E(X)=\sum xp(x)$$

这里是对 X 的所有取值 x 求和。例如，如果你参与了一场游戏，其中你投掷一枚骰子，出现点数 x 则支付 x^2 美元，那么你预期的支付是：

$$E\left(X\right)=\$\sum x^2 p(x)=\frac{\$21}{6}=\$3.50$$

换句话说，如果你为了玩这个游戏花费 3.50 美元，那它是公平的。

最后，对于之前推导的熵随机变量的期望值，可以定义样本空间 S 的熵 $H(S)$：

$$H(S)=\sum I(x)p(x)=\sum\left(-\mathrm{lb}(p(x))\right)p(x)=-\sum(\mathrm{lb}(p)p)$$

或者，更简单的：

$$H(S)=-\sum_i p_i \mathrm{lb} p_i$$

其中 $p_i=p(x_i)$。全部 p_i 上的和远大于 0。

请看这个例子，假定你投掷了一枚有偏的骰子，正面出现的概率是 $p_0=\frac{3}{4}$。于是：

$$H(S)=-\sum_i p_i \mathrm{lb} p_i=-p_0 \mathrm{lb} p_0-p_1 \mathrm{lb} p_1=-\left(\frac{3}{4}\right)\mathrm{lb}\left(\frac{3}{4}\right)-\left(\frac{1}{4}\right)\mathrm{lb}\left(\frac{1}{4}\right)=0.81$$

另一方面，如果骰子是公平的，那么两面的概率都是 $p_i=\frac{1}{2}$，那么：

$$H(S)=-\left(\frac{1}{2}\right)\mathrm{lb}\left(\frac{1}{2}\right)-\left(\frac{1}{2}\right)\mathrm{lb}\left(\frac{1}{2}\right)=-\left(\frac{1}{2}\right)(-1)-\left(\frac{1}{2}\right)(-1)=1.00$$

通常，如果 S 是一个等概率空间，其中所有的 $p_i=1/n$，那么：

$$H(S)=-\sum_i p_i \mathrm{lb} p_i=-\sum_i \frac{1}{n}\mathrm{lb}\frac{1}{n}=\sum_i \frac{\mathrm{lb} n}{n}=\frac{\mathrm{lb} n}{n}\sum_i 1=\frac{\mathrm{lb} n}{n}(n)=\mathrm{lb}\, n$$

在前面的例子中，n=2，因此 $H(S)=\mathrm{lb}2=1$。

熵是不确定性或者随机性的一种度量。所有结果都相等是最不可能的。因此，对于一个包含 n 种可能结果的空间，可能性最大的熵是 $H(S)=\mathrm{lb}n$。

另一种极端情况是确定性空间，其中某个 $p_k = 1$ 而所有其他的 $p_i = 1$。此时：

$$H(S) = -\sum_i p_i \text{lb} p_i = -p_k \text{lb} p_k = -(1)\text{lb}1 = -(1)(0) = 0$$

一般来说：

$$0 \leqslant H(S) \leqslant \text{lb}n$$

7.1.2 ID3 算法

7.1.1 节推导熵公式的主要目的是为了支持生成决策树的 ID3 算法。

ID3 算法可以基于仅具有名义属性的数据集生成最优的决策树。它是由 J. R. Quinlan 在 1986 年发明的，这个名字代表“迭代二分器 3”。

算法根据训练集建立决策树，训练集是应用树的整体中相对小的一个子集。决策树的正确性取决于训练集的代表性，它有多么像是总体的随机抽样。

这里将通过一个示例来描述 ID3 算法。假设需要一个决策树来预测之前未知的水果是甜的还是酸的。这个树将基于水果的观测属性来预测答案：`Color`、`Size` 以及表皮的类型(`SMOOTH`、`ROUGH` 或 `FUZZY`)。

因此从这些设定开始。目标属性是：

```
Sweet = {T, F}
```

而已知的属性是：

```
Color = {RED, YELLOW, BLUE, GREEN, BROWN, ORANGE}
Surface = {SMOOTH, ROUGH, FUZZY}
Size = {SMALL, MEDIUM, LARGE}
```

表 7-1 中的数据是训练集。它有 16 个数据点，其中 11 个 `Sweet` 属性为 `T`（真）。

算法将以递归方式建立这个树。每一层算法都在余下所有属性中决定最优的属性，用于进入下一级流程的决策树划分。划分策略要基于该策略的熵的增益，其中属性 A 划分的增益根据下式计算：

$$Gain(A) = H(S) - \sum_i p_i H(a_i)$$

其中 $H(\cdot)$是熵函数，p_i 是那些对属性 A 取值为 a_i 的训练集数据点的比例，求和是对属性 A 上所有的值进行。

一个划分的熵 $S=\{S_1,S_2,\cdots,S_n\}$ 的定义和样本空间的熵的定义是相同的，都使用了概率的相对大小 $p_i=|S_i|/|S|$。而且，如果 $S=\{S_1\}$（就是说，n=1），那么 $E(S)=0$。

现在假定从 `Size` 属性的划分开始，这会使决策树看起来像图 7-3 那样。注意，所有的甜水果加了下划线。

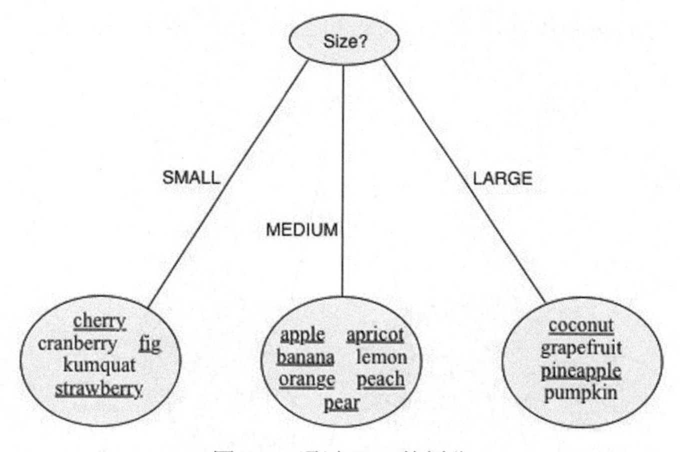

图 7-3 通过 Size 的划分

这把 S 划分为 3 个属性：SMALL、MEDIUM 和 LARGE，将训练数据划分到大小为 5、7、4 的 3 个节点中。每个节点中甜水果的比例分别是 $p_1=3/5, p_2=6/7$ 以及 $p_3=2/4$。甜水果占整个训练集的比例是 11/16。所以，增益（大小）[`Gain(Size)`]的计算是：

$$H(S)=-\frac{11}{16}\text{lb}\frac{11}{16}-\frac{5}{16}\text{lb}\frac{5}{16}=0.8960$$

对 3 个属性中的每一个：

$$H(SMALL)=-\frac{3}{5}\text{lb}\frac{3}{5}-\frac{2}{5}\text{lb}\frac{2}{5}=0.9710$$

$$H(MEDIUM)=-\frac{6}{7}\text{lb}\frac{6}{7}-\frac{1}{7}\text{lb}\frac{1}{7}=0.591$$

$$H(LARGE)=-\frac{2}{4}\text{lb}\frac{2}{4}-\frac{2}{4}\text{lb}\frac{2}{4}=1.0000$$

因此，这种划分的增益是：

$$\begin{aligned}\text{Gain}(\textbf{Size}) &= H(S)-\left(\frac{5}{16}H\left(SMALL\right)+\frac{7}{16}H\left(MEDIUM\right)+\frac{4}{16}H\left(LARGE\right)\right)\\ &= 0.8960-\left(\frac{5}{16}(0.9710)+\frac{7}{16}(0.5917)+\frac{4}{16}(1.0000)\right)\\ &= 0.0838\end{aligned}$$

这个增益大约是 8%，非常小，表示这个划分不怎么有效。这一点可以预料得到，因为训练集中的 11 种甜水果在 3 种属性中几乎均匀分布。换句话说，`Size` 并没有在甜和酸之间很好地区分，所以不可能当作决策树的第一个分裂器。

下一个步骤是对另两个候选属性 `Color` 和 `Surface` 运用同样的公式（见图 7-4）。

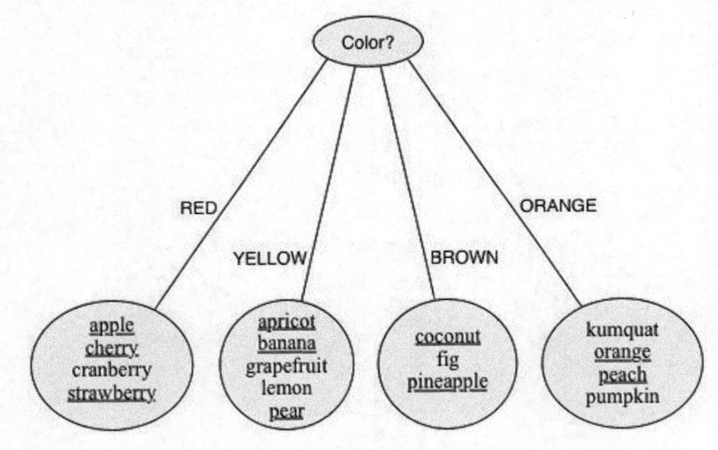

图 7-4 通过 color 的划分

对于 `Color`，每个类别中的甜水果分数占 3/4、3/5、2/3 和 2/4。所以，根据 `Color` 划分的增益是：

$$\begin{aligned}&\text{Gain}(\textbf{Color})\\ &= H(S)-\left(\frac{4}{16}H\left(\text{RED}\right)+\frac{5}{16}H\left(\text{YELLOW}\right)+\frac{4}{16}H\left(\text{ORANGE}\right)\right)\\ &= 0.8960-\left(\frac{4}{16}(0.8113)+\frac{5}{16}(0.9710)+\frac{3}{16}(0.9183)+\frac{4}{16}(1.0000)\right)\\ &= 0.0260\end{aligned}$$

这个增益大约是 2%，比根据 `Size` 划分的增益还差。

对于 `Surface` 属性，每个类别中的甜水果占的比例分数分别是 4/7、4/6 和 3/3。这种划分看起来还可以，因为正如所见，它已经确定了“毛茸茸的水果是甜的”：

$$\text{Gain}(\textbf{Surface}) = H(S) - \left(\frac{7}{16}H(\text{SMOOTH}) + \frac{6}{16}H(\text{ROUGH}) + \frac{3}{16}H(\text{FUZZY})\right)$$

$$= 0.8960 - \left(\frac{7}{16}(1.9852) + \frac{6}{16}(0.9183) + \frac{3}{16}(0) + \frac{4}{16}(1.0000)\right) = 0.1206$$

它有大约 12%的增益，远大于 8%或者 2%。因此，第一个决策是根据 `Surface` 属性在根节点进行划分。

注意在之前的计算中，最高的熵值是 1.0000，出现在 Gain(Size)计算中的 H(LARGE)和 Gain(Color)计算中的 H(ORANGE)中。这是因为，在这两种情况下，子类中恰有一半水果（4 种中的 2 种）是甜的。这个值 1.0，是一个二元属性（这种情况下就是 Sweet）可能性最大的熵值。它反映了最大的不确定性，或者节点信息的缺乏。要在子类中预测某种水果甜不甜（Color 中的 ORANGE 或者 Size 中的 LARGE），随机选择的方法或许也可以。

另一方面，在 Gain(Surface)的计算中，H(FUZZY) = 0，是可能性最小的熵值。它反映的事实是这个类别中没有不确定性，所有水果都是甜的。它是决策树的最佳子类。

现在，算法已经选择在 Surface 属性上进行第一次分裂，下一步是检查子类 `SMOOTH`、`ROUGH` 和 `FUZZY` 的 3 个二级节点处另外两个属性的增益。

首先，考虑图 7-5 中根节点的 `SMOOTH` 分支的两个概率。

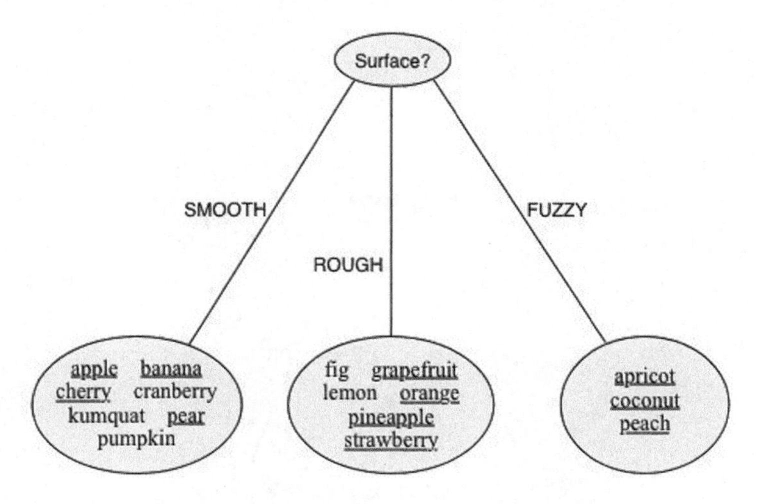

图 7-5 通过 Surface 的划分

可以通过 `Size` 或 `Color` 进行分裂，如图 7-6、图 7-7 所示。

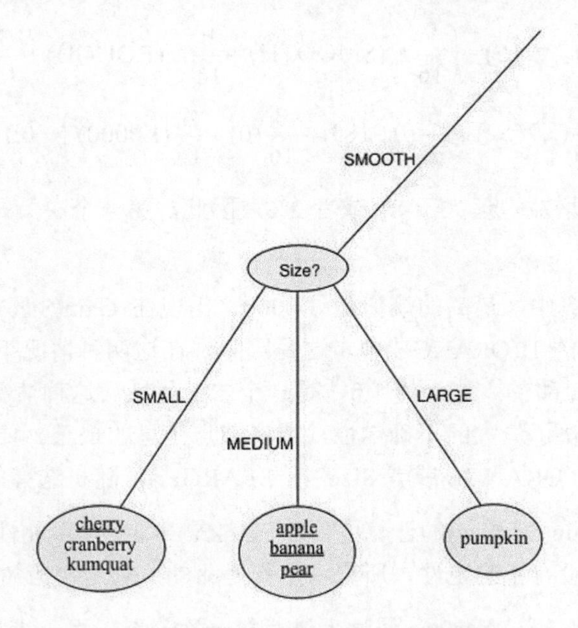

图 7-6 对 Smooth 水果通过 Size 进行分裂

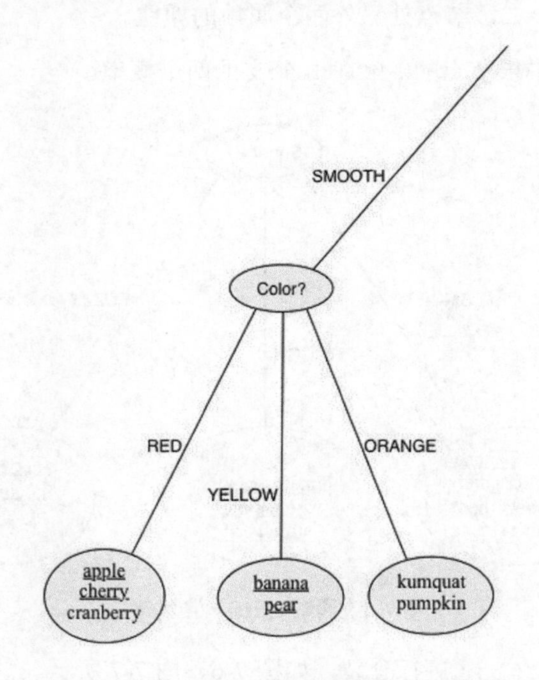

图 7-7 对 Smooth 水果通过 Color 进行分裂

根据 `Size` 分裂的相关性质是：7 种水果中有 4 种是甜的，其中 3 种 SMALL 水果中有一种是甜的，3 种大小为 MEDIUM 的水果有 3 种是甜的，1 种 LARGE 水果中没有甜的，如图 7-6 所示。所以，根据 Size 分裂的 SMOOTH 水果增益是：

$$\text{Gain}(\textbf{Size} \mid \text{SMOOTH}) = 0.9852 - \left(\frac{3}{7}(0.9183) + \frac{3}{7}(0) + \frac{1}{7}(0)\right) = 0.5917$$

根据 `Color` 分裂的相关比例是 4/7、2/3、2/2 和 0/2，如图 7-7 所示。所以，根据 `Color` 分裂 `SMOOTH` 水果的增益是：

$$\text{Gain}(\textbf{color} \mid \text{SMOOTH}) = 0.9852 - \left(\frac{3}{7}(0.9183) + \frac{2}{7}(0) + \frac{2}{7}(0)\right) = 0.5917$$

这是个平局！对于 SMOOTH 水果，Size 和 Color 有同样好的鉴别力（根据我们的训练集）。你可以看到这是什么原因。这两种情况下，只有第一个子类不明确。对于 Size 和 Color 两者来说，第一个子类分裂了两个甜的和一个酸的，第二个子类都是甜水果，并且第三个子类都是酸的。

这时，ID3 算法会投掷一枚硬币来决定。假定它选择 Size 属性来分裂 SMOOTH 水果节点。

接下来，算法对图 7-5 的 ROUGH 分支考虑两种可能性：可以通过 Color 或 Size 进行分裂，如图 7-8、图 7-9 所示。

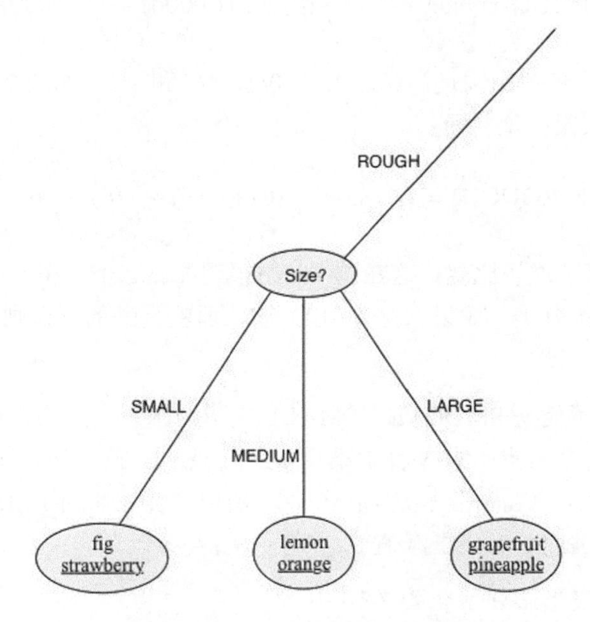

图 7-8 对 Rough 水果通过 Size 进行分裂

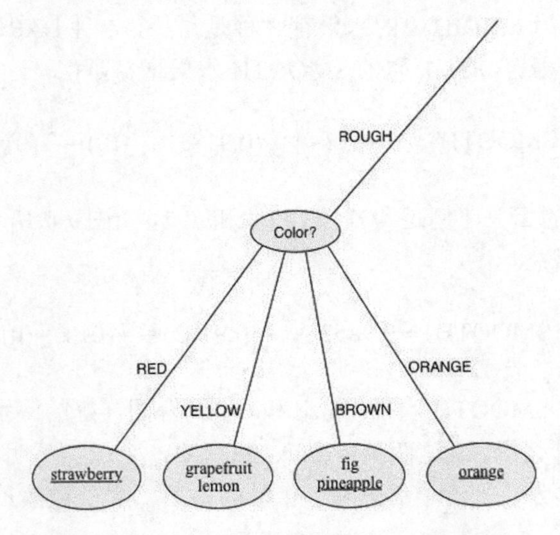

图 7-9　对 Rough 水果通过 Color 进行分裂

根据 Size 分裂的相关比例是：4/6、2/2、1/2 和 1/2，如图 7-8 所示。所以，根据 Size 分裂 ROUGH 水果的增益是：

$$\text{Gain}(\textbf{Size} \mid \text{ROUGH}) = 0.9183 - \left(\frac{2}{6}(0) + \frac{2}{6}(1.0000) + \frac{2}{6}(1.0000)\right) = 0.2516$$

根据 Color 分裂的相关比例是：4/6、1/1、0/2、2/2 和 1/1，如图 7-9 所示。因此，根据 Color 分裂 ROUGH 水果的增益是：

$$\text{Gain}(\textbf{Color} \mid \text{ROUGH}) = 0.9183 - \left(\frac{1}{6}(0) + \frac{2}{6}(0) + \frac{2}{6}(0) + \frac{1}{6}(0)\right) = 0.9183$$

很明显，Color 赢了这场比赛，这在图 7-9 中很明显。这个子树对 ROUGH 表皮的水果提供了一个完整明确的分类：如果它是 YELLOW，那就是酸的；否则，就是甜的（再一次基于训练集）。

现在唯一剩余的子类是 SMOOTH、SMALL 类型的水果（见图 7-6）。这个节点唯一剩余的属性是 Color。这个节点中有 3 种水果{cherry,cranberry, kumquat}，cherry 和 cranberry 是 RED，kumquat 是 ORANGE。所以，算法将对 RED 水果的 Sweet 属性指派值 T，并且对 ORANGE 水果指派值 F。

完整的决策树最终形式展示在图 7-10 中。

这个结果对训练集中 16 种水果的分类并不完美。对于 cranberry，它给出了错误的答案。但这是因为训练集本身是不充分的。它列出了两种 SMALL、RED 和 SMOOTH 的水果：cranberry 和 cherry。但是，其中一种是甜的，另一种不是！

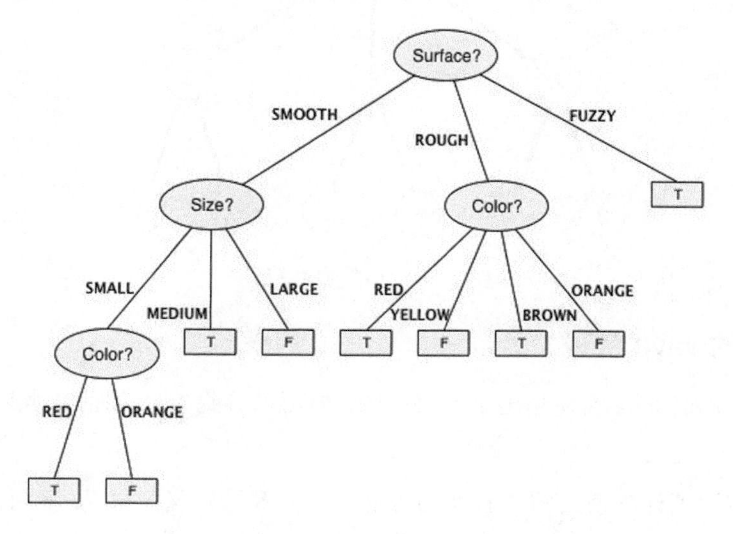

图 7-10 完整的决策树

这种算法提供了两种解决的策略。一种思路是两个子类有相同的 Gain() 值，就像 SMOOTH 水果中的 Size 和 Color，这种方法通过随机选择来解决这个问题。

另一种思路是当算法抵达树的叶节点时，没有更多的属性用于进一步的分裂，但节点依然具有和目标属性的每个值相同数量的元素。这就是 SMOOTH SMALL RED 节点发生的情况，它包含了{cherry, cranberry}。这种解决思路是指派训练集所有数据点中大多数点具有的值。在这个集合中，16 个点中的 11 个对 Sweet 取值为 T。

递归 ID3 算法创建的决策树，其节点的顺序与这个水果示例展示的是不同的。相反，它会坚持树的前序遍历，其顺序展示在图 7-11 中。

这种顺序开始于根节点（1），然后到它最左面的子节点（2），然后是（2）最左面的子节点（3）。这个过程会持续下去，直到抵达一个叶节点才停止。然后，该顺序继续创建节点（3）的兄弟节点（4），直到所有的兄弟节点创建完成。然后该顺序转到父节点（2）的兄弟节点（5），以此类推。

在前序遍历中的每一个节点，每一个祖先节点及其左侧的节点都已经处理过。

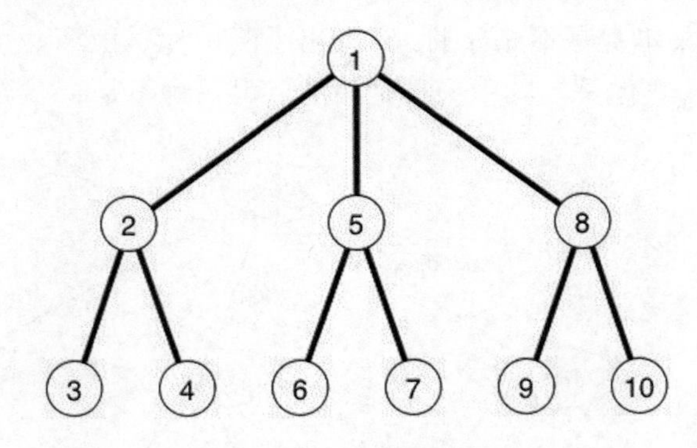

图 7-11 树的前序遍历

ID3 算法的 Java 实现

ID3 算法的完整 Java 实现超出了本书范围，但可以看到 Java 如何在水果训练集上帮助实现算法。

清单 7-1 展示了计算使用的 3 种实用方法。二元算法定义在第 78~80 行，它只是实现了以下公式：

$$\log_2 x = \frac{\ln x}{\ln 2}$$

清单 7-1 ID3 算法的实用方法

```
Trainer.dat  ComputeGain.java
52    /*  Gain for the splitting {A1, A2, ...}, where Ai
53        has n[i] points, m[i] of which are favorable.
54    */
55    public static double g(int[] m, int[] n) {
56        int sm = 0, sn = 0;
57        double nsh = 0.0;
58        for (int i = 0; i < m.length; i++) {
59            sm += m[i];
60            sn += n[i];
61            nsh += n[i]*h(m[i],n[i]);
62        }
63        return h(sm, sn) - nsh/sn;
64    }
65
66    /*  Entropy for m favorable items out of n.
67    */
```

```
68     public static double h(int m, int n) {
69         if (m == 0 || m == n) {
70             return 0;
71         }
72         double p = (double)m/n, q = 1 - p;
73         return -p*lg(p) - q*lg(q);
74     }
75 
76     /*  Returns the binary logarithm of x.
77     */
78     public static double lg(double x) {
79         return Math.log(x)/Math.log(2);
80     }
```

在第 68~74 行，熵函数定义成 h(m,n)。它实现了公式：

$$h = -\left(\frac{m}{n}\right)\mathrm{lb}\left(\frac{m}{n}\right) - \left(\frac{n-m}{n}\right)\mathrm{lb}\left(\frac{n-m}{n}\right)$$

在第 55~64 行，Gain()函数定义成 g(m[],n[])。它实现了公式：

$$\mathrm{Gain}(A) = H(S) - \sum_i p_i H(a_i)$$

清单 7-2 中的代码展示了这些方法如何用于前述水果示例的前几次计算。

清单 7-2　水果示例的最初几次计算

```
Trainer.dat  ComputeGain.java
10 public class ComputeGain {
11     public static void main(String[] args) {
12         System.out.printf("h(11,16) = %.4f%n", h(11,16));
13         System.out.println("Gain(Size):");
14         System.out.printf("\th(3,5) = %.4f%n", h(3,5));
15         System.out.printf("\th(6,7) = %.4f%n", h(6,7));
16         System.out.printf("\th(2,4) = %.4f%n", h(2,4));
17         System.out.printf("\tg({3,6,2},{5,7,4}) = %.4f%n",
18                 g(new int[]{3,6,2},new int[]{5,7,4}));
19         System.out.println("Gain(Color):");
20         System.out.printf("\th(3,4) = %.4f%n", h(3,4));
21         System.out.printf("\th(3,5) = %.4f%n", h(3,5));
22         System.out.printf("\th(2,3) = %.4f%n", h(2,3));
23         System.out.printf("\th(2,4) = %.4f%n", h(2,4));
24         System.out.printf("\tg({3,3,2,2},{4,5,3,4}) = %.4f%n",
25                 g(new int[]{3,3,2,2},new int[]{4,5,3,4}));
```

```
Output - DecisionTrees (run)
run:
h(11,16) = 0.8960
Gain(Size):
        h(3,5) = 0.9710
```

```
        h(6,7) = 0.5917
        h(2,4) = 1.0000
        g({3,6,2},{5,7,4}) = 0.0838
Gain(Color):
        h(3,4) = 0.8113
        h(3,5) = 0.9710
        h(2,3) = 0.9183
        h(2,4) = 1.0000
        g({3,3,2,2},{4,5,3,4}) = 0.0260
```

第一个计算在第 12 行，用来求整个训练集上的熵 S。它是 $h(11,16)$，因为 16 个数据点中有 11 个数据点的值对目标属性有利（对 `Sweet` 是 `T`）：

$$H(S) = -\frac{11}{16}\text{lb}\frac{11}{16} - \frac{5}{16}\text{lb}\frac{5}{16} = 0.8960$$

第 14 行对 Size 划分中的 SMALL 子类计算熵：

$$H(\text{SMALL}) = -\frac{3}{5}\text{lb}\frac{3}{5} - \frac{2}{5}\text{lb}\frac{2}{5} = 0.9710$$

这个熵是 $h(3,5)$，因为 5 个 SMALL 水果中有 3 个是甜的。

第 18 行计算了：

$$\begin{aligned}\text{Gain}(\textbf{Size}) &= H(S) - \left(\frac{5}{16}H(SMALL) + \frac{7}{16}H(MEDIUM) + \frac{4}{16}H(LARGE)\right)\\ &= 0.8960 - \left(\frac{5}{16}(0.9710) + \frac{7}{16}(0.5917) + \frac{4}{16}(1.0000)\right)\\ &= 0.0838\end{aligned}$$

这被计算为：

```
g(new int[]{3,6,2}, new int[]{5,7,4})
```

第一个数组`{3,6,2}`是 `m[]`，第二个数组`{5,7,4}`是 `n[]`。使用这些值是因为在 SMALL、MEDIUM 和 LARGE 类别中，甜水果的比例分别是 3/5、6/7 和 2/4。（见图 7-3）

类似地，第 25 行的表达式

```
g(new int[]{3,3,2,2}, new int[]{4,5,3,4})
```

计算了 `Gain(Color) = 0.0260`。使用数组`{3,3,2,2}`和`{4,5,3,4}`是因为在 RED、YELLOW、BROWN 和 ORANGE 类别中，甜水果的比例分别是 3/4、3/5、2/3 和 2/4（见图 7-4）。

7.1.3 Weka 平台

Weka 是一组实现机器学习算法的 Java 库和工具，由新西兰怀卡托大学的计算机科学家开发和维护。这些包实现了本章考虑的大部分分类算法。

如果你在 Mac 上使用 NetBeans，将 `weka.jar` 文件和 `data/`及 `doc/`文件夹复制到 `/Library/Java/Extensions/`。然后在 NetBeans 中，选择 **Tools |Libraries** 打开 **Ant Library Manager** 面板。在（默认的）**Classpath** 之下，选择 **Add JAR/Folder** 并导航到 `weka` 文件夹（例如，`/Library/Java/Extensions/weka-3-9-1/`），点击 **Add JAR/Folder** 按钮，然后点击 **OK**。

7.1.4 数据的 ARFF 文件类型

Weka 的输入文件使用一种特定的数据格式，叫作属性相关的文件格式（Attribute-Relation File Format，ARFF）。

清单 7-3 展示的文件是一个典型的 ARFF 文件。它是你之前下载的 WEKA 数据文件夹提供的示例之一（只是第 3 行的一行注释替换了第 46 行注释）。

正如网站的描述，一个 ARFF 文件有 3 种类型的行：注释、元数据和数据。注释行以百分号（%）开始。元数据行以@符号开始。数据行只包含 CSV 数据，每行一个数据点。

你可以把 ARFF 文件视为结构化的 CSV 文件，其中的结构由元数据语句定义。每个元数据行以一个关键词开始：`relation`、`attribute` 或 `data`。每个属性行指定了属性的名称，它的数据类型跟在后面。

清单 7-3 一个 ARFF 数据文件

```
contact-lenses.arff
 1 % 1. Title: Database for fitting contact lenses
 2 %
 3 % <MORE COMMENTS>
 4 %
 5 % 9. Class Distribution:
 6 %    1. hard contact lenses: 4
 7 %    2. soft contact lenses: 5
 8 %    3. no contact lenses: 15
 9
10 @relation contact-lenses
11
12 @attribute age                    {young, pre-presbyopic, presbyopic}
13 @attribute spectacle-prescrip     {myope, hypermetrope}
14 @attribute astigmatism            {no, yes}
```

```
15 @attribute tear-prod-rate         {reduced, normal}
16 @attribute contact-lenses         {soft, hard, none}
17
18 @data
19 %
20 % 24 instances
21 %
22 young,myope,no,reduced,none
23 young,myope,no,normal,soft
24 young,myope,yes,reduced,none
25 young,myope,yes,normal,hard
26 young,hypermetrope,no,reduced,none
27 young,hypermetrope,no,normal,soft
28 young,hypermetrope,yes,reduced,none
29 young,hypermetrope,yes,normal,hard
30 pre-presbyopic,myope,no,reduced,none
31 pre-presbyopic,myope,no,normal,soft
32 pre-presbyopic,myope,yes,reduced,none
33 pre-presbyopic,myope,yes,normal,hard
34 pre-presbyopic,hypermetrope,no,reduced,none
35 pre-presbyopic,hypermetrope,no,normal,soft
36 pre-presbyopic,hypermetrope,yes,reduced,none
37 pre-presbyopic,hypermetrope,yes,normal,none
38 presbyopic,myope,no,reduced,none
39 presbyopic,myope,no,normal,none
40 presbyopic,myope,yes,reduced,none
41 presbyopic,myope,yes,normal,hard
42 presbyopic,hypermetrope,no,reduced,none
43 presbyopic,hypermetrope,no,normal,soft
44 presbyopic,hypermetrope,yes,reduced,none
45 presbyopic,hypermetrope,yes,normal,none
```

在 contact-lenses.arff 文件中，所有的数据类型都是名义的：它们的值列成一组字符串。其他可能的数据类型是数值型、字符串以及日期。

清单 7-4 用 ARFF 格式显示了 ID3 示例中的 Fruit 数据。注意，ARFF 格式对元数据的大小写不敏感，而且还会忽略额外的空格。

清单 7-4　用 ARFF 格式表示的 Fruit 数据

```
contact-lenses.aarf | Fruit.arff | TestDataSource.java
1 @RELATION Fruit
2 @ATTRIBUTE Name String
3 @ATTRIBUTE Size {SMALL,MEDIUM,LARGE}
4 @ATTRIBUTE Color {RED,YELLOW,BROWN,ORANGE,GREEN}
5 @ATTRIBUTE Surface {SMOOTH,ROUGH,FUZZY}
6 @ATTRIBUTE Sweet {F,T}
7 @DATA
8 apple        MEDIUM  RED     SMOOTH   T
9 apricot      MEDIUM  YELLOW  FUZZY    T
```

```
10 banana       MEDIUM  YELLOW  SMOOTH   T
11 cherry       SMALL   RED     SMOOTH   T
12 coconut      LARGE   BROWN   FUZZY    T
13 cranberry    SMALL   RED     SMOOTH   F
14 fig          SMALL   BROWN   ROUGH    T
15 grapefruit   LARGE   YELLOW  ROUGH    F
16 kumquat      SMALL   ORANGE  SMOOTH   F
17 lemon        MEDIUM  YELLOW  ROUGH    F
18 orange       MEDIUM  ORANGE  ROUGH    T
19 peach        MEDIUM  ORANGE  FUZZY    T
20 pear         MEDIUM  YELLOW  SMOOTH   T
21 pineapple    LARGE   BROWN   ROUGH    T
22 pumpkin      LARGE   ORANGE  SMOOTH   F
23 strawberry   SMALL   RED     ROUGH    T
```

清单 7-5 的小程序显示了 Weka 是如何管理数据的。`Instances` 类就类似于 Java 的 `ArrayList` 类或 `HashSet` 类，存储了一组 `Instance` 对象，每一个对象表示了数据集中的一个数据点。所以，`Instances` 对象就像一个数据库表，并且一个 `Instance` 对象就像数据库表中的一行。

清单 7-5 展示的程序将这个数据文件打开成一个 `DataSource` 对象。然后在第 16 行，完整的数据集读入 `instances` 对象。第 17 行将目标属性标识为 `Sweet`（在索引 3）。第 3 个属性 `Color`（在索引 2）在第 18 行打印出来。然后，第 4 个实例（在索引 3）在第 20 行命名为 `instance`，接着在第 21 行打印。该数据与清单 7-4 第 11 行的 ARFF 文件读取的数据相同。最后，它的第一个和第三个字段值（`cherry` 和 `RED`）打印在第 22~23 行。

清单 7-5 测试实例和实例类

```
contact-lenses.aarf | Fruit.arff | TestDataSource.java
 8 import weka.core.Instance;
 9 import weka.core.Instances;
10 import weka.core.converters.ConverterUtils.DataSource;
11 
12 public class TestDataSource {
13     public static void main(String[] args) throws Exception {
14         DataSource source = new DataSource("data/fruit.arff");
15 
16         Instances instances = source.getDataSet();
17         instances.setClassIndex(instances.numAttributes() - 1);
18         System.out.println(instances.attribute(2));
19 
20         Instance instance = instances.get(3);
21         System.out.println(instance);
22         System.out.println(instance.stringValue(0));
23         System.out.println(instance.stringValue(2));
24     }
25 }
```

```
Output - TestWeka (run)
run:
@attribute Color {RED,YELLOW,BROWN,ORANGE,GREEN}
cherry,SMALL,RED,SMOOTH,T
cherry
RED
```

7.1.5 Weka 的 Java 实现

Weka 可以构建和我们为水果训练数据所建立的相同的决策树。我们所需要的唯一改变是从数据文件中移除 Name 属性，因为分类器只对名义数据类型有效。我们将结果减少的文件命名为 AnonFruit.arff。

这个程序和它的输出显示在清单 7-6 中，在第 19 行实例化的 J48 类扩展了我们之前描述过的 ID3 算法。然后第 23~27 行的循环在同样的 16 种水果上迭代，（以数值型的形式）打印 Sweet 属性的真实值以及它的决策树预测值。你能看到这两个值对除了第 4 个之外的每种水果是一致的。在清单 7-6 中，你能看到第 4 种水果是 cherry 数据点。它在数据文件中的值是 1，但树的预测值是 0。

清单 7-6 Fruit 数据的 Weka J48 类

```
Fruit.arff  TestDataSource.java  AnonFruit.arff  TestWekaJ48.java
 8 import weka.classifiers.trees.J48;
 9 import weka.core.Instances;
10 import weka.core.Instance;
11 import weka.core.converters.ConverterUtils.DataSource;
12
13 public class TestWekaJ48 {
14     public static void main(String[] args) throws Exception {
15         DataSource source = new DataSource("data/AnonFruit.arff");
16         Instances instances = source.getDataSet();
17         instances.setClassIndex(3);  // target attribute: (Sweet)
18
19         J48 j48 = new J48();  // an extension of ID3
20         j48.setOptions(new String[]{"-U"});  // use unpruned tree
21         j48.buildClassifier(instances);
22
23         for (Instance instance : instances) {
24             double prediction = j48.classifyInstance(instance);
25             System.out.printf("%4.0f%4.0f%n",
26                     instance.classValue(), prediction);
27         }
28     }
29 }
Output - TestWeka (run)
```

```
run:
    1   1
    1   1
    1   1
    1   0
    1   1
    0   0
    1   1
    0   0
    0   0
    0   0
    1   1
    1   1
    1   1
    1   1
    0   0
    1   1
```

回忆一下，图 7-10 中的决策树在构建时，结束的节点同时包含了 cherry 和 cranberry。这是因为这两种水果都是 SMOOTH、SMALL 和 RED。通过将训练集中的大多数值 T (sweet)指派给这两种水果，这个问题得以解决。很明显，Weka 的 J48 类使用 F(0)替代了默认值（cranberry 是第 6 种水果）。如同之前所提到的，如果训练集的内部一致，这种冲突就不会发生。

7.2 贝叶斯分类器

朴素贝叶斯分类算法是一种基于贝叶斯定理的分类过程，本书第 4 章“统计”讲过贝叶斯定理，它的内容表现在以下公式中：

$$P(E \mid F) = \frac{P(F \mid E)P(E)}{P(F)}$$

其中 E 和 F 事件的概率分别为 $P(E)$和 $P(F)$。$P(E|F)$是给定 F 为真时 E 的条件概率，而且 $P(F|E)$是给定 E 为真时 F 的条件概率。这个公式的目的是根据它的逆条件概率 $P(F|E)$，计算条件概率 $P(E|F)$。

在分类分析的背景之下，假定数据点的总体分到 m 个不相交的类别 $C_1, C_2, \cdots, C_m$ 中。然后，对任何数据点 x 和任意特定的类别 C_i，都有：

$$P(C_i \mid x) = \frac{P(x \mid C_i)P(C_i)}{P(x)}$$

贝叶斯算法预测了点 x 最有可能落入的类别 C_i，就是说，计算出一个可以最大化

$P(C_i \mid x)$ 的 C_i。但从公式上可以看到，分母 $P(x)$是 $P(C_i \mid x)$ 常数，因此同一个 C_i 就可以最大化 $P(x \mid C_i)P(C_i)$。

所以，算法如下：对每一个 $i = 1, 2, \cdots, n$，计算 $P(x \mid C_i)P(C_i)$，然后选取这 n 个数中最大的一个。点 x 随后分到这个类别中。

为了把这个算法放入之前的分类分析的背景中，回顾有一个训练集 S，它是一个关系表，其属性 $A_1, A_2, \cdots, A_n$ 都是名义值。它的属性 A_j 可以使用可能取值的集合 $\left\{a_{j1}, a_{j2}, \cdots, a_{jk}\right\}$ 来标识。例如，之前使用过的 `Size` 属性可以用它的取值集合{SMALL, MEDIUM, LARGE}来标识。

目标属性通常是最后一个被指定的 A_n。在前面的例子中，这个属性是 `Sweet`，它的属性集合是{F, T}。这个分类算法的目的是，对任意的新数据点 x 预测其目标属性。例如，这个水果甜不甜？

在这个背景下，类别对应属性值。因此，水果的例子有两个类别：C_1 = “所有甜水果的集合”以及 C_2 = “所有酸水果的集合”。

这里的目标是对每一个 $i = 1, 2, \cdots, n$，计算 $P(x \mid C_i)P(C_i)$，然后选取最大的一个。概率都计算成相对频率。所以，每一个 $P(C_i)$ 的计算只是使用类别 C_i 中的训练集数据点的个数除以数据点的总个数。

为了计算每一个 $P(x \mid C_i)$，要记住 x 是一个向量 $x = (x_1, x_2, \cdots, x_n)$，其中每一个 x_j 是对应属性 A_j 的一个值。例如，如果 x 代表水果 `cola`，那么根据训练集，数据集为 x = (SMALL, RED, SMOOTH)。假定属性都相互独立，那么：

$$P\left(x_j \wedge x_k\right) = P\left(x_j\right)P\left(x_k\right)$$

例如，一个水果为 `SMALL` 和 `RED` 的概率等于为 `SMALL` 的概率乘上为 `RED` 的概率。因此，每一个 $P(x \mid C_i)$ 可以计算为：

$$P\left(x \mid C_i\right) = P\left(x_1 \mid C_i\right)P\left(x_2 \mid C_i\right)\cdots P\left(x_n \mid C_i\right)$$

其中，每个 $P(x_j \mid C_i)$ 是属性 A_j 的 C_i 类别中取值 x_j 点的个数。例如，在图 7-2 的训练集里，如果 x = apple，那么：

$$P(x \mid C_i) = P(\mathrm{SMALL} \mid C_i)P(\mathrm{RED} \mid C_i)\cdots P(\mathrm{SMOOTH} \mid C_i)$$

条件概率 $P(SMALL \mid C_i)$ 是类别 C_i 中小型水果的比例。如果 C_i 属于甜水果的类别，那么 $P(SMALL \mid C_i)$ 就是甜水果中小型水果的比例，根据训练集，它是 3/11。在这里，完整的计算是：

$$P(x \mid C_i) = \left(\frac{3}{11}\right)\left(\frac{3}{11}\right)\left(\frac{4}{11}\right) = \frac{36}{1331}$$

为了完成这个算法，$P(x \mid C_1)P(C_1)$ 和 $P(x \mid C_2)P(C_2)$ 必须计算和比较，其中 C_1 和 C_2 分别是甜水果和酸水果的比例，而且 $x = (SMALL, RED, SMOOTH)$：

$$P(x \mid C_1)P(C_1) = \left(\frac{36}{1331}\right)\left(\frac{11}{16}\right) = 0.0186$$

$$P(x \mid C_2) = \left(\frac{2}{5}\right)\left(\frac{1}{5}\right)\left(\frac{3}{5}\right) = \frac{6}{125}$$

$$P(x \mid C_2)P(C_2) = \left(\frac{6}{125}\right)\left(\frac{5}{16}\right) = 0.0150$$

假设目的是预测水果 `cola` 甜不甜。因为 $P(x \mid C_1)P(C_1) > P(x \mid C_2)P(C_2)$，可以知道 $P(C_1 \mid x) > P(C_2 \mid x)$，于是将 x 分类成 C_1，预测水果 `cola` 是甜的。事实上，新鲜的可乐果并不甜。

7.2.1 Weka 的 Java 实现

为了实现贝叶斯分类算法，可以把它用于具体的水果示例，使用的数据是图 7-4 展示的 `Fruit.arff` 文件。清单 7-7 中的代码定义了一个类，它封装了这个数据源的数据实例。

清单 7-7 一个 Fruit 类

```
Fruit.arff  Fruit.java  BayesianTest.java
14 public class Fruit {
15     String name, size, color, surface;
16     boolean sweet;
17
```

```
18      public Fruit(String name, String size, String color, String surface,
19              boolean sweet) {
20          this.name = name;
21          this.size = size;
22          this.color = color;
23          this.surface = surface;
24          this.sweet = sweet;
25      }
26
27      @Override
28      public String toString() {
29          return String.format("%-12s%-8s%-8s%-8s%s",
30                  name, size, color, surface, (sweet? "T": "F") );
31      }
32
33      public static Set<Fruit> loadData(File file) {
34          Set<Fruit> fruits = new HashSet();
35          try {
36              Scanner input = new Scanner(file);
37              for (int i = 0; i < 7; i++) {  // read past metadata
38                  input.nextLine();
39              }
40              while (input.hasNextLine()) {
41                  String line = input.nextLine();
42                  Scanner lineScanner = new Scanner(line);
43                  String name = lineScanner.next();
44                  String size = lineScanner.next();
45                  String color = lineScanner.next();
46                  String surface = lineScanner.next();
47                  boolean sweet = (lineScanner.next().equals("T"));
48                  Fruit fruit = new Fruit(name, size, color, surface, sweet);
49                  fruits.add(fruit);
50              }
51          } catch (FileNotFoundException e) {
52              System.err.println(e);
53          }
54          return fruits;
55      }
56
57      public static void print(Set<Fruit> fruits) {
58          int k=1;
59          for (Fruit fruit : fruits) {
60              System.out.printf("%2d. %s%n", k++, fruit);
61          }
62      }
63  }
```

然后，算法的实现使用了清单 7-8 展示的程序。

清单 7-8 朴素贝叶斯分类器

```
Fruit.arff  Fruit.java  BayesianTest.java
11 public class BayesianTest {
12     private static Set<Fruit> fruits;
13 
14     public static void main(String[] args) {
15         fruits = Fruit.loadData(new File("data/Fruit.arff"));
16         Fruit fruit = new Fruit("cola", "SMALL", "RED", "SMOOTH", false);
17         double n = fruits.size();  // total number of fruits in training set
18         double sum1 = 0;           // number of sweet fruits
19         for (Fruit f : fruits) {
20             sum1 += (f.sweet? 1: 0);
21         }
22         double sum2 = n - sum1;    // number of sour fruits
23         double[][] p = new double[4][3];
24         for (Fruit f : fruits) {
25             if (f.sweet) {
26                 p[1][1] += (f.size.equals(fruit.size)? 1: 0)/sum1;
27                 p[2][1] += (f.color.equals(fruit.color)? 1: 0)/sum1;
28                 p[3][1] += (f.surface.equals(fruit.surface)? 1: 0)/sum1;
29             } else {
30                 p[1][2] += (f.size.equals(fruit.size)? 1: 0)/sum2;
31                 p[2][2] += (f.color.equals(fruit.color)? 1: 0)/sum2;
32                 p[3][2] += (f.surface.equals(fruit.surface)? 1: 0)/sum2;
33             }
34         }
35         double pc1 = p[1][1]*p[2][1]*p[3][1]*sum1/n;
36         double pc2 = p[1][2]*p[2][2]*p[3][2]*sum2/n;
37         System.out.printf("pc1 = %.4f, pc2 = %.4f%n", pc1, pc2);
38         System.out.printf("Predict %s is %s.%n",
39                 fruit.name, (pc1 > pc2? "sweet": "sour"));
40     }
41 }
Output - Bayesian (run)
run:
pc1 = 0.0186, pc2 = 0.0150
Predict cola is sweet.
```

Weka 提供了一个很好的 Weka 朴素贝叶斯算法的实现，大部分代码在 weka.classifiers.bayes.NaiveBayes 包中。

清单 7-9 中的程序测试了分类器。

清单 7-9 Weka 的朴素贝叶斯分类器

```
AnonFruit.arff  TestWekaJ48.java  TestWekaBayes.java
 8 import java.util.List;
 9 import weka.classifiers.Evaluation;
10 import weka.classifiers.bayes.NaiveBayes;
```

```
11 import weka.classifiers.evaluation.Prediction;
12 import weka.core.Instance;
13 import weka.core.Instances;
14 import weka.core.converters.ConverterUtils.DataSource;
15
16 public class TestWekaBayes {
17     public static void main(String[] args) throws Exception {
18         DataSource source = new DataSource("data/AnonFruit.arff");
19         Instances train = source.getDataSet();
20         train.setClassIndex(3);  // target attribute: (Sweet)
21
22         NaiveBayes model=new NaiveBayes();
23         model.buildClassifier(train);
24
25         Instances test = train;
26         Evaluation eval = new Evaluation(test);
27         eval.evaluateModel(model,test);
28         List <Prediction> predictions = eval.predictions();
29
30         int k = 0;
31         for (Instance instance : test) {
32             double actual = instance.classValue();
33             double prediction = eval.evaluateModelOnce(model, instance);
34             System.out.printf("%2d.%4.0f%4.0f", ++k, actual, prediction);
35             System.out.println(prediction != actual? " *": "");
36         }
37     }
38 }
```

```
Output - TestWeka (run)
run:
 1.   1   1
 2.   1   1
 3.   1   1
 4.   1   1
 5.   1   1
 6.   0   1 *
 7.   1   1
 8.   0   0
 9.   0   0
10.   0   1 *
11.   1   1
12.   1   1
13.   1   1
14.   1   1
15.   0   0
16.   1   1
```

对水果文件中 16 种水果的每一种（清单 7-4），输出展示了真实值和预测值(1 = sweet，0 = sour)。用这里的输出和清单 7-6 进行比较，会发现贝叶斯分类器做了两个错误的预测，而 J48 分类器只有一个错误。

7.2.2　支持向量机算法

一种较新的机器分类算法是支持向量机（Support Vector Machine, SVM）。1995 年，弗拉基米尔·万普尼克（Vladimir Vapnik）提出了这种思想。它运用于两分类的数据集，就是说，目标属性只有两个值，比如 Sweet 的属性是 T 和 F。

其主要思想是将训练集中的每个点视为 n 维欧几里得空间中的一个元素，其中 n 是非目标属性的个数。然后，SVM 算法试图寻找一个超平面，这个超平面可以将数据点集合分划到两个类别中。

例如，（匿名的）水果训练集有 3 个非目标的属性：Size、Color 和 Surface。所以，为了对这个训练集运行 SVM 算法，要求将 16 个数据点中的每一个都映射到 R^3（三维欧氏空间）中。例如，第一个点(apple, MEDIUM, RED, SMOOTH, T)用点(2, 1, 1)来表示。

表 7-2 展示了映射的结果。

表 7-2　映射到 3 个维度的水果数据

Name	Size	Color	Surface	Sweet
apple	2	1	1	T
apricot	2	2	3	T
banana	2	2	1	T
cherry	1	1	1	T
coconut	3	3	3	T
cranberry	1	1	1	F
fig	1	3	2	T
grapefruit	3	2	2	F
kumquat	1	4	1	F
lemon	2	2	2	F
orange	2	4	2	T
peach	2	4	3	T
pear	2	2	1	T
pineapple	3	3	2	T
pumpkin	3	4	1	F
strawberry	1	1	2	T

这个数据存在一些冲突，cherry 和 cranberry 都映射到点(1,1,1)，而 banana 和 pear 都映射到点(2,2,1)。如果算法对这样的映射找不到分离的超平面，那么可以尝试其他的映射。例如，与其用 1 代表 SMALL, 2 代表 MEDIUM, 3 代表 LARGE，不如试试 2 代表 SMALL, 3 代表 MEDIUM, 1 代表 LARGE。

这里给出一个这种思想的简单说明示例。假定训练集有两个属性 A_1 和 A_2，取值范围是 $A_1=\{a_{11},a_{12},a_{13}\}$，$A_2=\{a_{21},a_{22},a_{23}\}$。而且，假定训练集 $S=\{x,y,z\}$，其中的 3 个数据点具有表 7-3 展示的属性。SVM 算法试图找到一个超平面，根据这些点的目标值，将 S 分类到两个类别 $C_1=\{x,z\}$和 $C_2=\{y\}$。

如果算法映射指派了 1 给 a_{13}，指派了 2 给 a_{12}，指派了 3 给 a_{13}，指派了 1 给 a_{21}，指派了 2 给 a_{22}，指派了 3 给 a_{23}，那么表 7-3 就转换为表 7-4。

表 7-3　示例训练集

名称	A_1	A_2	目标
x	a11	a21	T
y	a12	a22	F
z	a13	a23	T

表 7-4　映射的属性

名称	A_1	A_2	目标
x	1	1	T
y	2	2	F
z	3	3	T

图 7-12 画出了这 3 个点。

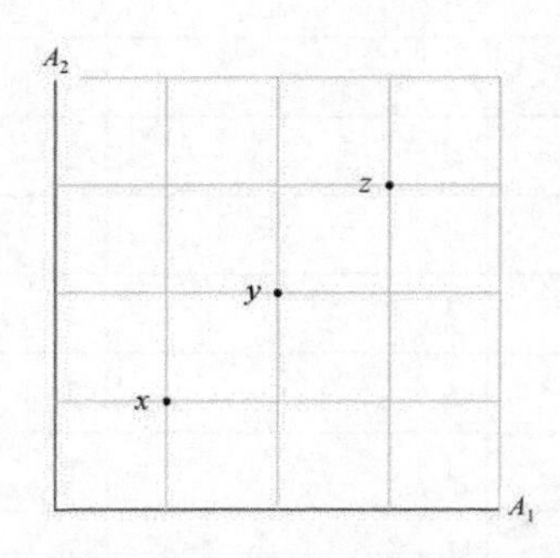

图 7-12　来自表 7-4 的训练集

这里没有超平面能分离 T 点（x 和 z）和 F 点（y），因为 y 位于 x 和 z 之间。

但是，如果属性 A_2 的值重新编号，如表 7-5 所示，并且绘点如图 7-13 所示，那么确实可以得到一个超平面，将 S 分离到两个类 C_1 和 C_2。

表 7-5 重映射的属性

名称	A_1	A_2	目标
x	1	2	T
y	2	3	F
z	3	1	T

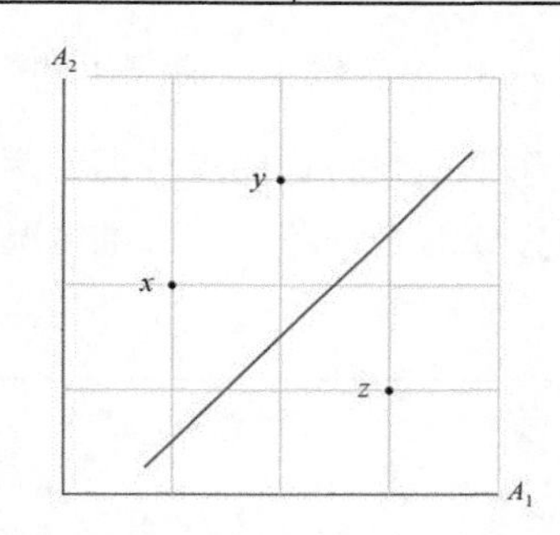

图 7-13 来自表 7-5 的训练集

这种策略的唯一困难是 n 个值的置换个数是 $n!$。如果值的个数 $n = 3$，那么置换仅为 $3! = 6$ 个，都进行检查也没问题。但如果一个属性有 30 个值，那么（以最坏的情况）需要检查的置换就会有 $30! \approx 2.65 \times 10^{32}$ 个。这是不可行的。即使属性有 10 个值，置换也会有 $10! = 3628800$ 个。

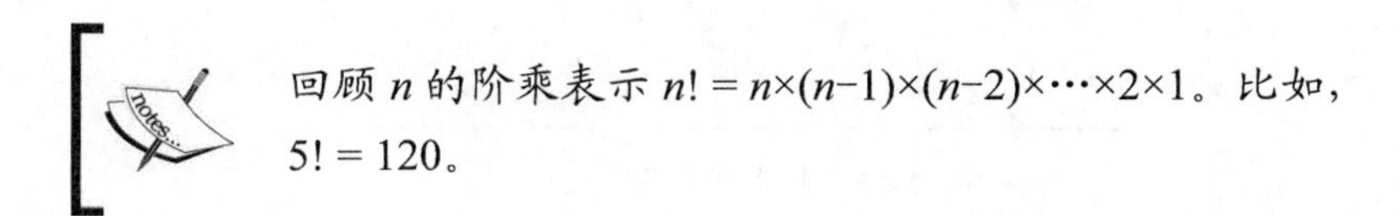

回顾 n 的阶乘表示 $n! = n\times(n-1)\times(n-2)\times\cdots\times2\times1$。比如，$5! = 120$。

SVM 算法的目标是找到一个超平面，可以将所有给定的数据点（训练集）分离到两个给定的类别，这个超平面可用来对未来的数据点进行分类。在理想情况下，超平面与最接近的数据点等距离。换个方式说，为了找到两个尽可能分开的平行超平面，它们穿过某些点但其间没有点。它们之间的距离叫作间隔（margin），目标超平面位于它们中间的间隔之中。在图 7-14 中，位于边界超平面（直线）上的数据点画成了中空的圆圈。

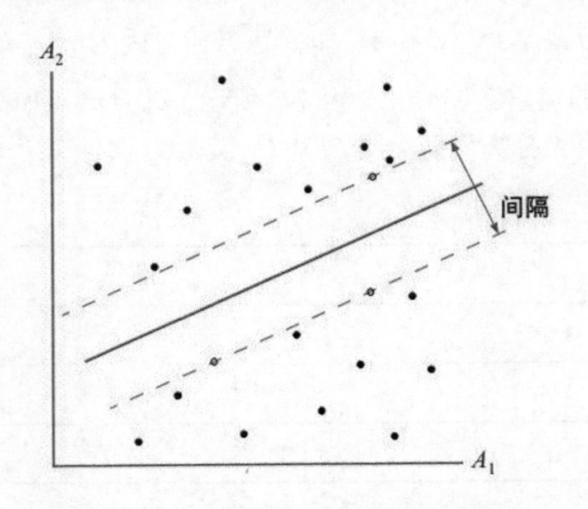

图 7-14 分离数据点的超平面间隙

如果找不到一个（平坦的）超平面来将这些点分离到两个类别的话，那么尝试另一种方法，找一个（弯曲的）超平面完成这个任务。在二维情况下，这就是一条普通的曲线，如图 7-15 所示。

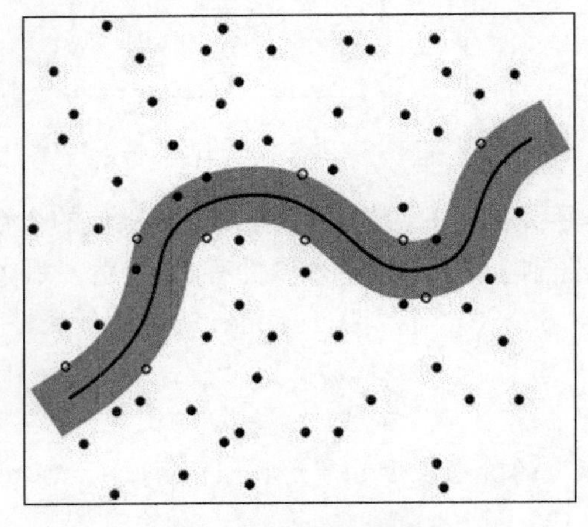

图 7-15 超曲面间隙分离

7.3 逻辑回归

分类算法是一个过程，它的输入是一个和之前描述一样的训练集，输出是一个对数据点进行分类的函数。ID3 算法为分类函数生成分类树。朴素贝叶斯算法基于训练集计算的比率生成的函数来分类。SVM 算法生成一个超平面（或者超曲面）的方程，通过计算数据点位于超平面的哪一边进行分类。

所有这 3 种算法都假设，训练集的所有属性是名义值的。如果情况相反，属性是数值型的，就可以运用线性回归，就像在第 6 章“回归分析”中。逻辑回归的思想是将一个目标属性为布尔值（即，它的值为 0 或 1）的问题转化成一个数值变量，然后在转换后的问题上运行线性回归，再把答案转换回给定问题的术语中。这里将给出一个简单的说明示例。

假设，某位当地政党候选人想知道选举获胜的花费。一家政治研究公司积累了以往类似选举的数据，展示在表 7-6 中。

表 7-6 政治候选人示例数据

花费金额（× $1000）	参选次数	获胜次数	相对频率
1~10	6	2	2/6 = 0.3333
11~20	5	2	2/5 = 0.4000
21~30	8	4	4/8 = 0.5000
31~40	9	5	5/9 = 0.5556
41~50	5	3	3/5 = 0.6000
51~60	5	4	4/5 = 0.8000

例如，在这 6 位候选人中，每一位都为竞选花费了 1000~10000 美元，但只有两位选举获胜。相对频率 p 位于范围 $0 \leqslant p \leqslant 1$ 中。预测目标是，给定其他候选人的花费 x（以 1000 美元为单位），预测候选人竞选获胜的概率。

线性回归的运行不在 p 上，而在因变量 y 上，因变量 y 是 p 的函数。为了看到选择的函数，首先看一下获胜的优势(odds)。如果 p 是获胜的概率，那么 $p/(1-p)$是获胜的优势。例如，在 1000~10000 美元范围里 6 位获选人中的两人获胜了，4 个人失败。将这些比率投影为频率，我们看到它们获胜的优势是 2∶4，或者 2/4 = 0.5。也就是 $p/(1-p) = 0.3333/(1-0.3333) = 0.3333/0.6667 = 0.5000$。

事件的优势(Odds)可以是任何不小于 0 的数字。为了计算完整的转换函数，可以取优势的自然对数。结果可以是任何实数、正数或负数。最后一步产生了一个更均匀的分布，中心为 $y = 0$，对应着平均的优势（如果 $p = 1/2$，那么 $p/(1-p) = 1$，而且 $\ln 1 = 0$）。

因此，从 p 到 y 的转换（取值范围覆盖所有的实数值）根据下面的公式给出：

$$y = \ln\left(\frac{p}{1-p}\right)$$

这个函数称为 logit 函数。政治选人示例的值展示在表 7-7 中（在这里，x 是取值区间的平均代表。例如，25 代表 20001~30000 美元的范围内的任意支出）。

在相对频率 p 转换到变量 y 后，算法在 x 上运行了 y 的线性回归。这要求 logit 函数求逆。

表 7-7 修改的数据

x	p	*Odds*	y
5	0.3333	0.5000	−0.6931
15	0.4000	0.6667	−0.4055
25	0.5000	1.0000	0.0000
35	0.5556	1.2500	0.2231
45	0.6000	1.5000	0.4055
55	0.8000	4.0000	1.3863

$$y = \ln\left(\frac{p}{1-p}\right)$$

$$\frac{p}{1-p} = \mathrm{e}^{y}$$

$$\frac{1}{p} - 1 = \frac{1-p}{p} = \mathrm{e}^{-y}$$

$$\frac{1}{p} = 1 + \mathrm{e}^{-y}$$

$$p = \frac{1}{1+\mathrm{e}^{-y}}$$

这个式子称为 sigmoid 曲线，它是更一般的 logistic 函数的特殊形式，它的方程是：

$$f(x) = \frac{1}{1+\mathrm{e}^{-k(x-x_0)}}$$

在这里，x_0 是拐点的 x 值，此处斜率最大，而 k 是最大斜率的两倍。Pierre F.Verhulst 在 19 世纪 40 年代的人口增长研究中，开始研究这条曲线，并进行了命名。

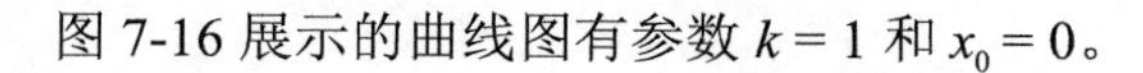

图 7-16 展示的曲线图有参数 $k = 1$ 和 $x_0 = 0$。

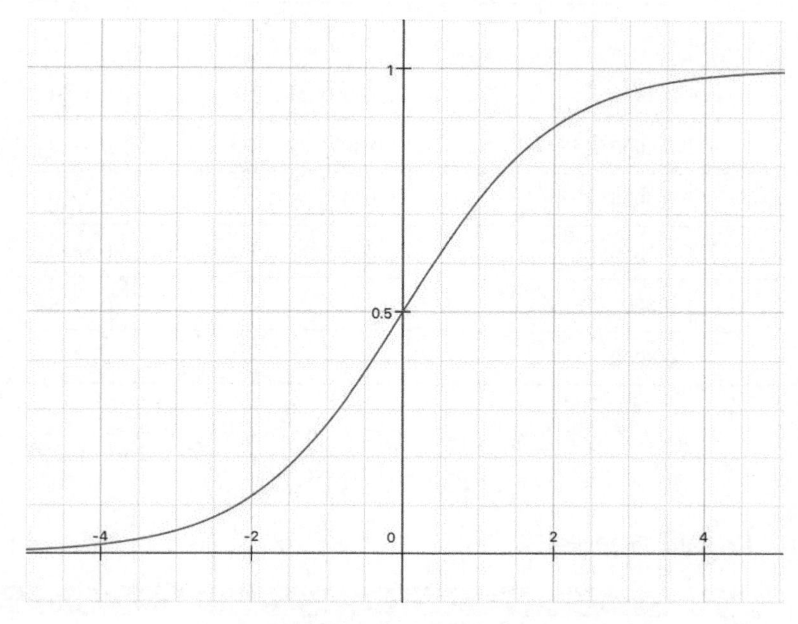

图 7-16 logistic 曲线

你可以看到，曲线左侧渐进趋近于 0，而右侧趋近于 1，并且关于(0, 0.5)处的拐点对称。

这些取值的 Java 计算程序展示在清单 7-10 中，输出如图 7-17 所示，结果展示在表 7-8 中。

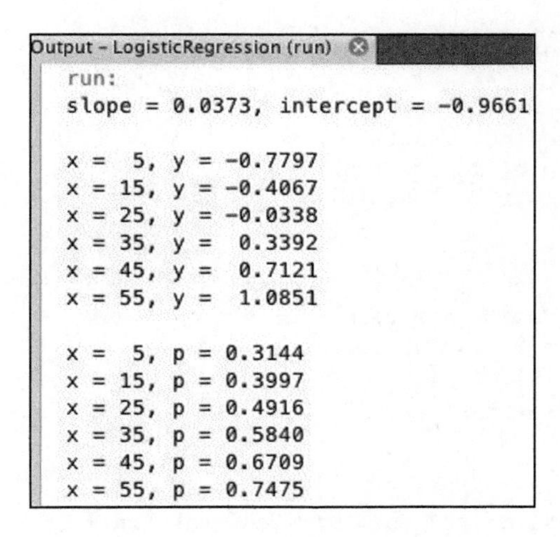

```
Output - LogisticRegression (run)
run:
slope = 0.0373, intercept = -0.9661

x =  5, y = -0.7797
x = 15, y = -0.4067
x = 25, y = -0.0338
x = 35, y =  0.3392
x = 45, y =  0.7121
x = 55, y =  1.0851

x =  5, p = 0.3144
x = 15, p = 0.3997
x = 25, p = 0.4916
x = 35, p = 0.5840
x = 45, p = 0.6709
x = 55, p = 0.7475
```

图 7-17 来自清单 7-10 的输出

表 7-8 Logistic 回归结果

x	p	y	$\hat{p}$
5	0.3333	−0.780	0.3144
15	0.4000	−0.407	0.3997
25	0.5000	0.034	0.4916
35	0.5556	0.339	0.5840
45	0.6000	0.712	0.6709
55	0.8000	1.085	0.7475

程序第 12~14 行定义了静态的输入值，然后在第 19~23 行生成了 y 值。注意，Logit 函数的使用，是作为 commons.math3 库中的一个类实现。

清单 7-10 Logistic 回归示例

```
LogisticRegression.java
 8  import org.apache.commons.math3.analysis.function.*;
 9  import org.apache.commons.math3.stat.regression.SimpleRegression;
10  
11  public class LogisticRegression {
12      static int n = 6;
13      static double[] x = {5, 15, 25, 35, 45, 55};
14      static double[] p = {2./6,2./5, 4./8, 5./9, 3./5, 4./5};
15      static double[] y = new double[n];     // y = logit(p)
16  
17      public static void main(String[] args) {
18  
19          //  Transform p-values into y-values:
20          Logit logit = new Logit();
21          for (int i = 0; i < n; i++) {
22              y[i] = logit.value(p[i]);
23          }
24  
25          //  Set up input array for linear regression:
26          double[][] data = new double[n][n];
27          for (int i = 0; i < n; i++) {
28              data[i][0] = x[i];
29              data[i][1] = y[i];
30          }
31  
32          //  Run linear regression of y on x:
33          SimpleRegression sr = new SimpleRegression();
34          sr.addData(data);
```

```
35
36         //  Print results:
37         System.out.printf("slope = %.4f, intercept = %.4f%n%n",
38                 sr.getSlope(), sr.getIntercept());
39         for (int i = 0; i < n; i++) {
40             System.out.printf("x = %2.0f, y = %7.4f%n", x[i], sr.predict(x[i]));
41         }
42         System.out.println();
43
44         //  Convert y-values back to p-values:
45         Sigmoid sigmoid = new Sigmoid();
46         for (int i = 0; i < n; i++) {
47             double p = sr.predict(x[i]);
48             System.out.printf("x = %2.0f, p = %6.4f%n", x[i], sigmoid.value(p));
49         }
50     }
51 }
```

要使用这个库的 `SimpleRegression` 对象，首先在第 25~30 行建立 x 和 y 的二维数组数据，然后在第 34 行将它添加到对象中，再在第 37~38 行从 sr 对象计算并打印 x 对 y 回归的直线斜率和 y 轴截距，然后在第 40 行使用 `predict()` 方法打印这些 y 值，最后在第 48 行使用 sigmoid 函数计算并打印对应的 p 值。

这个训练集的回归方程是：

$$y = 0.0373x - 0.9661$$

因此，该数据的逻辑回归方程是：

$$p = \frac{1}{1 + \mathrm{e}^{-0.0373x + 0.9661}}$$

这个方程可以用来估计一位候选人为本地竞选花费 x 后获胜的概率。例如，花费\$48000 $(x = 48)$表示这个获胜概率是：

$$p = \frac{1}{1 + \mathrm{e}^{-0.0373(48) + 0.9661}} = \frac{1}{1 + \mathrm{e}^{-0.824}} = \frac{1}{1 + 0.439} = 0.695$$

7.3.1 k 近邻算法

k 近邻算法是一类最简单的可用分类方法。你还需要某种类型的度量（距离函数）和属性空间中相似点往往相互接近的假设。

算法名称中的 k（缩写 k-NN）代表一个假定的常数，它的取值用作近邻个数的阈值，它的目标属性取值（类别）是已知的。新的数据点通常会指定最常见的值。

看看图 7-18 中的数据点，这是一个 k-NN 算法原理的示例。

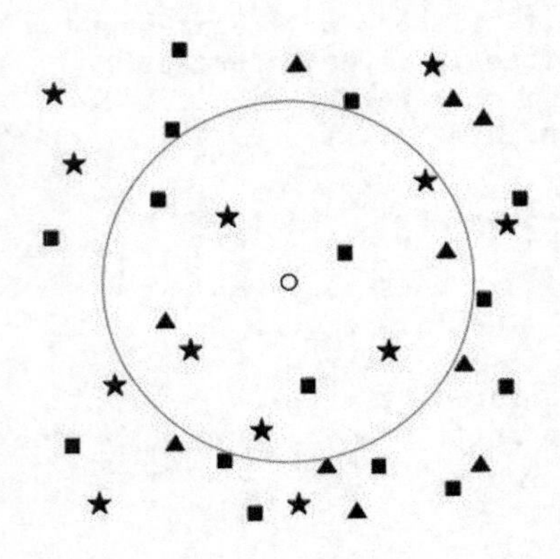

图 7-18　k-NN 示例

数据集（可见的部分）有 37 个点，包含 3 个属性：*x* 轴、*y* 轴以及形状。形状属性是目标，有 3 个可能的值（类别）：三角、方块和星星。在 37 个点中，10 个是三角、15 个是方块、12 个是星星。我们使用算法来预测新的未分类的点，用一个小圆圈来展示。

算法的第一步是对常数 k 指定一个数。我们将选择 k=5，这表示算法将一直持续到它发现 5 个同样类别的点。它从一个半径为 $r = 0$ 的圆圈开始，以新点为中心，逐步扩展半径，同时计算圆圈内每个类型的数据点个数，示意图 7-18 展示了圆圈刚好环绕到第五颗星星的情形。因为 k = 5 是阈值，所以扩张停止了。此时，这个点的圆圈里的只有 3 个方块和两个三角。因此算法预测，新点是一颗星星。

常数 k 的选择对算法结果的影响看起来比较不稳定。例如，如果我们选择 k=2 而不是 5，如图 7-19 所示，算法会把新点预测成方块而不是星星：

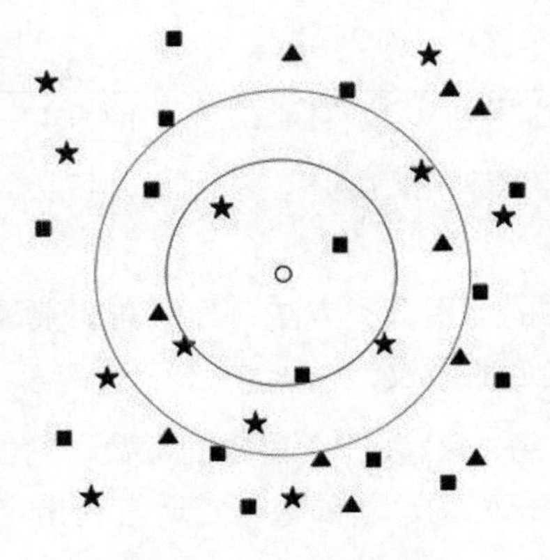

图 7-19　使用 k=2 代替 k=5

当然，这个特殊的训练集表明，相似的点之间缺少密切的关系。

通过在训练集的每个点上运行选择特定 k 的算法，并且对准确预测点的数目进行计算，这个 k 的准确度可以计算出来。图 7-20 展示了对 37 个点中的两个进行检验的情况，k=2。

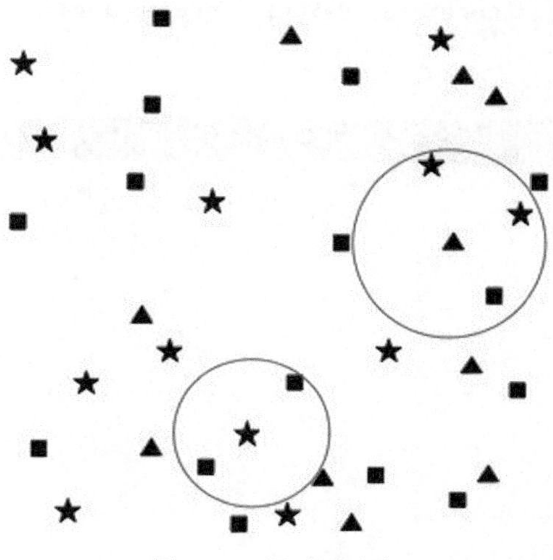

图 7-20 测试准确度

两种预测都是错的：三角形预测成了星星，星星预测成了方块。这个训练集很明显没有用。

清单 7-11 中的 Java 程序测试基本的 k-NN 算法，使用默认值 k=1。注意 Weka 在 `IBk` 类中实现了这个算法。

清单 7-11 使用 Weka 的 IBk 类的 k-NN 实现

```
TestIBk.java
 8 import weka.classifiers.lazy.IBk;  // K-Nearest Neighbors
 9 import weka.core.Instances;
10 import weka.core.Instance;
11 import weka.core.converters.ConverterUtils.DataSource;
12
13 public class TestIBk {
14     public static void main(String[] args) throws Exception {
15         DataSource source = new DataSource("data/AnonFruit.arff");
16         Instances instances = source.getDataSet();
17         instances.setClassIndex(3);  // target attribute: (Sweet)
18
19         IBk ibk = new IBk();
```

```
20          ibk.buildClassifier(instances);
21
22          for (Instance instance : instances) {
23              double prediction = ibk.classifyInstance(instance);
24              System.out.printf("%4.0f%4.0f%n",
25                      instance.classValue(), prediction);
26          }
27      }
28  }
```

```
Output - TestWeka (run)
run:
   1   1
   1   1
   1   1
   1   0
   1   1
   0   0
   1   1
   0   0
   0   0
   0   0
   1   1
   1   1
   1   1
   1   1
   0   0
   1   1
```

这类似于清单 7-8 中的朴素贝叶斯算法测试。

k 的选择精确度可以定义成训练集中正确预测点的占比。如果这个比例较低，为了获得更好的准确度，我们可以调整 k 的值。

注意，这个例子仅有两个维度（仅有两个属性，而不考虑目标属性）。更现实的例子可能超过 20 个维度。在高维分类中，我们可以尝试消去一些维度来提高准确度，这表示要减少一个或几个属性。

此外，还有其他一些策略可以提高基础 k-NN 算法的准确度。其中一些方法通过一个权重向量对属性进行加权，权重向量中的单个权重数字 $w = (w_1, w_2, \cdots, w_n)$是预先指定的，然后再根据准确度的要求进行调整。这相当于定义了如下的距离函数：

$$d(x, y) = \sum_{i=1}^{n} w_i \left(x_i - y_i\right)^2$$

事实上，前面提到的忽略一个属性的策略可以视为这种加权策略的特例。例如，如果我们有 $n = 6$ 个属性同时我们决定舍弃第 3 个属性，只要将权重向量定义成 $w = (1, 1, 0, 1, 1, 1)$即可。

任何分类算法本身都要依靠它的初始化训练集。如果我们修正了训练集，同时也就是修正了建立于这个训练集的分类算法。有些分类算法依赖于易变的参数。k-NN 算法依赖于参数 k。

下面这个算法叫作**后向消去**（backward elimination），用于这种策略的管理。α 准确度定义为训练集上正确预测的百分比。

1．对训练集使用所有属性计算 α 。

2．从 i=1 到 n 进行如下重复计算：

（1）删除属性 A_i；

（2）计算 α'；

（3）如果 $\alpha' < \alpha$ ，恢复属性 A_i。

k-NN 算法是一种应用广泛的重要分类过程：

1．面部识别；

2．文本分类；

3．基因表达；

4．推荐系统。

7.3.2 模糊分类算法

模糊数学的一般想法是用概率分布替换集合关系。如果我们在某个算法中，用概率表达式 $P(x>x_0)$替换布尔表达式 $x \in A$，那就已经把它转化成了模糊算法。

分类算法的目标是预测数据点属于哪一类。这种水果是甜还是不甜？这位政治家能不能赢得选举？这个数据点是什么颜色？如果采用模糊分类算法，我们则要回答这样的问题，“相对于各种可能结果，这个数据点的概率分布是什么样的？”

我们不再要求每个数据点属于目标属性的单个类别，转而假定每个点都有一个概率向量 p，这个向量指定了这个点属于每个类别的可能性：

$$p = (p_1, p_2, \cdots, p_n), \forall p_i \geqslant 0, \sum p_i = 1$$

例如，在我们的星星—方块—三角形示例中，向量 p = (1/3, 2/3, 0)表示这个点要么是星星，要么是方块，而且方块的可能性是星星的两倍。或者，如果我们考虑的是某种流动的数据，它从一个状态变成另一个状态，那么 p 会说明这个点要么是星星要么是方块，而且它成为方块的可能是成为星星的两倍。

7.4 小结

本章给出了近些年发展起来的数据分类主要算法：决策树、ID3、朴素贝叶斯、SVM、logistic 回归以及 k-NN。我们还说明了其中一些算法如何用 Java、Weka 以及 Apache Commons Math 库来实现。

第8章 聚类分析

聚类算法是一种根据数据点之间的相似程度来区分组别的算法。这些聚类算法类似于分类算法，也是将数据集划分成相似点的子集。但是，分类数据的类别已经标识出，比如甜的水果，而聚类算法则研究未知的组别。

8.1 测量距离

点集 S 上的度量是一个函数 $d: S \times S \to R$，对所有的 $x, y, z \in S$，它满足下列条件：

（1） $d(p,q) = 0 \Leftrightarrow p = q$

（2） $d(p,q) = d(p,q)$

（3） $d(p,q) \leqslant d(p,r) + d(r,q)$

通常，我们考虑将数字 $d(p,q)$ 作为 p 和 q 之间的距离。根据上面的解释，这 3 个条件的意义很明显：一个点到它本身的距离是 0；如果两个点之间的距离是 0，那它们必然是同一个点；从 p 到 q 的距离与从 q 到 p 的距离是一样的；从 p 到 q 的距离不能大于从 p 到 r 与从 r 到 q 的距离的和。最后这个性质叫作三角不等式。

在数学上，一个非空的集合 S 连同定义在它上面的度量 d 叫作一个度量空间。最简单的例子是 n 维欧氏空间 $\left(R^n, d\right)$，其中 $R^n = \left\{\left(x_1, \cdots, x_n\right) : x_j \in R\right\}$，并且 d 是一个欧氏度量，即

$$d(x,y) = \sqrt{\sum_{j=1}^{n}\left(x_j - y_j\right)^2}$$

在二维情形下，$R^2=\{(x_1,x_2):x_1,x_2\in R\}$ 且 $d(x,y)=\sqrt{(x_1-y_1)^2+(x_2-y_2)^2}$ 。这就是笛卡儿平面上点的普通距离公式，等价于毕达哥拉斯定理，如图 8-1 所示。

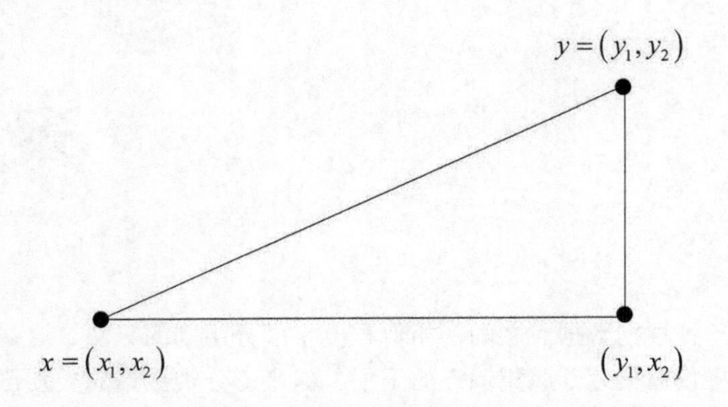

图 8-1 二维中的欧几里得度量

例如，如果 $x=(1, 3)$ 且 $y=(5, 6)$，那么 $d(x,y)=\sqrt{(1-5)^2+(3-6)^2}=\sqrt{16+9}=5$ 。

在三维中 $R^3=\{(x_1,x_2,x_3):x_1,x_2,x_3\in R\}$，且 $d(x,y)=\sqrt{(x_1-y_1)^2+(x_2-y_2)^2+(x_3-y_3)^2}$ 。

图 8-2 给出了说明。

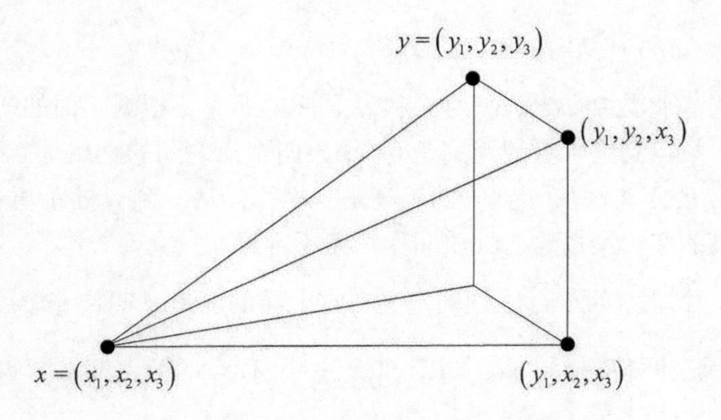

图 8-2 三维中的欧几里得度量

用于 R^n 的闵可夫斯基度量对参数 $p\geqslant 1$ 的欧式度量进行了一般化：

$$d(x,y)=\sqrt[p]{\sum_j\left|x_j-y_j\right|^p}$$

（数学家把它叫作 L^p **度量**）

例如，对 $p=4$：

$$d(x,y)=\sqrt[4]{\sum_j\left|x_j-y_j\right|^4}$$

因此，点 $x=(1, 3)$和 $y=(5, 6)$之间距离的度量为：

$$d(x,y)=\sqrt[4]{|1-5|^4+|3-6|^4}=\sqrt[4]{337}=4.28$$

闵可夫斯基度量最重要的特例（在 p=2 的情况之后）是 p=1 的情况：

$$d(x,y)=\sqrt[1]{\sum_j\left|x_j-y_j\right|^1}=\sum_j\left|x_j-y_j\right|$$

在二维中，这会是：

$$d(x,y)=\sum_j\left|x_j-y_j\right|=\left|x_1-y_1\right|+\left|x_2-y_2\right|$$

例如，如果 $x=(1, 3)$且 $y=(5, 6)$那么 $d(x,y)=|1-5|+|3-6|=4+3=7$ 。

这个特例也叫作**曼哈顿度量**（或者**出租车度量**），因为它在二维中建立了格点旅行的模型，这些格点很像曼哈顿的街道，如图 8-3 所示。

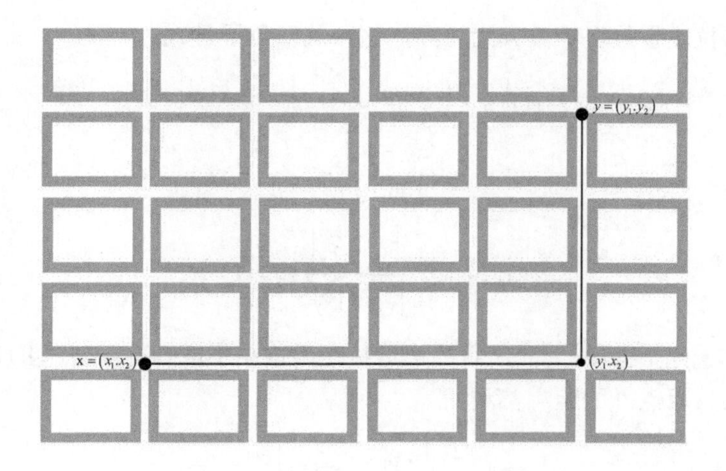

图 8-3　二维中的曼哈顿度量

在数学上，如果 p 趋于无穷大，闵可夫斯基度量会收敛到**切比雪夫度量**：

$$d(x,y)=\max\left\{\left|x_j-y_j\right|\right\}$$

在二维中，这是：

$$d(x,y)=\max\left\{\left|x_1-y_1\right|,\left|x_2-y_2\right|\right\}$$

例如，如果 $x=(1,3)$且 $y=(5,6)$，那么：

$$d(x,y)=\max\left\{\left|1-5\right|,\left|3-6\right|\right\}=\max\{4,3\}=4$$

这也叫作**棋盘度量**，因为它度量了棋盘上把王从一个方块移动到另一个方块的正确步数。

机器学习的另一种特殊度量是**堪培拉度量**：

$$d(x,y)=\sum_{j=1}^{n}\frac{\left|x_j-y_j\right|}{\left|x_j\right|+\left|y_j\right|}$$

它是曼哈顿度量的加权版本。

例如，如果 $x=(1,3)$且 $y=(5,6)$，那么：

$$d(x,y)=\sum\nolimits_{j=1}^{2}\frac{\left|x_j-y_j\right|}{\left|x_j\right|+\left|y_j\right|}=\frac{|1-5|}{|1|+|5|}+\frac{|3-6|}{|3|+|6|}=\frac{4}{6}+\frac{3}{9}=1$$

注意，堪培拉度量是以维数 n 为边界，这服从三角不等式：

$$\left|x_j-y_j\right|=\left|x_j+\left(-y_j\right)\right|\leqslant\left|x_j\right|+\left|-y_j\right|=\left|x_j\right|+\left|y_j\right|$$

$$\frac{\left|x_j-y_j\right|}{\left|x_j\right|+\left|y_j\right|}\leqslant 1$$

$$d(x,y)=\sum_{j=1}^{n}\frac{\left|x_j-y_j\right|}{\left|x_j\right|+\left|y_j\right|}\leqslant\sum_{j=1}^{n}1=n$$

例如，在笛卡儿平面 R^2 上，所有的堪培拉距离都小于或者等于 2。更加反直觉的事实是，每个非零点与原点 0 的距离都相同：

$$d(x,0)=\sum\nolimits_{j=1}^{n}\frac{\left|x_j-0\right|}{\left|x_j\right|+|0|}=\sum\nolimits_{j=1}^{n}\frac{\left|x_j\right|}{\left|x_j\right|}=\sum\nolimits_{j=1}^{n}1=n$$

清单 8-1 的程序使用了 org.apache.commons.math3.ml.distance 包定义的对应方法计算了这些例子。

清单 8-1 测试 commons math 库中的度量

```
TestMetrics.java
 8 import org.apache.commons.math3.ml.distance.*;
 9
10 public class TestMetrics {
11     public static void main(String[] args) {
12         double[] x = {1, 3}, y = {5, 6};
13
14         EuclideanDistance eD = new EuclideanDistance();
15         System.out.printf("Euclidean distance = %.2f%n", eD.compute(x,y));
16
17         ManhattanDistance mD = new ManhattanDistance();
18         System.out.printf("Manhattan distance = %.2f%n", mD.compute(x,y));
19
20         ChebyshevDistance cD = new ChebyshevDistance();
21         System.out.printf("Chebyshev distance = %.2f%n", cD.compute(x,y));
22
23         CanberraDistance caD = new CanberraDistance();
24         System.out.printf("Canberra distance =  %.2f%n", caD.compute(x,y));
25     }
26 }
```

```
Output - TestMetrics (run)
run:
Euclidean distance = 5.00
Manhattan distance = 7.00
Chebyshev distance = 4.00
Canberra distance =  1.00
```

最后在图 8-4 中，我们看到如何在几何上比较这些度量。它展示了二维的单位球：

$$B_2 = \{x \in R^2 : d(x,0) \leqslant 1\}$$

它对 3 种度量都给出了相应的单位球，欧几里得度量、曼哈顿度量和切比雪夫度量：

图 8-4 不同度量空间中的单位球

8.2　维数灾难

大多数聚类算法依赖于数据空间中点之间的距离。但是，有一个事实是，欧氏几何的平均距离随着维数的增加而增长。

例如，看看这个单位超立方体：

$$H_n = \left\{ x \in R^n : 0 \leqslant x_j \leqslant 1, j = 1, \cdots, n \right\}$$

一维的超立方体是一个单位区间[0,1]。这个集合中距离最远的两个点是 0 和 1，它们的距离 $d(0,1) = 1$。

二维超立方体是单位方块。在 H_2 中最远的两个点是角点 0=(0,0)和 $x = (1,1)$，它们的距离是 $d(0,x) = \sqrt{2}$。

在 H_n 中，两个角点 $0 = (0, 0, \cdots, 0)$和 $x = (1, 1, \cdots, 1)$的距离是 $d(0,x) = \sqrt{n}$。

在高维空间中，点不仅距离更远，它们的向量往往也垂直。为看到这一点，假设 $x = \left(x_1, \cdots, x_n\right)$ 和 $y = \left(y_1, \cdots, y_n\right)$ 是 R^n 中的点。回忆它们的点积（也叫作标量积）是 $x \cdot y = \sum_j x_j y_j = x_1 y_1 + \cdots + x_n y_n$。但是，我们还有来自于余弦法则的公式：$x \cdot y = |x||y| \cos\theta$，其中 θ 是两个向量之间的夹角。

为了简化，假定还有 $|x| = |y| = 1$（即，x 和 y 是单位向量）。那么，通过组合这些公式，我们有：

$$\cos\theta = \sum_{j=1}^{n} x_j y_j$$

现在，如果维数较大，比如说 n=100，并且如果 x 和 y 是单位向量，那么它们的成分 x_j 和 y_j 必须小，这表示公式右端的和必须小，同时 θ 必须接近 90°。就是说，两个向量几乎垂直。

如果 x 和 y 不是单位向量，公式是：

$$\cos\theta = \frac{\sum_{j=1}^{n} x_j y_j}{|x||y|}$$

$$x \cdot y = |x||y|\cos\theta$$

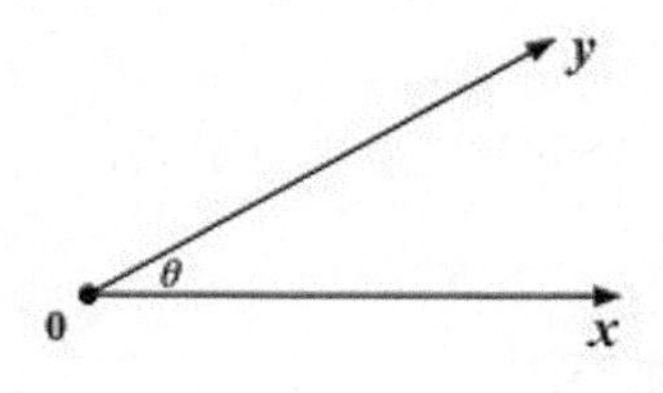

图 8-5　点积

如果 n 较大，那么这个商很可能接近 0，结论与前面相同：x 和 y 接近垂直。

例如，假设 $n = 100$ 且 $x = (-1,1,-1,1,\ldots,1)$，且有 $y = (1,2,3,4,\ldots,100)$。那么：

$$|x|^2 = \sum_j \left((-1)^j\right)^2 = \sum_j (-1)^{2j} = \sum_j 1 = 100 \Rightarrow |x| = 10$$
$$|y|^2 \sum_j j^2 = 338,350 \Rightarrow |y| = \sqrt{338,350} = 581,7$$
$$x \cdot y = \sum_j x_j y_j = \sum_j (-1)^j j = -1 + 2 - 3 + 4 - \cdots + 100 = 50$$
$$\cos\theta = \frac{x \cdot y}{|x||y|} = \frac{50}{(10)(581,7)} = 0.008596 \Rightarrow \theta = 89.5°$$

从这个例子可以看出，x · y 通常比 $|x||y|$ 小很多的原因是，抵消。平均地说，我们可以预计大约一半 $x_j y_j$ 的项是负的。

所以，高维中的大多数向量接近垂直。这意味着两个点 x 和 y 之间的距离会比其中任意一个点到原点的距离大。在代数上有 $x \cdot y \approx 0$，所以：

$$|x-y|^2 = (x-y)\cdot(x-y) = x \cdot x - 2x \cdot y + y \cdot y \approx x \cdot x + y \cdot y = |x|^2 + |y|^2 \geqslant |x|^2$$

因此，距离 $|x-y|$ 将大于距离 $|x|$，并且出于同样的理由也大于 $|y|$。这叫作维数的灾难。

8.3　层次聚类法

在本章将介绍的几种聚类算法中，层次聚类法可能是最简单的。需要考虑的是，它只在欧氏空间的小型数据集上表现良好。

一般的设置是我们有一个数据集 S，数据集包含 R^n 中的 m 个点，我们想将 S 划分到数目给定的 k 个聚类 $C_1, C_2, \cdots, C_k$ 中，其中每一个聚类中的点相对紧密。（B. J. Frey and D.

Dueck, Clustering by Passing Messages Between Data Points Science 315, Feb 16, 2007）

该算法如下：

（1）对 m 个数据点中的每一个创建一个单点聚类。

（2）重复 $m-k$ 次：

- 找到两个中心最接近的聚类。
- 用一个新的聚类替换这两个聚类，新类要包含它们的点。

聚类的中心是一个点，它的坐标是聚类中的各点相应坐标的平均。例如，聚类 $C = \{(2, 4), (3, 5), (6, 6), (9, 1)\}$ 的中心是点(5, 4)，因为(2 + 3 + 6 + 9)/4 = 5 而且(4 + 5 + 6 + 1)/4 = 4，如图 8-6 所示。

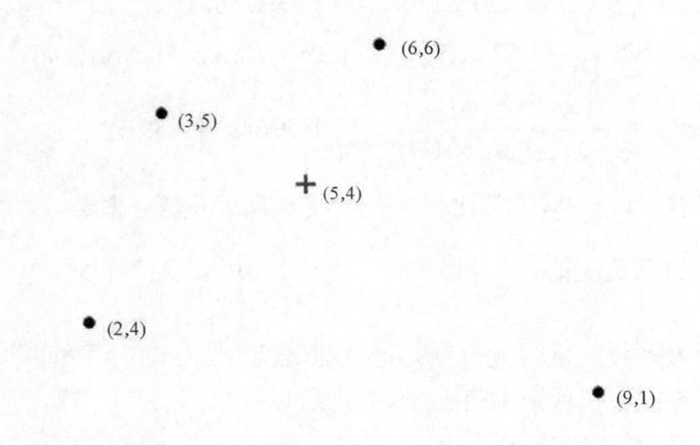

图 8-6　聚类的中心

该算法的 Java 实现展示在清单 8-2 中，图 8-7 中给出了部分输出。它使用了 `Point` 类和 `Cluster` 类，它们分别展示在清单 8-3 和清单 8-4 中。

数据集定义在清单 8-2 的第 11~12 行。

清单 8-2　层次聚类法的一种实现

```
Point.java × | Cluster.java × | HierarchicalClustering.java ×
10 public class HierarchicalClustering {
11     private static final double[][] DATA = {{1,1}, {1,3}, {1,5}, {2,6}, {3,2
12         {3,4}, {4,3}, {5,6}, {6,3}, {6,4}, {7,1}, {7,5}, {7,6}};
```

```
13      private static final int M = DATA.length;  // number of points
14      private static final int K = 3;            // number of clusters
15
16      public static void main(String[] args) {
17          HashSet<Cluster> clusters = load(DATA);
18          for (int i = 0; i < M - K; i++) {
19              System.out.printf("%n%2d clusters:%n", M-i-1);
20              coalesce(clusters);
21              System.out.println(clusters);
22          }
23      }
24
25      private static HashSet<Cluster> load(double[][] data) {
26          HashSet<Cluster> clusters = new HashSet();
27          for (double[] datum : DATA) {
28              clusters.add(new Cluster(datum[0], datum[1]));
29          }
30          return clusters;
31      }
32
33      private static void coalesce(HashSet<Cluster> clusters) {
34          Cluster cluster1=null, cluster2=null;
35          double minDist = Double.POSITIVE_INFINITY;
36          for (Cluster c1 : clusters) {
37              for (Cluster c2 : clusters) {
38                  if (!c1.equals(c2) && Cluster.distance(c1, c2) < minDist) {
39                      cluster1 = c1;
40                      cluster2 = c2;
41                      minDist = Cluster.distance(c1, c2);
42                  }
43              }
44          }
45          clusters.remove(cluster1);
46          clusters.remove(cluster2);
47          clusters.add(Cluster.union(cluster1, cluster2));
48      }
49  }
```

这 13 个点在第 17 行载入 `clusters` 集合。然后在第 18~22 行循环迭代 $m-k$ 次，和算法中指定的一样。

如同清单 8-4 定义的 `Cluster` 类，一个聚类包含两个对象：一个点集以及一个中心，中心是单个点。两个聚类之间的距离定义成它们中心之间的欧氏距离。注意，出于简化的原因，清单 8-4 中的一些代码被折叠了。

程序使用了 `HashSet<Cluster>`类来实现这一组聚类。这就是为什么 `Cluster` 类重写了 `hashCode()`和 `equals()`方法(清单 8-4 中的第 52~68 行)。相应地，这就要求 `Point` 类重写它的对应方法（清单 8-3 中的第 27~43 行）。

注意，`Point` 类定义了 `long` 类型的私有字段 `xb` 和 `yb`。这些字段容纳了 x 和 y 的

double 值的 64 位表示，并提供了确定它们何时相等更可靠的方法。

图 8-7 展示的输出是由程序的第 19 行和第 21 行代码生成的。在第 21 行对 println() 的调用，隐式调用了 Cluster 类在第 70~74 行重写的 toString() 方法。

第 33~49 行的 coalesce() 方法实现了算法步骤 2 的两个部分。第 36~44 行的双循环发现了彼此最接近的两个聚类（步骤 2 的第一部分）。这两个聚类从 clusters 集合中移除，并且在第 45~47 行将它们的合并加入聚类集合（步骤 2 的第二部分）。

图 8-7 中的输出展示了这个双重循环两次迭代的结果：6 个聚类合并成 5 个，接着合并成 4 个。

```
Output – Clustering (run)
 6 clusters:
[
{(3.33,3.00),[(3.00,4.00), (3.00,2.00), (4.00,3.00)]},
{(1.50,5.50),[(1.00,5.00), (2.00,6.00)]},
{(6.00,3.50),[(6.00,3.00), (6.00,4.00)]},
{(1.00,2.00),[(1.00,1.00), (1.00,3.00)]},
{(6.33,5.67),[(5.00,6.00), (7.00,6.00), (7.00,5.00)]},
{(7.00,1.00),[(7.00,1.00)]}]

 5 clusters:
[
{(3.33,3.00),[(3.00,4.00), (3.00,2.00), (4.00,3.00)]},
{(1.50,5.50),[(1.00,5.00), (2.00,6.00)]},
{(6.20,4.80),[(6.00,3.00), (6.00,4.00), (5.00,6.00), (7.00,6.00), (7.00,5.00)]},
{(1.00,2.00),[(1.00,1.00), (1.00,3.00)]},
{(7.00,1.00),[(7.00,1.00)]}]

 4 clusters:
[
{(1.50,5.50),[(1.00,5.00), (2.00,6.00)]},
{(6.20,4.80),[(6.00,3.00), (6.00,4.00), (5.00,6.00), (7.00,6.00), (7.00,5.00)]},
{(7.00,1.00),[(7.00,1.00)]},
{(2.40,2.60),[(3.00,4.00), (3.00,2.00), (4.00,3.00), (1.00,1.00), (1.00,3.00)]}]
```

图 8-7　层次聚类程序的部分输出

这 3 个阶段在图 8-8、图 8-9 和图 8-10 中进行了说明。

在图 8-8 展示的 6 个聚类中，你能看到最接近的是中心为(6.00, 3.50)和(6.33, 5.67)的两个聚类。通过合并对它们进行替换，得到中心为(6.20, 4.80)的 5 个元素的聚类。

我们可以将数字 K 设置成 1~M 的任意值（在第 14 行）。尽管设置 K =1 没有特别的意义，但它可以生成原始数据集的谱系图（dendrogram），如图 8-11 所示。它从图形的角度展示了完整聚类过程的系统层次，识别了每一个合并的步骤。

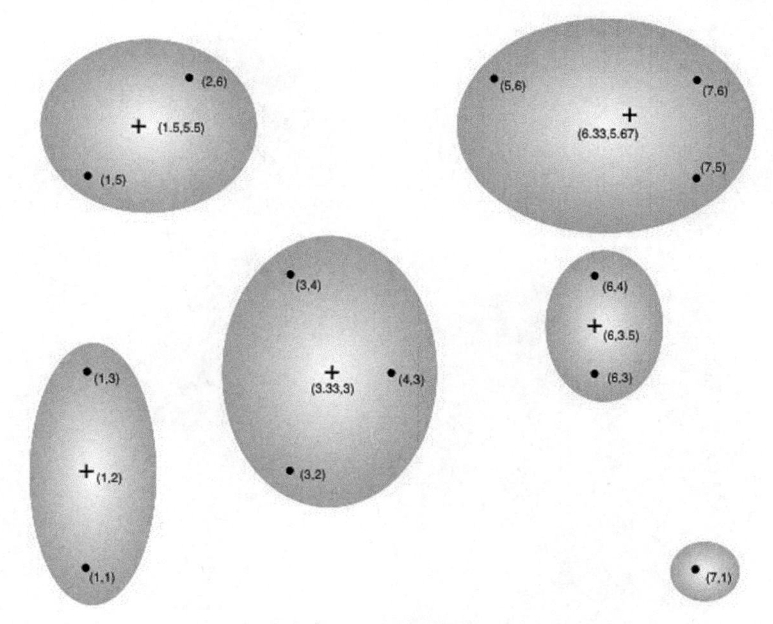

图 8-8　6 个聚类的输出

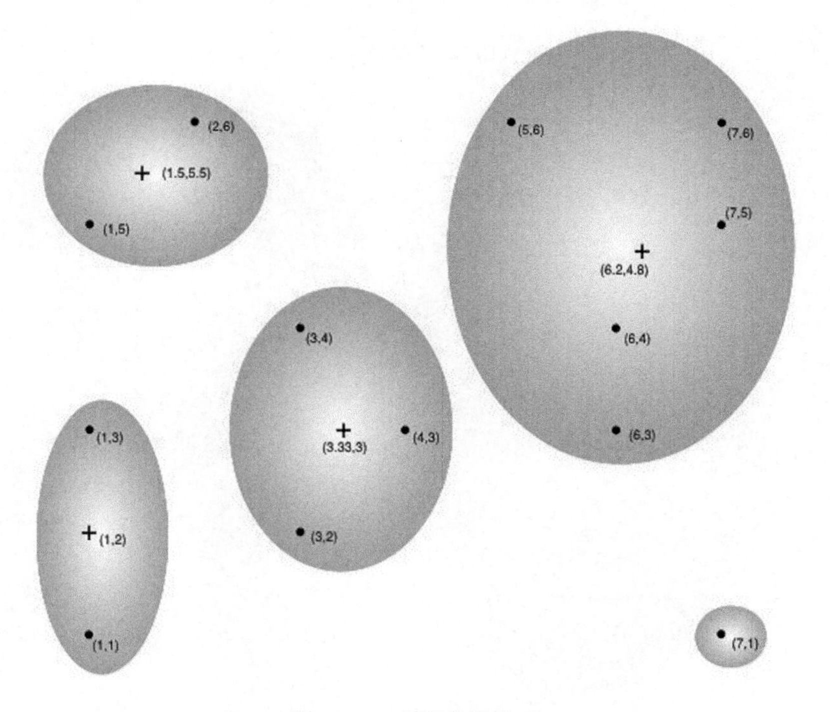

图 8-9　5 个聚类的输出

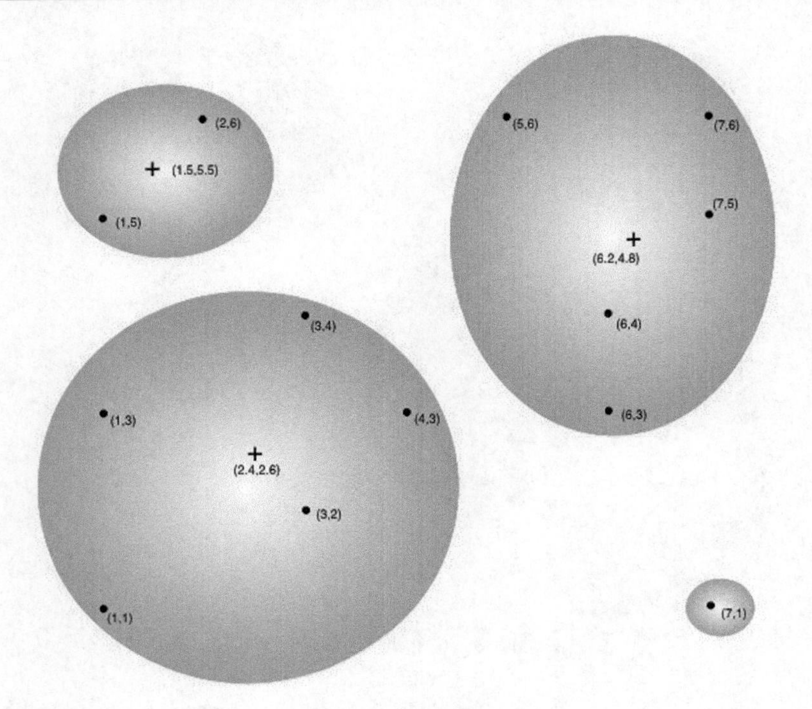

图 8-10 4 个聚类的输出

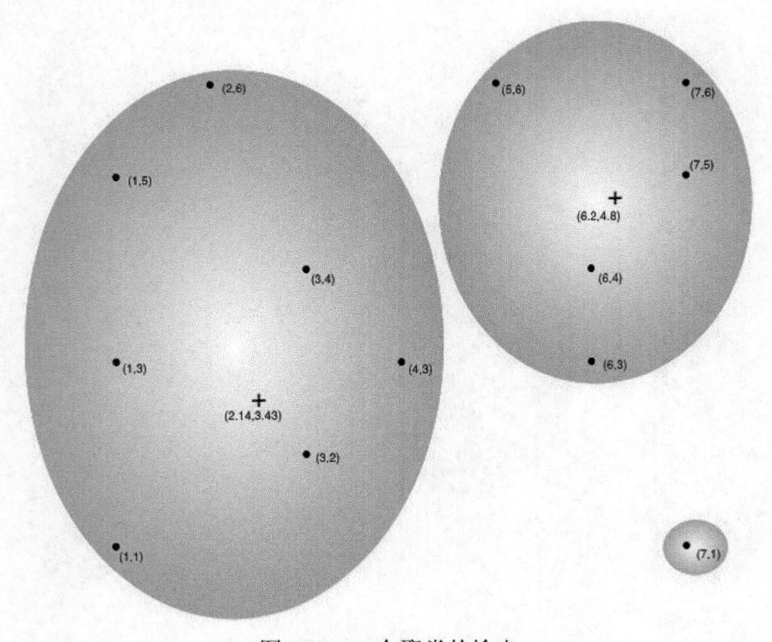

图 8-11 3 个聚类的输出

注意，谱系图并不是聚类过程的完整记录。例如，它展示(3,4)和(4,3)先合并再与(3,2)合并，但它没有显示(1,5)和(2,6)的合并是在(1,1)和(1,3)的合并之前还是之后。

系统聚类虽然容易理解和实现，但不是非常有效。展示在清单 8-2 中的基本版本以 $O(n^3)$ 时间运行。这表示执行的操作数量大致与数据集中点个数的 3 次方成比例。因此，如果数据点个数加倍，程序将耗费 8 倍的时间运行，这对于大型数据集不可行。

你可以看到，$O(n^3)$ 来自清单 8-2 的代码，在那里 n=13。主循环（第 18~22 行）几乎迭代了 n 次。每次迭代调用 `coalesce()` 方法，这个方法有一个双重循环（第 36~44 行）每次迭代 c 次，其中 c 是聚类的个数。这个个数从 n 减少到 k，平均大约是 $n/2$。所以，每次调用 `coalesce()` 方法将大约执行 $(n/2)^2$ 次，这与 n^2 成比例。差不多调用 n 次会花费 $O(n^3)$ 的运行时间。

清单 8-3 Point 类

```
Point.java   Cluster.java   HierarchicalClustering.java
 8  public class Point {
 9      private final double x, y;
10
11      public Point(double x, double y) {...4 lines }
15
16      public double getX() {...3 lines }
19
20      public double getY() {...3 lines }
23
24      @Override
25      public int hashCode() {
26          int xhC = new Double(x).hashCode();
27          int yhC = new Double(y).hashCode();
28          return (int)(xhC + 79*yhC);
29      }
30
31      @Override
32      public boolean equals(Object object) {
33          if (object == null) {
34              return false;
35          } else if (object == this) {
36              return true;
37          } else if (!(object instanceof Point)) {
38              return false;
39          }
```

```
40            Point that = (Point)object;
41            return bits(that.x) == bits(this.x) && bits(that.y) == bits(this.y);
42        }
43
44        private long bits(double d) {
45            return Double.doubleToLongBits(d);
46
47        }
48
49        @Override
50        public String toString() {
51            return String.format("(%.2f,%.2f)", x,y);
52        }
53    }
```

这种类型的复杂性分析是计算机算法的标准。其主要思想是找到某个简单的函数 $f(n)$，再根据这种方式对算法分类。$O(n^3)$ 分类表示分类的速度很慢。因为大写字母 O 代表“量级”，所以 $O(n^3)$ 表示“量级是 n^3”。

通过使用一个更复杂的数据结构，我们可以提高系统聚类算法的分类运行时间。这种思想是要保持对象的一个优先级队列（一个平衡的二元树结构），其中每个对象由一对点组成并且与它们等距离。对象能按 $O(\log n)$时间对一个优先级队列插入和移除。因此，整个算法可以按 $O(n^2 \log n)$ 来运行，它几乎和 $O(n^2)$ 一样好。

这种改进是计算中速度与简单性相替代的一个经典例子，通常，我们可以使一个算法更快（更有效），代价是让它变得更复杂。当然，对汽车和飞机也可以进行同样的讨论。

清单 8-3 中的 `Point` 类可以概括欧氏空间中二维点上的思想。`hashCode()` 和 `equals()` 方法必须被包括进来（重写定义在 `Object` 类中的默认版本），因为我们意图将这个类作为 `HashSet` 中的基本类型来使用（见清单 8-4）。

第 26~29 行的代码定义了一个典型的实现，第 26 行的表达式 `newDouble(x).hashCode()` 返回了代表 x 取值的 `Double` 对象的 `hashCode`。

第 33~42 行的代码类似地定义了一个 `equals()` 方法的典型实现。第一个语句（第 33~39 行）检查了这个显式对象是否是 `null`，是否等于隐含对象(`this`)，它本身是否是 `Point` 类的实例化，是否在每种情况采取了合适的行动。如果它通过了这 3 个检验，那么它就改写为一个 `Point` 对象，这样我们就能访问它的 `x` 和 `y` 字段。

要检查它们是否匹配隐含对象的对应类型 `double` 字段，我们使用一个辅助的 `bits()` 方法，它只返回了一个 `long` 整数，包含着代表指定 `double` 值的所有位数。

清单 8-4 Cluster 类

```
Point.java  Cluster.java  HierarchicalClustering.java
10  public class Cluster {
11      private final HashSet<Point> points;
12      private Point centroid;
13
14      public Cluster(HashSet points, Point centroid) {...4 lines }
18
19      public Cluster(Point point) {...5 lines }
24
25      public Cluster(double x, double y) {...3 lines }
28
29      public Point getCentroid() {
30          return centroid;
31      }
32
33      public void add(Point point) {
34          points.add(point);
35          recomputeCentroid();
36      }
37
38      public void recomputeCentroid() {
39          double xSum=0.0, ySum=0.0;
40          for (Point point : points) {
41              xSum += point.getX();
42              ySum += point.getY();
43          }
44          centroid = new Point(xSum/points.size(), ySum/points.size());
45      }
46
47      public static double distance(Cluster c1, Cluster c2) {
48          double dx = c1.centroid.getX() - c2.centroid.getX();
49          double dy = c1.centroid.getY() - c2.centroid.getY();
50          return Math.sqrt(dx*dx + dy*dy);
51      }
52
53      public static Cluster union(Cluster c1, Cluster c2) {
54          Cluster cluster = new Cluster(c1.points, c1.centroid);
55          cluster.points.addAll(c2.points);
56          cluster.recomputeCentroid();
57          return cluster;
58      }
59
60      @Override
        public int hashCode() {...3 lines }
64
65      @Override
        public boolean equals(Object object) {...11 lines }
77
78      @Override
        public String toString() {...3 lines }
82  }
```

8.3.1 Weka 实现

清单 8-5 中的程序等同于清单 8-2 中的程序。

清单 8-5 Weka 层次聚类

HierarchicalClustering.java

```
 8  import java.util.ArrayList;
 9  import weka.clusterers.HierarchicalClusterer;
10  import static weka.clusterers.HierarchicalClusterer.TAGS_LINK_TYPE;
11  import weka.core.Attribute;
12  import weka.core.Instance;
13  import weka.core.Instances;
14  import weka.core.SelectedTag;
15  import weka.core.SparseInstance;
16  
17  public class HierarchicalClustering {
18      private static final double[][] DATA = {{1,1}, {1,3}, {1,5}, {2,6}, {3,2},
19          {3,4}, {4,3}, {5,6}, {6,3}, {6,4}, {7,1}, {7,5}, {7,6}};
20      private static final int M = DATA.length;  // number of points
21      private static final int K = 3;            // number of clusters
22  
23      public static void main(String[] args) {
24          Instances dataset = load(DATA);
25          HierarchicalClusterer hc = new HierarchicalClusterer();
26          hc.setLinkType(new SelectedTag(4, TAGS_LINK_TYPE));  // CENTROID
27          hc.setNumClusters(3);
28          try {
29              hc.buildClusterer(dataset);
30              for (Instance instance : dataset) {
31                  System.out.printf("(%.0f,%.0f): %s%n",
32                          instance.value(0), instance.value(1),
33                          hc.clusterInstance(instance));
34              }
35          } catch (Exception e) {
36              System.err.println(e);
37          }
38      }
39  
40      private static Instances load(double[][] data) {
            ArrayList<Attribute> attributes = new ArrayList<Attribute>();
42          attributes.add(new Attribute("X"));
43          attributes.add(new Attribute("Y"));
44          Instances dataset = new Instances("Dataset", attributes, M);
45          for (double[] datum : data) {
46              Instance instance = new SparseInstance(2);
47              instance.setValue(0, datum[0]);
48              instance.setValue(1, datum[1]);
49              dataset.add(instance);
50          }
51          return dataset;
52      }
```

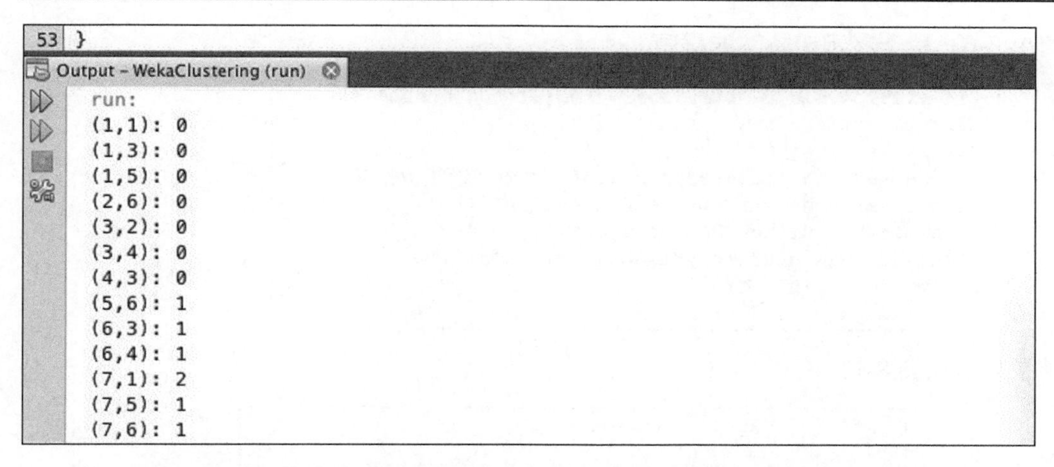

你可以看到，这个结果和显示在图 8-11 中的结果相同，前 7 个点在聚类 0 中，而其他的点除了(7,1)都在聚类 1 中。

第 40~52 行的 `load()` 方法使用了一个 `ArrayList` 来指定这两个属性 *x* 和 *y*。然后在第 44 行，它创建了 `dataset` 作为一个 `Instances` 对象，载入 13 个数据点作为第 45~50 行中的循环的 `Instance` 对象，并且将它返回到第 24 行。

第 25~26 行的代码指定了聚类的中心，用于计算聚类之间的距离。

算法本身在第 29 行通过 `buildClusterer()` 方法运行，然后，第 30~34 行的循环打印了结果。`clusterInstance()` 方法返回了属于指定的 `instance` 的聚类个数。

图 8-12 中展示的谱系图可以编程生成，你可以通过对清单 8-5 进行 3 个改变来完成这个图：

（1）在第 31 行设置聚类个数为 `1`。

（2）在第 39 行插入这行代码：`displayDendrogram(hc.graph())`。

（3）插入显示在清单 8-6 中的 `displayDendrogram()` 方法。

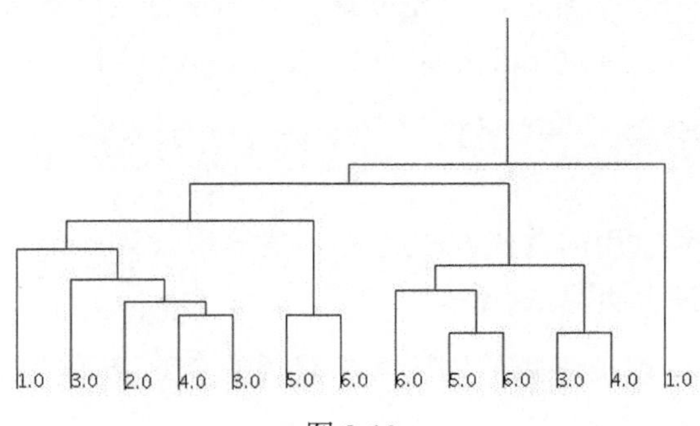

图 8-12

清单 8-6 用于展示谱系图的程序

```
59     public static void displayDendrogram(String graph) {
60         JFrame frame = new JFrame("Dendrogram");
61         frame.setSize(500, 400);
62         frame.setDefaultCloseOperation(JFrame.EXIT_ON_CLOSE);
63         Container pane = frame.getContentPane();
64         pane.setLayout(new BorderLayout());
65         pane.add(new HierarchyVisualizer(graph));
66         frame.setVisible(true);
67     }
```

结果显示在图 8-13 中。

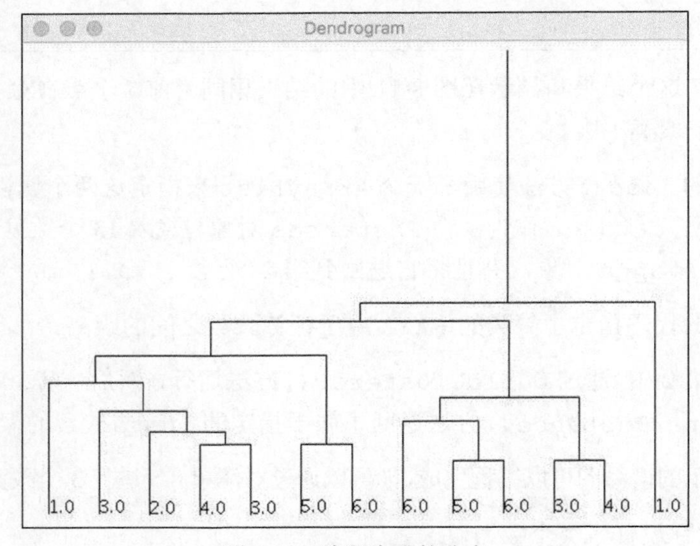

图 8-13 编程生成的分支

这张图和图 8-12 中的树在拓扑结构上是相同的。

这里的关键代码在第 65 行。`HierarchyVisualizer()`构造器创建了一个来自于 `graph` 字符串的对象，按这种方式把它添加到框架的 `ContentPane` 对象中，可以把它显示出来。

8.3.2 K-均值聚类

对于系统聚类的一种常用的替代方法是 K-均值算法(K-means)。它和我们在第 7 章“分类分析”中见过的 K-NN 分类算法有关。

和系统聚类一样，K-均值聚类算法要求将聚类的个数 k 作为输入，这种版本也叫作 **K-Means++**算法。

算法如下：

（1）从数据集中选择 k 个点。

（2）创建 k 个聚类，每个聚类将一个初始点作为它的中心。

（3）对数据集中没有作为中心的每个点 x：

- 找到和 x 最接近的中心 y。
- 将 x 添加到这个中心的聚类中。
- 对于这个聚类重新计算中心。

它还要求有 k 个点，每个聚类对应一个点，以此来初始化该算法。这些初始化的点可以随机选择，或者通过某种先验算法。一种方法是在给定数据集中取出的小型样本上运行系统聚类，然后选择得到的聚类中心。

清单 8-7 实现了这种算法。

清单 8-7 K-means 聚类

```
Point.java  Cluster.java  HierarchicalClustering.java  KMeans.java
12  public class KMeans {
13      private static final double[][] DATA = {{1,1}, {1,3}, {1,5}, {2,6}, {3,2},
14              {3,4}, {4,3}, {5,6}, {6,3}, {6,4}, {7,1}, {7,5}, {7,6}};
15      private static final int M = DATA.length;  // number of points
16      private static final int K = 3;            // number of clusters
17      private static HashSet<Point> points;
        private static HashSet<Cluster> clusters = new HashSet();
        private static Random RANDOM = new Random();
20
21      public static void main(String[] args) {
22          points = load(DATA);
23
24          //  Select a point p at random:
25          int i0 = RANDOM.nextInt(M);
26          Point p = new Point(DATA[i0][0], DATA[i0][1]);
27          points.remove(p);
28
29          //  Create a singleton set containing p:
            HashSet<Point> initSet = new HashSet();
31          initSet.add(p);
32
33          //  Add K-1 more points to initSet:
34          for (int i = 1; i < K; i++) {
35              p = farthestFrom(initSet);
36              initSet.add(p);
37              points.remove(p);
38          }
```

```
39
40        //  Create a cluster for each point in the initSet:
41        for (Point point : initSet) {
42            Cluster cluster = new Cluster(point);
43            clusters.add(cluster);
44        }
45
46        //  Add each remaining point to its nearest (updated) cluster:
47        for (Point point : points) {
48            Cluster cluster = closestTo(point);
49            cluster.add(point);
50            cluster.recomputeCentroid();
51        }
52
53        System.out.println(clusters);
54    }
```

它的 loadData()方法展示在之前的清单 8-2 中。它的另外 4 个方法展示在清单 8-8 中。

清单 8-8　用在清单 8-7 中的方法

```
Point.java  Cluster.java  HierarchicalClustering.java  KMeans.java
56    /*  Returns the cluster whose centroid is closest to the specified point.
57    */
58    private static Cluster closestTo(Point point) {
59        double minDist = Double.POSITIVE_INFINITY;
60        Cluster c = null;
61        for (Cluster cluster : clusters) {
62            double d = distance2(cluster.getCentroid(), point);
63            if (d < minDist) {
64                minDist = d;
65                c = cluster;
66            }
67        }
68            return c;
69    }
70
71    /*  Returns the point that is farthest from the specified set.
72    */
73    private static Point farthestFrom(Set<Point> set) {
74        Point p = null;
75        double maxDist = 0.0;
76        for (Point point : points) {
77            if (set.contains(point)) {
78                continue;
79            }
80            double d = dist(point, set);
81            if (d > maxDist) {
82                p = point;
83                maxDist = d;
84            }
```

```
85          }
86          return p;
87      }
88  
89      /*  Returns the distance from p to the nearest point in the set:
90      */
91      public static double dist(Point p, Set<Point> set) {
92          double minDist = Double.POSITIVE_INFINITY;
93          for (Point point : set) {
94              double d = distance2(p, point);
95              minDist = (d < minDist? d: minDist);
96          }
97          return minDist;
98      }
99  
100     /*  Returns the square of the Euclidean distance between the two points.
101     */
102     public static double distance2(Point p, Point q) {
103         double dx = p.getX() - q.getX();
104         double dy = p.getY() - q.getY();
105         return dx*dx + dy*dy;
106     }
```

图 8-14 展示了程序的一次运行结果。

```
Output - Clustering (run)
run:
[
{(6.33,4.17),[(7.00,6.00), (7.00,5.00), (5.00,6.00), (6.00,3.00), (6.00,4.00), (7.00,1.00)]},
{(2.25,2.25),[(1.00,1.00), (1.00,3.00), (3.00,2.00), (4.00,3.00)]},
{(2.00,5.00),[(2.00,6.00), (1.00,5.00), (3.00,4.00)]}]
```

图 8-14 来自清单 8-7 的输出

在第 22 行，程序将数据载入 points 集合。然后它随机选取一个点，并将它从这个集合移除。在第 29~31 行，它创建了一个新点集，叫作 initSet，并把随机点添加到这个集合。在第 33~38 行，它对 *k*-1 个点重复这个过程，每一个点都选择成距离 initSet 最远的点，这就完成了算法的步骤 1。第 40~44 行实现了步骤 2，步骤 3 在第 46~51 行实现。

步骤 1 的这个实现从随机选择一个点开始。因此，单独的程序运行可能产生不同的结果。注意这个结果与我们从图 8-11 中得到的系统聚类结果相当不同。

Apache Commons Math 库使用它的 KMeansPlusPlusClusterer 类实现了这种算法，在清单 8-9 中做了说明。

清单 8-9 Apache Commons Math K-means++

```
KMeansPlusPlus.java
10  import org.apache.commons.math3.ml.clustering.CentroidCluster;
```

```
11 import org.apache.commons.math3.ml.clustering.DoublePoint;
12 import org.apache.commons.math3.ml.clustering.KMeansPlusPlusClusterer;
13 import org.apache.commons.math3.ml.distance.EuclideanDistance;
14
15 public class KMeansPlusPlus {
16     private static final double[][] DATA = {{1,1}, {1,3}, {1,5}, {2,6}, {3,2},
17         {3,4}, {4,3}, {5,6}, {6,3}, {6,4}, {7,1}, {7,5}, {7,6}};
18     private static final int M = DATA.length;  // number of points
19     private static final int K = 3;            // number of clusters
20     private static final int MAX = 100;        // maximum number of iterations
21     private static final EuclideanDistance ED = new EuclideanDistance();
22
23     public static void main(String[] args) {
24         List<DoublePoint> points = load(DATA);
25         KMeansPlusPlusClusterer<DoublePoint> clusterer;
26         clusterer = new KMeansPlusPlusClusterer(K, MAX, ED);
27         List<CentroidCluster<DoublePoint>> clusters = clusterer.cluster(points);
28
29         for (CentroidCluster<DoublePoint> cluster : clusters) {
30             System.out.println(cluster.getPoints());
31         }
32     }
33
34     private static List<DoublePoint> load(double[][] data) {
           List<DoublePoint> points = new ArrayList();
           for (int i = 0; i < data.length; i++) {
37             points.add(new DoublePoint(data[i]));
38         }
39         return points;
40     }
41 }
```

```
Output - Clustering (run)
run:
[[1.0, 1.0], [1.0, 3.0], [1.0, 5.0], [2.0, 6.0], [3.0, 2.0], [3.0, 4.0], [4.0, 3.0]]
[[5.0, 6.0], [6.0, 3.0], [6.0, 4.0], [7.0, 5.0], [7.0, 6.0]]
[[7.0, 1.0]]
```

这个输出类似于我们用其他聚类程序得到的结果。

一种不同的、更具确定性的步骤 1 的实现是，首先运用系统聚类，然后每个聚类选择一个最接近它中心的点。对于我们的数据集，从图 8-11 可以看到，这将给我们初始集合为{(3,2), (7,1), (6,4)} 或 {(3,2), (7,1), (7,5)}，因为(6,4)和(7,5)是并列最接近中心(6.2,4.8)的。

最简单的 K-均值版本随机选取所有初始 k 个聚类。它比这里描述的另两种算法运行速度更快，但结果通常并不尽如人意。Weka 用它的 SimpleKMeans 类实现了这种算法，展示在清单 8-10 中。

清单 8-10 K-means

```
Point.java  Cluster.java  HierarchicalClustering.java  KMeans.java  KMeans.java
 9 import weka.clusterers.SimpleKMeans;
10 import weka.core.Attribute;
11 import weka.core.Instance;
12 import weka.core.Instances;
13 import weka.core.SparseInstance;
14
15 public class KMeans {
16     private static final double[][] DATA = {{1,1}, {1,3}, {1,5}, {2,6}, {3,2},
17         {3,4}, {4,3}, {5,6}, {6,3}, {6,4}, {7,1}, {7,5}, {7,6}};
18     private static final int M = DATA.length;  // number of points
19     private static final int K = 3;            // number of clusters
20
21     public static void main(String[] args) {
22         Instances dataset = load(DATA);
23         SimpleKMeans skm = new SimpleKMeans();
24         System.out.printf("%d clusters:%n", K);
25         try {
26             skm.setNumClusters(K);
27             skm.buildClusterer(dataset);
28             for (Instance instance : dataset) {
29                 System.out.printf("(%.0f,%.0f): %s%n",
30                         instance.value(0), instance.value(1),
31                         skm.clusterInstance(instance));
32             }
33         } catch (Exception e) {
34             System.err.println(e);
35         }
36     }
37
38     private static Instances load(double[][] data) {
       ArrayList<Attribute> attributes = new ArrayList<Attribute>();
40         attributes.add(new Attribute("X"));
41         attributes.add(new Attribute("Y"));
42         Instances dataset = new Instances("Dataset", attributes, M);
43         for (double[] datum : data) {
44             Instance instance = new SparseInstance(2);
45             instance.setValue(0, datum[0]);
46             instance.setValue(1, datum[1]);
47             dataset.add(instance);
48         }
49         return dataset;
50     }
51 }
```

输出展示在图 8-15 中。

```
Output – WekaClustering (run)
run:
3 clusters:
(1,1): 1
(1,3): 1
(1,5): 0
(2,6): 0
(3,2): 1
(3,4): 0
(4,3): 0
(5,6): 0
(6,3): 2
(6,4): 2
(7,1): 2
(7,5): 2
(7,6): 2
```

图 8-15 清单 8-9 的输出

这个程序非常类似于清单 8-5 中的程序，在那里我们运用了来自同一个 weka.clusterers 包的 HierarchicalClusterer。但是，结果看起来不好。它用 4 个点和(7,1)聚类在一起，用(1,1)和(1,3)与(3,2)聚类在一起，没有更接近的(3,4)聚类。

8.3.3 k-中心点聚类

除了使用一个叫作中心点（medoid）的点代替各个点的均值来作为聚类的中心，k-中心点聚类算法（k-medoids）类似于 k-均值算法。它的思想是将聚类中各个点到中心点的平均距离最小化。这些距离通常使用曼哈顿度量。因为当且仅当距离是曼哈顿度量时，这些平均值才会实现最小化，该算法简化成对各点到它们中心点的所有距离的和进行最小化，这个和叫作配置成本。

算法如下：

（1）从数据集选择 k 个点作为中心点。

（2）将每一个数据点指派到它最近的中心点，这样定义了 k 个聚类。

（3）对于每一个聚类 C_j：

- 计算求和 $s = \sum_j s_j$，其中每个 $s_j = \sum \left\{ d\left(x, y_j\right) : x \in C_j \right\}$，并且将中心点 y_j 改变为使 s 最小化的聚类 C_j 中的点。

- 如果中心点 y_j 被改变了，将 x 重新指派到和聚类中心点最接近的聚类中。

（4）重复步骤 3 直到 s 最小。

通过图 8-16 中的简单示例对方法做了说明。它展示出 2 个聚类中有 10 个点。两个中心点显示为填充点。在初始配置中，聚类是：

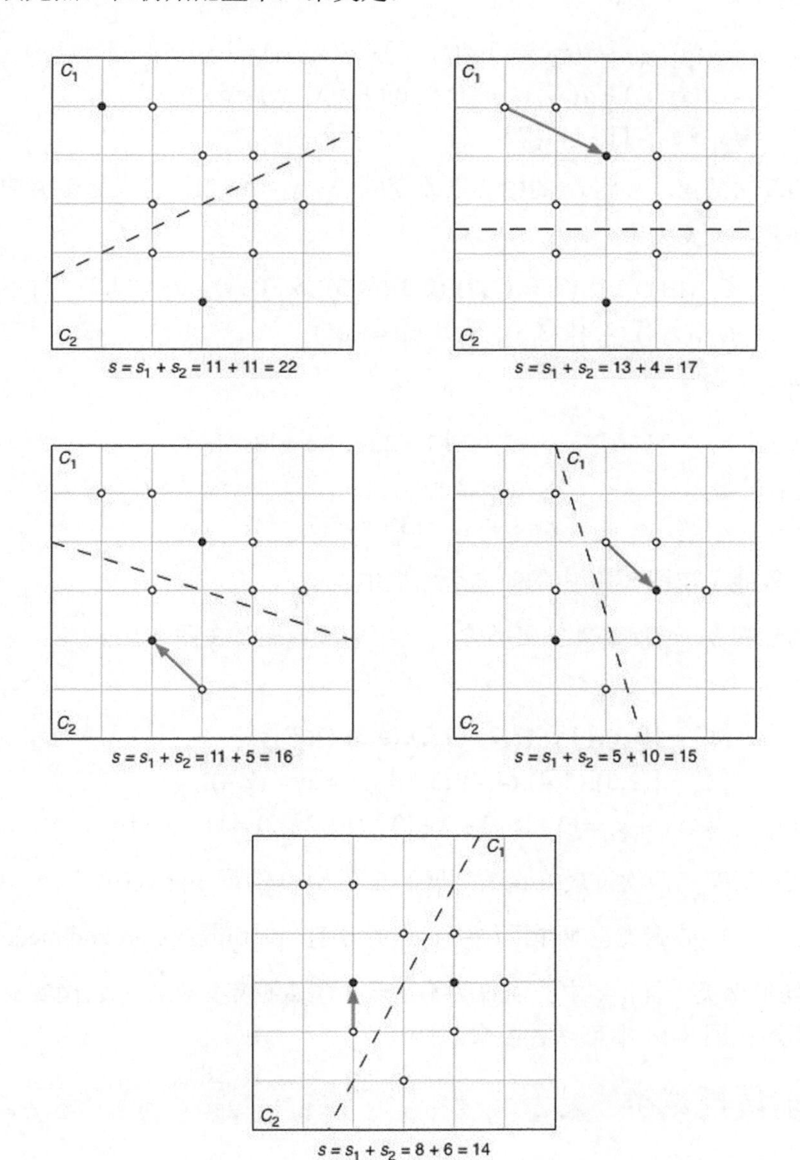

图 8-16 k-中心点聚类

$$C_1 = \{(1,1),(2,1),(3,2),(4,2),(2,3)\}, y_1 = x_1 = (1,1)$$
$$C_2 = \{(4,3),(5,3),(2,4),(4,4),(3,5)\}, y_2 = x_{10} = (3,5)$$

距离和是：

$$s_1 = d(x_2, y_1) + d(x_3, y_1) + d(x_4, y_1) + d(x_5, y_1) = 1+3+4+3 = 11$$
$$s_2 = d(x_6, y_1) + d(x_7, y_1) + d(x_8, y_1) + d(x_9, y_1) = 3+4+2+2 = 11$$
$$s = s_1 + s_2 = 11+11 = 22$$

步骤 3 的算法的第一步将 C_1 的中心点改变成 $y_1 = x_3 =$ (3,2)。这引起聚类的改变，在步骤 3 的第二部分，改变为：

$$C_1 \{(1,1),(2,1),(3,2),(4,2),(2,3),(4,3),(5,3)\}, y_1 = x_3 = (3,2)$$
$$C_2 \{(2,4),(4,4),(3,5)\}, y_2 = x_{10} = (3,5)$$

这得到的距离和是：

$$s_1 = 3+2+1+2+2+3 = 13$$
$$s_2 = 2+2 = 4$$
$$s = s_1 + s_2 = 13+4 = 17$$

生成的配置展示在图 8-16 中的第二个面板中。

在算法的步骤 3，过程重复了聚类 C_2。产生的配置展示在图 8-16 的第三个面板，计算如下：

$$C_1 = \{(1,1),(2,1),(3,2),(4,2),(4,3),(5,3)\}, y_1 = x_3 = (3,2)$$
$$C_1 = \{(2,3),(2,4),(4,4),(3,5)\}, y_2 = x_8 = (2,4)$$
$$s = s_1 + s_2 = (3+2+1+2+3) + (1+2+2) = 11+5 = 16$$

这个算法还改变了两次，最终收敛到展示在图 8-16 的最小配置中。

这种版本的 k-中心聚类也叫作围绕中心点的**分割**（partitioning around medoids，PAM）。

就像 k-均值聚类一样，k-中心点聚类不适合大型数据集。然而，它确实克服了离群点的问题，很明显在图 8-14 中可以看出来。

8.3.4　仿射传播聚类

前面介绍的每一种聚类算法（系统、k-均值、k-中心点），共同的缺点是要求聚类个数 k 要事先确定。仿射传播聚类算法则没有这样的要求。在 2007 年，多伦多大学的 Brendan J. Frey 和 DelbertDueck 开发了该算法，目前已经成为最普及的聚类方法之一。（B. J. Frey and

D. Dueck, Clustering by Passing Messages Between Data Points Science 315, Feb 16, 2007）。

与 k-中心点聚类类似，仿射传播算法要从数据集选择聚类中心点，叫作**代表点**，用于表示聚类。这通过数据点之间的**信息传递**（message-passing）来实现。

处理 3 个二维数组的算法是：

（1）$s_{ij} = x_i$ 和 x_j 之间的相似度。

（2）r_{ik} =代表度：从 x_i 传递给 x_k 的，关于 x_k 作为 x_i 代表点的适合程度的信息。

（3）a_{ik} =有效度：从 x_k 传递给 x_i 的，关于 x_k 作为 x_i 代表点的适合程度的信息。

我们将 r_{ik} 作为从 x_i 到 x_k 的信息，a_{ik} 当作从 x_k 到 x_i 的信息。通过对这些信息不断重新计算，算法最小化了数据点和它们的代表点之间总的相似性。

图 8-17 展示了信息传递的原理。数据点 x_i 发送信息 r_{ik} 给数据点 x_k，通过更新数组元素 `r[i][k]`的值。这个值代表（从 x_i 的角度）候选点 x_k 作为 x_i 代表点的适合程度。之后，x_k 发送信息 a_{ik} 给数据点 x_i，通过更新数组元素 `a[i][k]`的值，这个值代表了（从 x_k 的观点）x_k 作为 x_i 的代表点的适合程度。在这两种情况下，数组元素的值越高，有效度的水平越高。

算法从设置相似度的值为 $s_{ij} = -d\left(x_i - x_j\right)^2$ 开始，$i \neq j$，其中 $d()$是欧氏度量。将距离平方可以消除不必要的计算平方根的步骤。当 x_i 更接近 x_j 而不是 x_k 时，改变符号确保 $s_{ij} > s_{ik}$，即 x_i 与 x_j 而不是与 x_k 更相似。例如，在图 8-17 中 $x_1 = (2,4)$，$x_2 = (4,1)$且 $x_3 = (5,3)$。明显地，x_2 更接近 x_3 而不是 x_1，并且 $s_{23} > s_{21}$，因为 $s_{23} = -5 > -13 = s_{21}$。

我们还将 s_{ii} 设置为 s_{ij} 的平均，对那些 $i \neq j$ 的点。为了减少聚类的个数，这个共同值可以降低到最小值而不是其他值的平均值。然后，算法不断更新所有的代表度 r_{ik} 和有效度 a_{ik}。

通常，候选点 x_k 作为点 x_i 的代表点的适合度将由下面的和来决定：

$$a_{ik} + r_{ik}$$

该和式结合了 x_k 观点（有效度）和 x_i 观点（代表度），度量了总适合度。当这个和收敛到最大值时，表达式就得到了确定。

相反，对于另一些 $j \neq k$ 的点，$a_{ij} + r_{ij}$ 越高，x_k 就越不适合作为点 x_i 的代表点。这导致

了 r_{ik} 的更新公式：

$$r_{ik} = s_{ik} - \max\left(a_{ij} + s_{ij} : j \neq k\right)$$

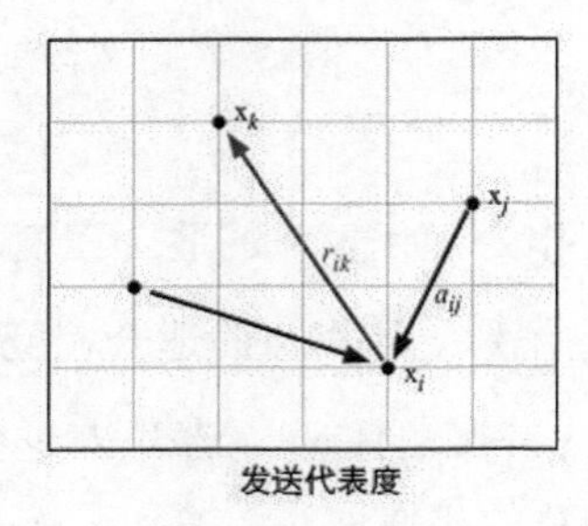

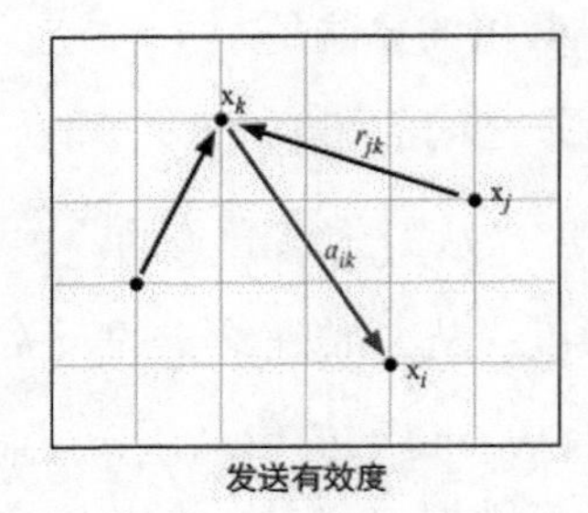

图 8-17 仿射传播

对于代表数据点 x_i 的 x_k，我们希望这两个点是相似的（高的为 s_{ik} ）,但是我们不希望任意其他的 x_j 成为更好的代表（对于 $j \neq k$ 的点，低的为 $a_{ij} + s_{ij}$ ）。

注意，最初所有的 a_{ij} （以及 r_{ij} ）将是零，所以，在第一次迭代中：

$$r_{ik} = s_{ik} - \max\left\{s_{ij} : j \neq k\right\}$$

就是说，每一个代表度的值设置为等于对应的相似值减去最接近竞争者的相似值。

通过把它的自代表度 r_{kk} 加到它从其他点收到的正代表度 r_{jk} 的和上边，每一个候选的代表点 x_k 测量了它表示另一个数据点 x_i 的有效度 a_{ik}：

$$a_{ik} = \min\left\{0, r_{kk} + \sum\left\{\max\left\{0, r_{jk}\right\} : j \neq i \wedge j \neq k\right\}\right\}$$

注意到这个和用零做阈值，所以只有非负的值会指派给 a_{ik} 。

自有效度 a_{kk} 度量了 x_k 代表自身的信心，它是单独更新的：

$$a_{kk} = \sum\left\{\max\left\{0, r_{jk}\right\} : j \neq k\right\}$$

这只是反映出自信心是其他点对 x_k 正信心（代表度）的累积。

下面是完整的算法：

（1）初始化相似性

- 对于 $i \neq j, s_{ij} = d\left(x_i, x_j\right)^2$

- s_{ii} 等于这些其他 s_{ij} 值的平均值

（2）重复下面步骤，直到收敛

- 更新代表度

$$r_{ik} = s_{ik} - \max\left\{a_{ij} + s_{ij} : j \neq k\right\}$$

- 更新适合度

$$a_{ik} = \min\left\{0, r_{kk} + \sum_j \left\{\max\left\{0, r_{jk}\right\} : j \neq i \wedge j \neq k\right\}\right\}，其中 i \neq k;$$

$$a_{kk} = \sum_j \left\{\max\left\{0, r_{jk}\right\} : j \neq k\right\}$$

如果 $a_{ik} + r_{ik} = \max_j \left\{a_{ij} + r_{ij}\right\}$，点 x_k 将作为点 x_i 的代表点。

这个算法由展示在清单 8-11 中的程序实现。

清单 8-11　仿射传播聚类

```
AffinityPropagation.java
8   public class AffinityPropagation {
        private static double[][] x = {{1,2}, {2,3}, {4,1}, {4,4}, {5,3}};
        private static int n = x.length;                // number of points
        private static double[][] s = new double[n][n];  // similarities
        private static double[][] r = new double[n][n];  // responsibilities
        private static double[][] a = new double[n][n];  // availabilities
14      private static final int ITERATIONS = 10;
15      private static final double DAMPER = 0.5;
16
17      public static void main(String[] args) {
18          initSimilarities();
19          for (int i = 0; i < ITERATIONS; i++) {
20              updateResponsibilities();
21              updateAvailabilities();
22          }
23          printResults();
24      }
25
```

```
26 ⊞      private static void initSimilarities() {...12 lines }
38
39 ⊞      private static void updateResponsibilities() {...15 lines }
54
55 ⊞      private static void updateAvailabilities() {...12 lines }
67
68        /*  Returns the negative square of the Euclidean distance from x to y.
69        */
70 ⊞      private static double negSqEuclidDist(double[] x, double[] y) {...5 lines }
75
76        /*  Returns the sum of the positive r[j][k] excluding r[i][k] and r[k][k].
77        */
78 ⊞      private static double sumOfPos(int i, int k) {...9 lines }
87
88 ⊞      private static void printResults() {...14 lines }
102   }
```

```
Output - Clustering (run)
run:
point 0 has exemplar point 1
point 1 has exemplar point 1
point 2 has exemplar point 4
point 3 has exemplar point 4
point 4 has exemplar point 4
```

它在小数据集{(1,2), (2,3), (4,1), (4,4), (5,3)}上运行，展示在图 8-18 中。

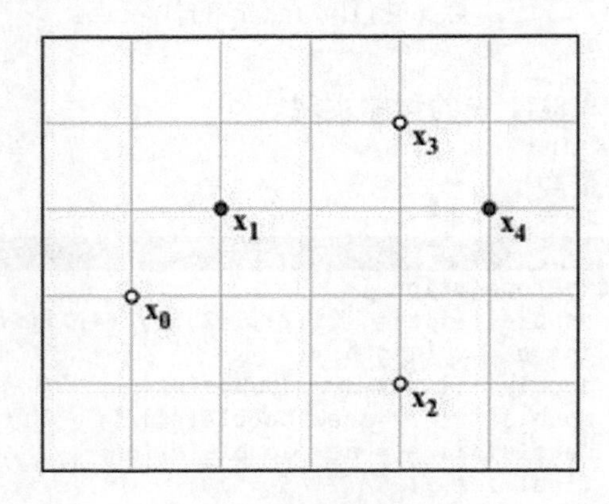

图 8-18　样本输入数据集

如输出所示，这 5 个点组织化为两个聚类，代表点分别是 x_1= (2,3)和 x_4= (5,3)。

在第 18 行，main()方法初始化了相似性数组 s[][]。然后，主循环重复更新代表度数组 r[][]以及适应度数组 a[][]，在第 19~22 行。最后，结果在第 23 行打印。

清单 8-12 展示了 initSimilarities()方法。

清单 8-12 初始化相似性数组

```
AffinityPropagation.java
26     private static void initSimilarities() {
27         double sum = 0;
28         for (int i = 0; i < n; i++) {
29             for (int j = 0; j < i; j++) {
30                 sum += s[i][j] = s[j][i] = negSqEuclidDist(x[i], x[j]);
31             }
32         }
33         double average = 2*sum/(n*n - n);  // average of s[i][j] for j < i
34         for (int i = 0; i < n; i++) {
35             s[i][i] = average;
36         }
37     }
```

它实现了算法的步骤 1。在第 30 行，两个点 x_i 和 x_j 之间欧氏距离平方的相反数被指派给 `s[i][j]` 和 `s[j][i]`。这个值由定义在（清单 8-16）第 68~74 行的辅助方法 `negSqEuclidDist()` 计算。这些值的和累积到变量 `sum` 中，然后在第 33 行使用这个变量来计算它们的平均 `average`。（在他们 2007 年的原创论文中，Frey 和 Dueck 推荐这里使用中位数平均。而我们的实现使用了均值平均做了替代）。然后，在第 35 行这个平均值被重新指派给所有的对角元素 `s[i][i]`，如算法步骤 1 的指示。

在第 35 行指派给对角元素 s_{ii} 的初始值可以调整，用来影响生成的代表点（聚类）的个数。Frey 和 Dueck 在他们的论文中表示，采用他们的 25 个点的样本数据集，通过将初始值从-100 变到-0.1，可以得到一系列的结果，从一个聚类到 25 个聚类。所以，一种常见的做法是使用对角线上的平均值运行算法，然后在调整初始值生成不同个数的聚类之后再重新运行算法。

注意，在第 30 行对 sum 的指派执行了 $\left(n^2-n\right)/2$ 次，因为 i 从 0 到 n−1 迭代，而 j 从 0 到 i−1 迭代（例如，如果 n=5，那么对 `sum` 就有 20 次指派）。所以，在第 33 行，`average` 被指派为 `sum` 除以 $\left(n^2-n\right)/2$。这是所有位于对角线下方的元素的平均值。于是在第 35 行，这个常数被指派给每一个对角线元素。

注意，因为第 30 行的双重指派，数组 `s[][]` 是（作为一个矩阵）关于它的对角线对称的。所以，常数 `average` 也是对角线上方所有元素的平均值。

`updateResponsibilities()` 方法展示在清单 8-13 中。

清单 8-13　更新代表度数组

```
AffinityPropagation.java
39      private static void updateResponsibilities() {
40          for (int i = 0; i < n; i++) {
41              for (int k = 0; k < n; k++) {
42                  double oldValue = r[i][k];
43                  double max = Double.NEGATIVE_INFINITY;
44                  for (int j = 0; j < n; j++) {
45                      if (j != k) {
46                          max = Math.max(max, a[i][j] + s[i][j]);
47                      }
48                  }
49                  double newValue = s[i][k] - max;
50                  r[i][k] = DAMPER*oldValue + (1 - DAMPER)*newValue;
51              }
52          }
53      }
```

它实现了算法步骤 2 的第一部分。在第 43~48 行，计算了 $\max\{a_{ij}+s_{ij}:j\neq k\}$ 的值。然后在第 49 行使用这个最大值去计算 $s_{ik}-\max\left\{a_{ij}+s_{ij}:j\neq k\right\}$。然后，在第 50 行这个衰减值被指派到 r_{ik}。

清单 8-14　更新有效度数组

```
AffinityPropagation.java
55      private static void updateAvailabilities() {
56          for (int i = 0; i < n; i++) {
57              for (int k = 0; k < n; k++) {
58                  double oldValue = a[i][k];
59                  double newValue = Math.min(0, r[k][k] + sumOfPos(i,k));
60                  if (k == i) {
61                      newValue = sumOfPos(k,k);
62                  }
63                  a[i][k] = DAMPER*oldValue + (1 - DAMPER)*newValue;
64              }
65          }
66      }
```

衰减在第 50 行执行，然后根据 Frey 和 Dueck 的推荐，在第 63 行再次执行以避免数值的震荡。他们推荐了一个 0.5 的衰减因子，它是清单 8-15 在第 15 行初始化的 DAMPER 常数的值。

清单 8-15 打印结果

```
AffinityPropagation.java
 88     private static void printResults() {
 89         for (int i = 0; i < n; i++) {
 90             double max = a[i][0] + r[i][0];
 91             int k = 0;
 92             for (int j = 1; j < n; j++) {
 93                 double arij = a[i][j] + r[i][j];
 94                 if (arij > max) {
 95                     max = arij;
 96                     k = j;
 97                 }
 98             }
 99             System.out.printf("point %d has exemplar point %d%n", i, k);
100         }
101     }
```

`updateAvailabilities()`方法展示在清单 8-14 中。它实现了算法步骤 2 的第 2 部分。最小的 $\min\left\{0, r_{kk} + \sum\left\{\max\left\{0, r_{jk}\right\} : j \neq i \wedge j \neq k\right\}\right\}$ 值在第 59 行计算。表达式中的和由定义在第 76~86 行（清单 8-16）中的辅助方法 `sumOfPos()` 分别计算出来。

清单 8-16 辅助方法

```
AffinityPropagation.java
68     /*  Returns the negative square of the Euclidean distance from x to y.
69     */
70     private static double negSqEuclidDist(double[] x, double[] y) {
71         double d0 = x[0] - y[0];
72         double d1 = x[1] - y[1];
73         return -(d0*d0 + d1*d1);
74     }
75 
76     /*  Returns the sum of the positive r[j][k] excluding r[i][k] and r[k][k].
77     */
78     private static double sumOfPos(int i, int k) {
79         double sum = 0;
80         for (int j = 0; j < n; j++) {
81             if (j != i && j != k) {
82                 sum += Math.max(0, r[j][k]);
83             }
84         }
85         return sum;
86     }
```

它是所有正数 r_{jk} 的和，不包括 r_{ik} 和 r_{kk}。然后在第 63 行，元素 a_{ik} 被指派给（衰减的）

值。在第 61 行，按照算法步骤 2 的第 2 部分的要求，对角线元素被重新指派为`sumOfPos(k,k)`的值。

`printResults()`方法展示在清单 8-15 中。它计算并打印了数据集中每个点的代表点（聚类的代表）。这些点根据算法中指定的准则决定。如果 $a_{ik}+r_{ik}=\max_j\left\{a_{ij}+r_{ij}\right\}$，对于点 x_i 来说，点 x_k 就是它的代表点。在第 90~98 行，指数 k 对每一个 i 来计算，然后在第 99 行打印。

在他们 2007 年的原创论文中，Frey 和 Dueck 推荐迭代，直到经过 10 次迭代代表点的指派保持不变才停止。在这个实现中，用一个非常小的数据集，我们总共只做了 10 次迭代。

在他 2009 年的博士论文中，D. Dueck mentions 提到："k-中心点的一次运行可能需要解决相互矛盾的解。"（Affinity Propagation: Clustering Data by Passing Messages, U. of Toronto, 2009.）

8.4 小结

在讨论了各种距离测量以及高维聚类的问题之后，本章给出了 4 种基本的聚类算法：系统聚类、K-均值聚类、K-中心点聚类以及仿射传播聚类算法。本章还在 Java 中实现了这些算法，包括由 Weka 和 Apache Commons Math 库提供的方法。

第 9 章 推荐系统

大多数在线购物者都可能熟悉亚马逊的推荐系统，如图 9-1 所示。

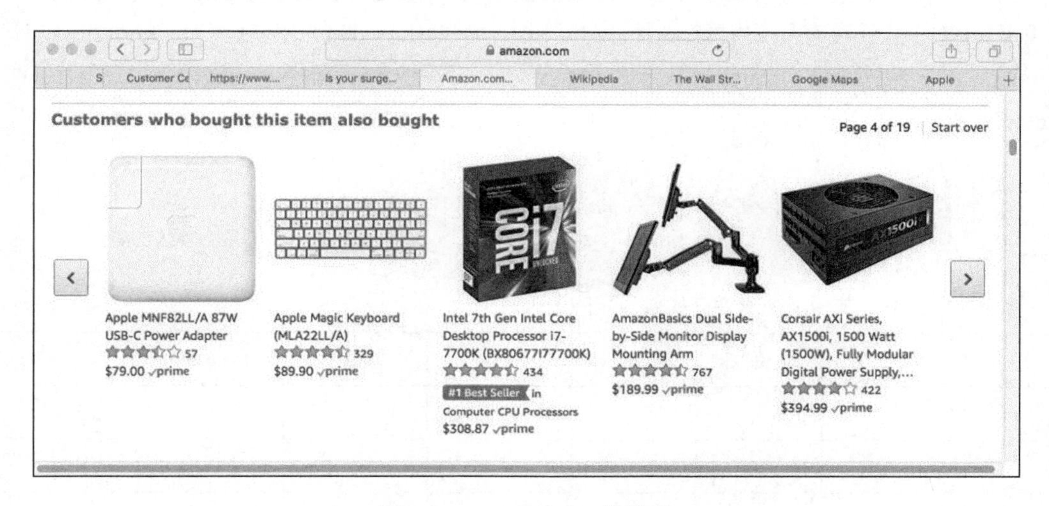

图 9-1　Amazon.com 的推荐

当消费者浏览商品项目时，网站展示出一些销量很高的类似项目。这些项目来自访问令人惊叹的亚马逊产品、消费者和销售数据库的推荐系统。

现在，许多商品和服务的提供商运行着在线推荐系统。Netflix 推荐电影，苹果推荐音乐，Audible 推荐图书，Yelp 推荐餐馆等。

推荐系统（recommender system）是一种算法，它的分析基于消费者之前的选择与许多其他消费者的比较，预测该消费者的产品偏好。这些算法由亚马逊和 Netflix 开创，现在已在网络上普及。

聚类算法提供了建立推荐系统的一种机制：推荐同一个聚类中的其他数据点。具体地说，我们可以使用 k-均值算法，然后推荐聚类的均值。聚类算法和分类算法都可以类似这样使用，从而实现推荐系统。但是，本章将考察几种专门为推荐系统设计的算法。

9.1 效用矩阵

大多数推荐系统使用的是用户项目偏好的量化输入。这些偏好通常排列在一个矩阵中，矩阵的一行表示每位用户，一列表示每个项目。这样的矩阵叫作**效用矩阵**（utility matrix）。例如，Netflix 请求它的用户按一星到五星对电影进行评分。所以，这个效用矩阵中的每一项会是一个范围 0~5 的整数 u_{ij}，代表了用户 i 对电影 j 的评分星数，其中 0 代表没有评分。

例如，表 9-1 展示了一个用户在 1~5 范围内对啤酒进行评分的效用矩阵，5 表示最大的认可。空白表示没有用户对该项目评分。啤酒是：BL = Bud Light, G = Guinness, H = Heineken, PU = Pilsner Urquell, SA = Stella Artois, SNPA = Sierra Nevada Pale Ale 以及 W = Warsteiner。

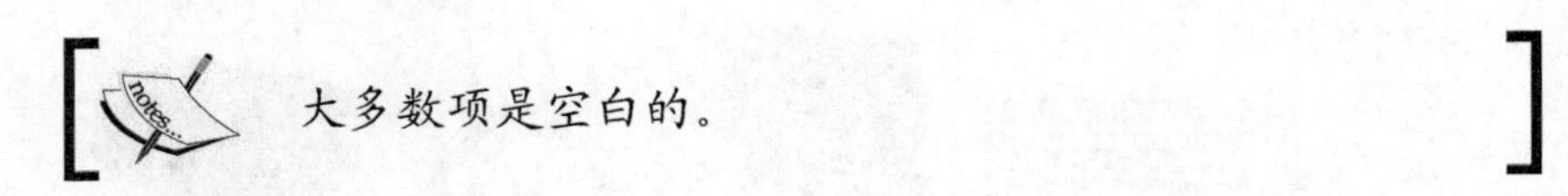

大多数项是空白的。

表 9-1 在 1~5 范围上啤酒评分的效用矩阵

	BL	G	H	PU	SA	SNPA	W
x_1		5		4			2
x_2	2		3			5	3
x_3	1		4		3		
x_4	3	4		5		4	
x_5			4		3	3	

推荐系统的目的是去填充效用矩阵中的一些空白。例如，用户 x_1 会有多喜欢 BL？为了做出推荐，我们明确希望可以为用户找到那些会打出很高评分的空白。

我们的系统可能会推断用户 x_1 对 BL 的评分和用户 x_4 一样（三星），因为这两名用户对 G 和 PU 的评分几乎相同（四星和五星）。或者，使用更多一些的数据，它可能发现大多数用户对 G 和 SNPA 的评分是相同的，就像用户 x_4（四星），于是预测用户 x_1 也会对它们评分相同，于是给 SNPA 五星。

一种方法是比较用户如何对项目的属性排序。对于啤酒的示例，我们可能会问用户关于淡/黑（light/dark）、苦/淡（bitter/mild）、高/低 ABV（high/low ABV）（ABV 指标准酒精度）、麦芽（malty）、小麦（wheaty）等的偏好。然后我们可以使用这些偏好来度量对每位用户的项目相似性，这叫作**基于内容的推荐**（content-based recommendation）。

或者，通过比较用户如何对项目进行排序，我们可以度量项目的相似性。这叫作**基于项目的推荐**（item-based recommendation）。它通常借助于一种相似性度量来实现，这种度量是一个函数 $s(y, z)$，对每一对项目(y, z)指派一个数，满足下面的这些性质：

（1）对所有的这些向量 y 和 z，$0 \leqslant s(y,z) \leqslant 1$；

（2）对所有的向量 y 和 z，$s(y, z) = s(z, y)$；

（3）当 $y = z$ 时，$s(y, z) = 1$；

（4）当 y 和 z 非常相似时，$s(y, z) \approx 1$；

（5）当 y 和 z 非常不同时，$s(y, z) \approx 0$；

（6）当 y 与 w 相比更相似于 z 时，$s(y, z) > s(y, w)$。

如果我们将 m 个用户标号为 1, 2, …, m，n 个项目标号为 1, 2, …, n，那么我们能用一个 $m \times n$ 的效用矩阵（u_{ij}）和一个 $n \times n$ 的相似矩阵（s_{jk}）封装这个数据，其中 u_{ij} 是用户 x_i 对项目 y_j 给出的评分，s_{jk} 是两个项目 y_j 和 y_k 的相似性取值 $s_{jk} = s\left(y_j, y_k\right)$。

采用这些记号，效用矩阵的第 i 行代表了用户 x 的所有评分，效用矩阵的第 j 列代表了项目 y_j 的所有评分，相似矩阵的第（j,k）项代表了项目 y_j 和 y_k 的相似性。

效用矩阵是基于所提供的用户评分的真实列表构建的。相似性矩阵是基于效用矩阵和相似性度量构建的。

9.2 相似性度量

相似性度量类似于逆距离函数。事实上，如果 $d(y, z)$是所有项目集合上的距离函数，我们可以使用下列公式作为相似性度量：

$$s\left(y,z\right) = \frac{1}{1 + d\left(y,z\right)}$$

你可以检查出，它能满足之前列举过相似性度量的 6 个性质。

如果没有预先定义的距离函数，我们将会根据给定的效用函数的内容定义相似性测量。这里有几种相应的方法。

如果效用矩阵是布尔型的（就是说，每一项 u_{ij} 要么是 1 要么是 0，表明用户 i 是否购买了这个项目），于是我们可以采用**汉明度量**（Hamming metric）。在这种情况下，效用矩阵的每一列都是一个布尔向量，表明哪一位用户购买了这个项目。两个向量之间的汉明度量是它们不同向量分量的个数。例如，如果 $y=(1, 1, 1, 0, 0, 1, 0,0)$ 且 $z=(1, 0, 1, 1, 1, 0, 0, 1)$，因为这两个向量在第 2、4、5、6 和 8 个分量上不一致，那么 y 和 z 之间的汉明度量是 $d_H(y,z)=5$。

汉明距离有一个特殊的性质 $d_H(y,z)\leqslant n$，其中 n 是向量的长度。因此，用于导出距离函数的上述公式并不完全满足性质 5。然而，用于导出距离的替代公式是可行的，读者可以验证：

$$s_H(y,z)=\frac{n-d_H(y,z)}{n+d_H(y,z)}$$

这个版本满足相似性度量的所有 6 项要求。

当效用矩阵的项是更一般的小数取值时，汉明相似性不太可行。此时的问题是，实数值的相等非常不可能。要看到这一点，运行测试程序。

清单 9-1　检验实数的相等性

```
 8  public class HammingTest {
 9      public static void main(String[] args) {
10          int count = 0;
11          for (int i = 0; i < 1000000000; i++) {
12              long a = Double.doubleToLongBits(Math.random());
13              long b = Double.doubleToLongBits(Math.random());
14              if (a == b) {
15                  ++count;
16              }
17          }
18          System.out.println(count);
19      }
20  }
```

```
Output - RecommenderSystems (run)
run:
0
BUILD SUCCESSFUL (total time: 49 seconds)
```

清单 9-1 中的程序展示，即使把数百万个随机的 Double 值限定在区间 0~1 之间，然后再转换为 long 整数类型，它们也不相等。所以，实数随机向量之间的汉明距离几乎总

是 n，即向量的长度。

9.3 余弦相似性

如果我们将效用矩阵的每一列 y 看作一个 n 维向量 $y=(y_1,y_2,\cdots,y_n)$，那么我们可以使用欧氏点积（内积）公式去计算两个向量在原点处形成的角度 θ 的余弦：

$$y\cdot z=|y||z|\cos\theta$$

$$\cos\theta=\frac{y\cdot z}{|y||z|}=\frac{\sum_{j=1}^{n}y_jz_j}{\sqrt{\sum_{j=1}^{n}y_j^2}\sqrt{\sum_{j=1}^{n}z_j^2}}$$

这叫作余弦相似性度量。

例如，如果 $y=(2,1,3)$且 $z=(1,3,2)$，那么：

$$s(y,z)=\cos\theta=\frac{2\times1+1\times3+3\times2}{\sqrt{2^2+1^2+3^2}\sqrt{1^2+3^2+2^2}}=\frac{11}{14}=0.7857$$

我们可以看到，余弦相似性具有相似性测度的 6 个性质。如果 u 和 v 是平行的，那么 $s(y,z)=\cos\theta=\cos0=1$。这可能是 $y=(2,1,2)$且 $z=(4,2,4)$情况的结果，于是 y 和 z 是垂直的而且 $s(y,z)=\cos\theta=\cos90^\circ=0$。

我们可以根据效用矩阵解释这些极端的情况。如果 $y=(2,1,2)$且 $z=(4,2,4)$，那么 $z=2y$。它们是非常相似的，所有 3 位用户对 z 的评分两倍高于对 y 的评分。但是在(2, 0, 2)和(0, 4, 0)的第二个示例中，我们可以检测到所有这些数据中没有相似性：项目 y 只被那些没有评价项目 z 的用户评分，反之也一样。

$u=(2,0,2)$和 $v=(0,4,0)$的示例是不容易解释的，因为取值 0 意味着没有评价，即用户关于这个项目没有给出意见。一个更好的示例也许是 $u=(4,1,1)$且 $v=(1,4,4)$。这里，u 非常喜欢项目 1 而对项目 2 和 3 几乎毫不喜爱，v 则具有相反的意见。据此，他们的余弦相似性是较低的：$s(u,v)=4/11=0.3636$。

9.4 一个简单的推荐系统

下面是一个项目对项目版本的推荐系统，其中效用矩阵是布尔型的：

$u_{ij}=1 \Leftrightarrow$ 用户 i 购买了项目 j。

推荐算法 1 如下。给定一个(i, j)对的输入列表，代表了用户 x_i 购买的项目 y_j。

（1）初始化 m 行 n 列的效用矩阵(u_{ij})，其中 m 是用户的个数，n 是项目的个数。

（2）对输入列表中的每一对(i, j)，设置 $u_{ij}=1$。

（3）初始化 n 行 n 列的相似性矩阵(s_{jk})。

（4）对每一个 $j=1,\cdots,n$ 和每一个 $k=1,\cdots,n$，设置 $s_{jk}=s(u, v)$，这是效用矩阵第 j 列 u 和第 k 列 v 的余弦相似性。

（5）对一个给定的用户-购买对(i, j)（即，$u_{ij}=1$）：

- 找到用户 i 没有购买的集合 S。
- 根据与项目 j 的相似性，排序 S 中的项目。

（6）推荐 S 的前 n_1 个项目，其中 n_1 是一个远小于 n 的指定常数。

要实现这种算法，我们需要一个购买的输入列表。清单 9-2 中的程序生成了一个随机的成对列表，其中的(i, j)对代表用户 j 买了项目 i。

清单 9-2　生成用户—项目对的程序

```
DataGenerator1.java | Purchases.dat | Filter1.java | Utility.dat | Similar
14  public class DataGenerator1 {
15      static final Random RANDOM = new Random();
16      static final int NUM_USERS = 5;
17      static final int NUM_ITEMS = 12;
18      static final int NUM_PURCHASES = 36;
19
20      public static void main(String[] args) {
21          HashSet<Purchase> purchases = new HashSet(NUM_PURCHASES);
22          while (purchases.size() < NUM_PURCHASES) {
23              purchases.add(new Purchase());
24          }
25
26          File outFile = new File("data/Purchases.dat");
27          try {
28              PrintWriter out = new PrintWriter(outFile);
29              out.printf("%d users%n", NUM_USERS);
30              out.printf("%d items%n", NUM_ITEMS);
31              out.printf("%d purchases%n", NUM_PURCHASES);
32              for (Purchase purchase : purchases) {
33                  out.println(purchase);
34                  System.out.println(purchase);
```

```
35              }
36              out.close();
37          } catch (FileNotFoundException e) {
38              System.err.println(e);
39          }
40      }
41
42      static class Purchase {...32 lines }
74  }
```

程序生成了 36 对(i, j)，其中 $1\leqslant i\leqslant 5$ 且 $1\leqslant j\leqslant 12$，代表了 5 位 users 和 12 个 items 的 36 次购买。这些存储在外部文件 Purchases1.dat 中，如图 9-2 所示。

```
Purchases1.dat
1  5 users
2  12 items
3  36 purchases
4     5   1
5     3   6
6     1  11
7     3   7
8     4   5
9     2  10
10    5   3
11    5   4
12    3   9
13    4   7
14    2  12
15    5   6
16    3  11
17    1   3
18    4   9
19    2   1
20    5   7
21    1   4
22    3  12
23    2   2
24    1   5
25    5   9
26    3   1
27    2   4
28    5  10
29    3   2
30    1   7
31    2   5
32    5  11
33    3   3
34    1   8
35    2   6
36    5  12
37    2   7
38    3   5
39    1  10
```

图 9-2 Purchases 文件

它还插入了 3 个头部行，指定了 users、items 和 purchases 的个数。

静态嵌套的 Purchase 类（第 42~73 行）在清单 9-3 中显示。

清单 9-3　DataGenerator1 程序中的 Purchase 类

```
DataGenerator1.java | Purchases1.dat | Filter1.java | Utility.dat | Similarity..
42      static class Purchase {
43          int user;
44          int item;
45
46          public Purchase() {
47              this.user = RANDOM.nextInt(NUM_USERS) + 1;
48              this.item = RANDOM.nextInt(NUM_ITEMS) + 1;
49          }
50
51          @Override
52          public int hashCode() {
53              return NUM_ITEMS*this.user + NUM_USERS*this.item;
54          }
55
56          @Override
57          public boolean equals(Object object) {
58              if (object == null) {
59                  return false;
60              } else if (object == this) {
61                  return true;
62              } else if (!(object instanceof Purchase)) {
63                  return false;
64              }
65              Purchase that = (Purchase)object;
66              return that.user == this.user && that.item == this.item;
67          }
68
69          @Override
70          public String toString() {
71              return String.format("%4d%4d", user, item);
72          }
73      }
```

对 user 和 item 个数的随机取值由第 47 行和第 48 行的默认构造器生成。hashCode() 和 equals() 方法包括在对象用于 Set 或 Map 集合中的情况。

清单 9-4 中的 Filter1 程序实现了算法的步骤 1~4，过滤了 Purchases1.dat 文件，生成存储效用矩阵和相似矩阵的 Utility1.dat 文件和 Similarity1.dat 文件。它用于计算和存储矩阵的方法展示在清单 9-5 和清单 9-6 中。效用矩阵中的项直接从 Purchases1.dat 文件读取。相似性矩阵中的项是由 cosine() 方法计算的，清单 9-7 展示了它的辅助的 dot() 和 norm() 方法。生成的 Utility1.dat 和 Similarity1.dat

文件展示在图 9-3 和图 9-4 中。

清单 9-7 中第 90~91 行的代码防止了分子被 0 除。如果 denominator 的值是 0，那么效用矩阵中的第 j 列或者第 k 列是个零向量。即，所有的成分都是零。这种情况下，余弦相似性将默认为 0。

推荐算法 1 的步骤 5 和步骤 6 由清单 9-8 中的 Recommender1 程序实现。它的方法分别展示在清单 9-9 到清单 9-12 中。程序的两次样本运行展示在图 9-5 和图 9-6 中。

清单 9-4　过滤购买列表的程序

DataGenerator1.java | Purchases1.dat | Filter1.java | Utility1.dat | Similarity

```
31      public static int[][] computeUtilityMatrix(File file)
32              throws FileNotFoundException {
33          Scanner in = new Scanner(file);
34          //  Read the five header lines:
35          m = in.nextInt();  in.nextLine();
36          n = in.nextInt();  in.nextLine();
37          in.nextLine();  in.nextLine();  in.nextLine();
38
39          //  Read in the utility matrix:
40          int[][] u = new int[m+1][n+1];
41          while (in.hasNext()) {
42              int i = in.nextInt();  // user
43              int j = in.nextInt();  // item
44              u[i][j] = 1;
45          }
46          in.close();
47          return u;
48      }
49
50      public static void storeUtilityMatrix(int[][] u, File file)
51              throws FileNotFoundException {
52          PrintWriter out = new PrintWriter(file);
53          out.printf("%d users%n", m);
54          out.printf("%d items%n", n);
55          for (int i = 1; i <= m; i++) {
56              for (int j = 1; j <= n; j++) {
57                  out.printf("%2d", u[i][j]);
58              }
59              out.println();
60          }
61          out.close();
62      }
```

清单 9-5 计算并存储效用矩阵

```
DataGenerator1.java  Purchases1.dat  Filter1.java  Utility1.dat  Similarity1.dat  Reco...
13  public class Filter1 {
14      private static int m;  //  number of users
15      private static int n;  //  number of items
16
17      public static void main(String[] args) {
18          File purchasesFile = new File("data/Purchases1.dat");
19          File utilityFile = new File("data/Utility1.dat");
20          File similarityFile = new File("data/Similarity1.dat");
21          try {
22              int[][] u = computeUtilityMatrix(purchasesFile);
23              storeUtilityMatrix(u, utilityFile);
24              double[][] s = computeSimilarityMatrix(u);
25              storeSimilarityMatrix(s, similarityFile);
26          } catch (FileNotFoundException e) {
27              System.err.println(e);
28          }
29      }
30
31      public static int[][] computeUtilityMatrix(File file)
32              throws FileNotFoundException {...17 lines }
49
50      public static void storeUtilityMatrix(int[][] u, File file)
51              throws FileNotFoundException {...12 lines }
63
64      public static double[][] computeSimilarityMatrix(int[][] u) {...9 lines }
73
74      public static void storeSimilarityMatrix(double[][] s, File file)
75              throws FileNotFoundException {...11 lines }
86
87      /*  Returns the cosine similarity of the jth and kth columns of u[][].
88       */
89      public static double cosine(int[][] u, int j, int k) {...3 lines }
92
93      /*  Returns the dot product of the jth and kth columns of u[][].
94       */
95      public static double dot(int[][] u, int j, int k) {...7 lines }
102
103     /*  Returns the norm of the jth column of u[][].
104      */
105     public static double norm(int[][] u, int j) {...3 lines }
108 }
```

清单 9-6 计算并存储相似性矩阵

```
DataGenerator1.java  Purchases1.dat  Filter1.java  Utility1.dat  Similarity1.dat
64      public static double[][] computeSimilarityMatrix(int[][] u) {
65          double[][] s = new double[n+1][n+1];
66          for (int j = 1; j <= n; j++) {
67              for (int k = 1; k <= n; k++) {
68                  s[j][k] = cosine(u, j, k);
69              }
70          }
71          return s;
72      }
73
74      public static void storeSimilarityMatrix(double[][] s, File file)
75              throws FileNotFoundException {
76          PrintWriter out = new PrintWriter(file);
77          out.printf("%d items%n", n);
78          for (int i = 1; i <= n; i++) {
79              for (int j = 1; j <= n; j++) {
80                  out.printf("%6.2f", s[i][j]);
81              }
82              out.println();
83          }
84          out.close();
85      }
```

清单 9-7 计算相似性的方法

```
DataGenerator1.java  Purchases1.dat  Filter1.java
86
87      /*  Returns the cosine similarity of the jth and kth columns of u[][].
88       */
89      public static double cosine(int[][] u, int j, int k) {
90          double denominator = norm(u,j)*norm(u,k);
91          return (denominator == 0 ? 0 : dot(u,j,k)/denominator);
92      }
93
94      /*  Returns the dot product of the jth and kth columns of u[][].
95       */
96      public static double dot(int[][] u, int j, int k) {
97          double sum = 0.0;
98          for (int i = 0; i <= m; i++) {
99              sum += u[i][j]*u[i][k];
100         }
101         return sum;
102     }
103
104     /*  Returns the norm of the jth column of u[][].
105      */
106     public static double norm(int[][] u, int j) {
107         return Math.sqrt(dot(u,j,j));
```

```
108  └     }
109    }
```

```
...java  Utility1.dat  Similarity1.
1  5 users
2  12 items
3   0 0 1 1 1 0 1 1 0 1 1 0
4   1 1 0 1 1 1 1 0 0 1 0 1
5   1 1 1 0 1 0 1 0 1 0 1 1
6   0 0 0 0 1 0 1 0 1 0 0 0
7   0 0 1 1 0 1 1 0 1 1 1 1
```

图 9-3　Utility.dat 文件

```
...java  Utility1.dat  Similarity1.dat  Recommender1.java  HammingTest.java
 1  12 items
 2    1.00  1.00  0.41  0.41  0.71  0.50  0.63  0.00  0.41  0.41  0.41  0.82
 3    1.00  1.00  0.41  0.41  0.71  0.50  0.63  0.00  0.41  0.41  0.41  0.82
 4    0.41  0.41  1.00  0.67  0.58  0.41  0.77  0.58  0.67  0.67  1.00  0.67
 5    0.41  0.41  0.67  1.00  0.58  0.82  0.77  0.58  0.33  1.00  0.67  0.67
 6    0.71  0.71  0.58  0.58  1.00  0.35  0.89  0.50  0.58  0.58  0.58  0.58
 7    0.50  0.50  0.41  0.82  0.35  1.00  0.63  0.00  0.41  0.82  0.41  0.82
 8    0.63  0.63  0.77  0.77  0.89  0.63  1.00  0.45  0.77  0.77  0.77  0.77
 9    0.00  0.00  0.58  0.58  0.50  0.00  0.45  1.00  0.00  0.58  0.58  0.00
10    0.41  0.41  0.67  0.33  0.58  0.41  0.77  0.00  1.00  0.33  0.67  0.67
11    0.41  0.41  0.67  1.00  0.58  0.82  0.77  0.58  0.33  1.00  0.67  0.67
12    0.41  0.41  1.00  0.67  0.58  0.41  0.77  0.58  0.67  0.67  1.00  0.67
13    0.82  0.82  0.67  0.67  0.58  0.82  0.77  0.00  0.67  0.67  0.67  1.00
```

图 9-4　Similarity.dat 文件

清单 9-8　Recommender1 程序

```
DataGenerator1.java  Purchases1.dat  Filter1.java  Utility1.dat  Similarity1.dat  Recommender1.java
14  public class Recommender1 {
15      private static int m;           //  number of users
16      private static int n;           //  number of items
17      private static int[][] u;       // utility matrix
18      private static double[][] s;    // similarity matrix
19      private static int user;        // the current user
20      private static int bought;      // the current item bought by user
21
22  ⊞   public static void main(String[] args) {...6 lines }
28
29  ⊞   public static void readFiles() {...10 lines }
39
40  ⊞   public static void readUtilMatrix(File f) throws FileNotFoundException {...13 lines }
53
54  ⊞   public static void readSimilMatrix(File f) throws FileNotFoundException {...13 lines }
67
68  ⊞   public static void getInput() {...9 lines }
77
78  ⊞   private static Set<Item> itemsNotYetBought() {...9 lines }
87
88  ⊞   private static void makeRecommendations(Set<Item> set, int numRecs) {...11 lines }
99
```

```
100 ⊞     static class Item implements Comparable<Item> {...19 lines }
119     }
```

清单 9-9 Recommender1 程序的方法

```
...dat  Filter1.java ×  Utility1.dat ×  Similarity1.dat ×  Recommender1.java ×
22      public static void main(String[] args) {
23          readFiles();
24          getInput();
25          Set<Item> set = itemsNotYetBought();
26          makeRecommendations(set, n/4);
27      }
28
29      public static void readFiles() {
30          File utilityFile = new File("data/Utility1.dat");
31          File similarityFile = new File("data/Similarity1.dat");
32          try {
33              readUtilMatrix(utilityFile);
34              readSimilMatrix(similarityFile);
35          } catch (FileNotFoundException e) {
36              System.err.println(e);
37          }
38      }
```

算法的步骤 5 通过第 25 行调用的方法实现，步骤 6 由第 26 行调用的 makeRecommendations()方法实现。注意，我们为 n_1 选择了值 $n/4$。

getInput()方法（清单 9-11）交互地读取了用户个数和项目个数，表示一次新的购买。然后，itemsNotYetBought()方法返回了一个还没有被用户购买过的 Item 对象的集合。因为我们正在使用 TreeSet<Item>类，每一次相加之后，集合保留存储的信息。（在第 82 行）根据清单 9-12 中第 107~112 行重写的 compareTo()方法完成了排序。在比较两个项目时，对于 bought 项目的相似性更大的一个项目将会优先于另一个项目。因此，当这个集合传递给第 26 行的 makeRecommendation()方法时，它的元素已经按照 bought 项目的降序来排序。

清单 9-10 Recommender1 程序的文件读取方法

```
...dat  Filter1.java ×  Utility1.dat ×  Similarity1.dat ×  Recommender1.java ×
40      public static void readUtilMatrix(File f) throws FileNotFoundException {
41          Scanner in = new Scanner(f);
42          m = in.nextInt();  in.nextLine();
43          n = in.nextInt();  in.nextLine();
44          u = new int[m+1][n+1];
45          for (int i = 1; i <= m; i++) {
46              for (int j = 1; j <= n; j++) {
47                  u[i][j] = in.nextInt();
```

```
48                }
49                in.nextLine();
50            }
51            in.close();
52        }
53
54        public static void readSimilMatrix(File f) throws FileNotFoundException {
55            Scanner in = new Scanner(f);
56            n = in.nextInt();
57            in.nextLine();
58            s = new double[n+1][n+1];
59            for (int j = 1; j <= n; j++) {
60                for (int k = 1; k <= n; k++) {
61                    s[j][k] = in.nextDouble();
62                }
63                in.nextLine();
64            }
65            in.close();
66        }
```

清单 9-11 Recommender1 程序的方法

```
...dat | Filter1.java | Utility1.dat | Similarity1.dat | Recommender1.java
68        public static void getInput() {
69            Scanner input = new Scanner(System.in);
70            System.out.print("Enter user number: ");
71            user = input.nextInt();
72            System.out.print("Enter item number: ");
73            bought = input.nextInt();
74            System.out.printf("User %d bought item %d.%n", user, bought);
75            u[user][bought] = 1;
76        }
77
78        private static Set<Item> itemsNotYetBought() {
79            Set<Item> set = new TreeSet();
80            for (int j = 1; j <= n; j++) {
81                if (u[user][j] == 0) {  // user has not yet bought item j
82                    set.add(new Item(j));
83                }
84            }
85            return set;
86        }
```

清单 9-12 Recommender1 程序的嵌套的 Item 类

```
...java | Purchases1.dat | Filter1.java | Utility1.dat | Similarity1.dat | Recommender1.java
88        private static void makeRecommendations(Set<Item> set, int numRecs) {
89            System.out.printf("We also recommend these %d items:", numRecs);
90            int count = 0;
91            for (Item item : set) {
92                System.out.printf("  %d", item.index);
```

```
 93                 if (++count == numRecs) {
 94                     break;
 95                 }
 96             }
 97             System.out.println();
 98         }
 99 
100     static class Item implements Comparable<Item> {
101         int index;
102 
103         public Item(int index) {
104             this.index = index;
105         }
106 
107         @Override
            public int compareTo(Item item) {
109             double s1 = s[bought][this.index];
110             double s2 = s[bought][item.index];
111             return (s1 > s2 ? -1 : 1);
112         }
113 
114         @Override
            public String toString() {
116             return String.format("%d", index);
117         }
118     }
119 }
```

嵌套的 Item 类实现了 Comparable<Item>接口，这对于使用 Set<Item>接口是有必要的。后者相应地要求 compareTo(Item)方法的重写（在第 107~112 行）。第 109~110 行定义了 s1 和 s2 作为 bought 项目的隐式参数（this）和显式参数（item）的相似性值（来自于相似性矩阵）。如果 s1 > s2，意味着 this 比 item 更类似于 bought 项目，于是方法返回-1，这个值的意思是 this 在集合的顺序上优先于 item。这使那些与 bought 项目更相似的元素排在其他元素之前。因此，当第 91~96 行的 for-each 循环对集合的第一个 numRecs 进行迭代时，这些元素获得了推荐。

Recommender1 程序的第一个示例运行展示在图 9-5 中。

```
Output - RecommenderSystems (run)
run:
Enter user number: 1
Enter item number: 1
User 1 bought item 1.
We also recommend these 3 items:  2  12  6
```

图 9-5 Recommender1 程序的第一次运行

交互输入告诉程序，用户 user #1 已经买了项目 item #1。效用矩阵（图 9-3）展示，除了 item #1, item #2, item #6, item #9 以及 item#12 还没有被用户 user #1 购买。于是，第 25 行定义的集合是`{2, 6,9, 12}`。但是，这个集合是根据相似矩阵（图 9-4）排序的，相似矩阵展示在它的第一行中，这 4 个项目的相似性是 1.00、0.50、0.41 及 0.82（根据 `bought` 项目 item #1）。于是，作为一个有序的集合，它是`(2, 12, 6, 9)`。$n/4$ 的值是 $12/4 = 3$，所以第 26 行的 `makeRecommendations()`方法打印了这个有序集合的前 3 个项目：2、12 和 6。

这个程序的第二个示例运行展示在图 9-6 中。

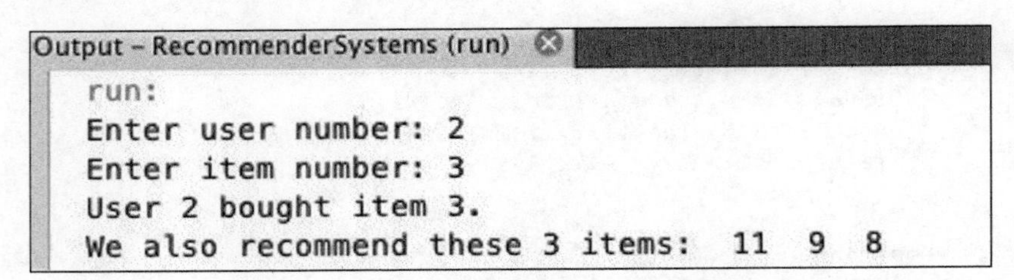
```
Output - RecommenderSystems (run)
run:
Enter user number: 2
Enter item number: 3
User 2 bought item 3.
We also recommend these 3 items:  11  9  8
```

图 9-6　Recommender1 程序的第二次运行

这一次，用户 user #2 买了项目 item #3。用户 user #2 还没有购买的其他项目分别是 item #8、item #9 及 item #11。它们对于已购买的 item #3 的相似性分别是 0.58、0.67 和 1.00，所以这个有序集合是`(11, 9, 8)`。于是这 3 个项目被推荐了。

在第一次运行中，发现 item #2 对于 item #1 的相似性是 `1.00`（即，100%）。这个事实可以直接从效用矩阵看到 column #2 和 column#1 是相同的——它们都是(0, 1, 1, 0, 0)。在第二次运行中，item #3 和 item #11 有 100%的相似性：这两列都是(1, 0, 1, 0, 1)。在两次运行中，第一个推荐的是和用户刚买过的项目评分一致的项目。

9.5　亚马逊项目对项目的协同过滤推荐

亚马逊早期采用的推荐算法是对前面实现的 `Recommender1` 的一种改进。主要的差异是在步骤 5，这里我们现在有两个步骤，选取 n_1 个最相似的项目并把它们按受欢迎的程度排序。

推荐算法 2 如下：

（1）初始化 m 行 n 列的效用矩阵(u_{ij})，其中 m 是用户个数，n 是项目个数。

（2）对于输入列表中的每一对(i, j)，设置 $u_{ij} = 1$。

（3）初始化 n 行 n 列的相似矩阵(s_{jk})。

（4）对每一个 $j = 1$，…，n 和每一个 $k = 1,\cdots,n$，设置 $s_{jk} = s(u, v)$，效用矩阵第 j 列 u 和第 k 列 v 的余弦相似性。

（5）对于给定的用户—购买对(i, j)（即，$u_{ij} = 1$）：

- 找到没有被用户 i 购买的项目的集合 S；
- 根据它们与项目 j 的相似性，对 S 中的项目进行排序；
- 取 S' 的前 n_1 个元素为 S；
- 根据受欢迎的程度对 S' 进行排序。

（6）推荐 S' 中前 n_2 个项目。

这个算法在清单 9-13 的 Recommender2 程序中实现。

清单 9-13　Recommender2 程序

```
...dat | Filter1.java | Utility1.dat | Similarity1.dat | Recommender1.java | Recommender2.java
15   public class Recommender2 {
16       private static int m;                // number of users
17       private static int n;                // number of items
18       private static int[][] u;            // utility matrix
19       private static double[][] s;         // similarity matrix
20       private static int user;             // the current user
21       private static Item itemBought;      // the current item bought by user
22
23 ⊞     public static void main(String[] args) {...7 lines }
30
31 ⊞     public static void readFiles() {...10 lines }
41
42 ⊞     public static void readUtilMatrix(File f) throws FileNotFoundException {...13 lines }
55
56 ⊞     public static void readSimilMatrix(File f) throws FileNotFoundException {...13 lines }
69
70 ⊞     public static void getInput() {...14 lines }
84
85 ⊞     private static Set<Item> itemsNotYetBought() {...9 lines }
94
95 ⊞     private static Set<Item> firstPartOf(Set<Item> set1, int n1) {...11 lines }
106
107 ⊞    private static void makeRecommendations(Set<Item> set, int n2) {...11 lines }
118
119 ⊞    static class Item {...42 lines }
161  }
```

如果拿这个程序和清单 9-8 中的要点相比，你能看到这两个程序之间的相似性。事实上，3 种输入方法 readFiles()、readUtilMatrix()和 readSimulMatrix()是相同的。

从结构上来说，两个程序之间的主要差异是在嵌套的 Item 类中。在 Recommender1 中，Item 类（清单 9-12）结合 compareTo() 方法实现了 Comparable<Item>，这导致 TreeSet 要根据与 bought 项目的相似性进行排序。但是在 Recommender2 中，我们必须有这个顺序来实现步骤 5 的第 2 部分，然后再根据项目的受欢迎程度重新排序这个集合来实现步骤 5 的第四部分。Item 类现在不得不具有两种不同的排序机制：第一种根据相似性，第二种根据受欢迎程度。

在 Java 中，一个类只能有一个 compareTo() 方法。当需要多于一种的方式去比较它的元素时，它必须对每个方法实现一个内部的 Comparator 类。这在清单 9-14 中完成：在第 138~145 行的一个内部的 PopularityComparator 类以及在第 147~154 行的一个内部的 SimilarityComparator 类，每一个具有它自己的 compare() 方法。这些是结合着对应的方法实现的：第 126~132 行的 popularity() 以及第 134~136 行的 similarity()。注意，这两种方法都访问了字段 this.index(在第 129 行和第 135 行)，这个字段是效用和相似性矩阵的隐形参数的索引。

在 popularity() 方法中，第 128~130 行的 for 循环计算了已经购买当前项目的用户的个数。然后，通过对应的 compare() 方法使用这个 sum，根据受欢迎程度的度量对 set 中的元素进行排序。

similarity() 方法返回了当前项目（隐式参数）和传递给它的指定 item 之间的相似性。然后得到的余弦值被对应的 compare() 方法使用，使用的方式和 Recommender1 程序中计算 compareTo() 方法的方式相同。

Recommender2 程序的 getInput() 方法和 itemsNotYetBought() 方法展示在清单 9-15 中，和用于 Recommender1 程序的那些方法几乎是相同的。

清单 9-14 Recommender2 程序的 Item 类

```
...java | Utility1.dat | Similarity1.dat | Recommender1.java | Recommender2.java
119      static class Item {
120          int index;
121  
122          public Item(int index) {
123              this.index = index;
124          }
125  
126          public int popularity() {
127              int sum = 0;
128              for (int i = 1; i <= m; i++) {
129                  sum += u[i][this.index];
130              }
131              return sum;
```

```
        }

        public double similarity(Item item) {
            return s[this.index][item.index];
        }

        public class PopularityComparator implements Comparator<Item> {
            @Override
            public int compare(Item item1, Item item2) {
                int p1 = item1.popularity();
                int p2 = item2.popularity();
                return (p1 > p2 ? -1 : 1);
            }
        }

        public class SimilarityComparator implements Comparator<Item> {
            @Override
            public int compare(Item item1, Item item2) {
                double s1 = Item.this.similarity(item1);
                double s2 = Item.this.similarity(item2);
                return (s1 > s2 ? -1 : 1);
            }
        }

        @Override
        public String toString() {
            return String.format("%d", index);
        }
    }
}
```

清单 9-15 Recommender2 程序的方法

```
    public static void getInput() {
        Scanner input = new Scanner(System.in);
        System.out.print("Enter user number: ");
        user = input.nextInt();
        System.out.print("Enter item number: ");
        int bought = input.nextInt();
        if (u[user][bought] == 1) {
            System.out.printf("User %d already has item %d.%n", user, bought);
            System.exit(0);
        }
        System.out.printf("User %d bought item %d.%n", user, bought);
        u[user][bought] = 1;
        itemBought = new Item(bought);
    }

    private static Set<Item> itemsNotYetBought() {
        Set<Item> set = new TreeSet(itemBought.new SimilarityComparator());
        for (int j = 1; j <= n; j++) {
```

```
88            if (u[user][j] == 0) {  // user has not yet bought item j
89                set.add(new Item(j));
90            }
91        }
92        return set;
93    }
```

在这个 getInput()方法中，唯一的区别是添加的第 76~79 行，这些行检查指定的项目是否已由指定的用户购买。

在 itemsNotYetBought()方法中，内部的 SimilarityComparator 类在第 86 行绑定到 itemBought 对象。它是借助于默认的构造函数在远程调用 SimilarityComparator()之前相当不寻常的表达式 itemBought.new 来完成的。这就是为什么当绑定到第 86 行构造的 set 对象时，itemBought 对象变成了这个类的 compare()方法的隐式参数。换句话说，用于第 150 行和第 151 行的 Item.this 参考将适用于 itemBought 对象。

清单 9-16 展示了 firstPartOf()和 makeRecommendations()方法。

清单 9-16　Recommender2 程序的其他方法

```
...java  Utility1.dat  Similarity1.dat  Recommender1.java  Recommender2.java
95      private static Set<Item> firstPartOf(Set<Item> set1, int n1) {
96          Set<Item> set2 = new TreeSet(itemBought.new PopularityComparator());
97          int count = 0;
98          for (Item item : set1) {
99              set2.add(item);
100             if (++count == n1) {
101                 break;
102             }
103         }
104         return set2;
105     }
106
107     private static void makeRecommendations(Set<Item> set, int n2) {
108         System.out.printf("We also recommend these %d items:", n2);
109         int count = 0;
110         for (Item item : set) {
111             System.out.printf("  %d", item.index);
112             if (++count == n2) {
113                 break;
114             }
115         }
116         System.out.println();
117     }
```

根据它们与 itemBought 项目的相似程度排序，itemsNotYetBought()方法返回了那位用户未购买项目的集合。firstPartOf()方法选取了这些项目中的前 n1 个，把它们返回到一个按照其流行程度排序的单独集合中。

main()方法在清单 9-17 中展示。

清单 9-17　Recommender2 程序的 main 方法

```
..java | Utility1.dat | Similarity1.dat | Recommender1.java | Recommender2.java
23     public static void main(String[] args) {
24         readFiles();
25         getInput();
26         Set<Item> set1 = itemsNotYetBought();
27         Set<Item> set2 = firstPartOf(set1, n/3);
28         makeRecommendations(set2, n/4);
29     }
```

第 26 行实现了算法步骤 5 的前两个部分，创建了还没有当前用户 user 购买的所有项目的集合 set1。如我们所见，这个集合是根据当前项目 itemBought 的相似性排序的。第 27 行实现了步骤 5 的第三和第四部分，创建 set1 前 $n/3$ 元素的子集 set2。而且，我们已经看到，这个集合是根据这些项目的受欢迎程度来排序的。最后，第 28 行实现了步骤 6，推荐了 set2 的前 $n/4$ 的元素。

这里对于 n_1 和 n_2 的 $n/3$ 和 $n/4$ 的选择相当随意。一般来说，它们应该以某种方式依赖于 n，项目的总个数。而且，我们当然应该有 $n_2 < n_1 << n$。在我们测试运行的选择中，这些值是 $n_1= 4$ 且 $n_2= 3$。

Recommender2 程序的示例运行展示在图 9-7 和图 9-8 中。

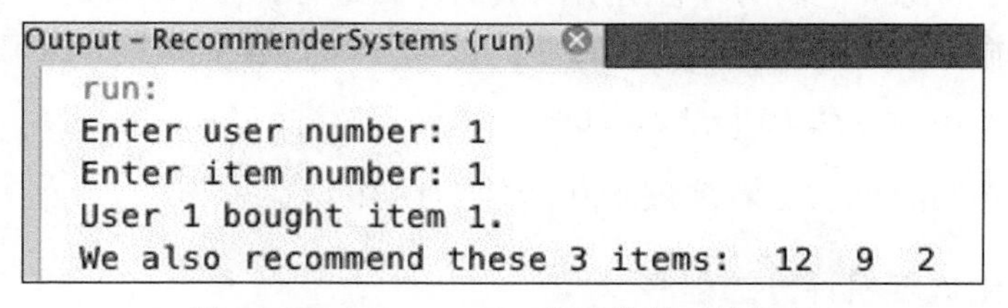

图 9-7　Recommender2 程序的第一次运行

```
Output – RecommenderSystems (run)
run:
Enter user number: 4
Enter item number: 1
User 4 bought item 1.
We also recommend these 3 items:  12  3  2
```

图 9-8　Recommender2 程序的第二次运行

第一个运行使用了我们为 Recommender1 程序使用过的相同的输入（见图 9-5）：user #1 和 item #1。这里的结果(12, 9, 2)和之前程序的结果(2, 12, 6)是不同的。这是因为 item #12 和 item #9 比 item #2 和 item #6 更受欢迎。从效用矩阵（图 9-9）我们能看到，item #12 和 item #9 被其他 3 个用户购买，而 item #2 和 item #6 只被其他两名用户购买。

```
...java | Utility1.dat | Similarity1...
3  0 0 1 1 1 0 1 1 0 1 1 0
4  1 1 0 1 1 1 1 0 0 1 0 1
5  1 1 1 0 1 0 1 0 1 0 1 1
6  0 0 0 0 1 0 1 0 1 0 0 0
7  0 0 1 1 0 1 1 0 1 1 1 1
```

图 9-9　效用矩阵

在第二个运行中，用户 user #4 买了项目 item #1。效用矩阵的第 4 行 Row #4 是(0, 0, 0,0, 1, 0, 1, 0, 1, 0, 0, 0)。不同于第一列 column #1，这一行在第 2 列显示了 0。按照与 item #1 的相似性进行排序，来自于 set1 的这些元素是(2, 12, 6, 3, 4, 10, 11, 8)。算法从这些项目中选择了前 n_1 个（4 个）创建 set2: {2, 12, 6, 3}。但是这里是根据受欢迎程度排序的，所以真实的集合是 set2 = (12, 3, 2, 6)。最后，算法选择了这些的前 n_2（3）个项目用于推荐。

9.6　实现用户评分

许多在线供应商请求他们的顾客对所购买的产品进行评分，通常是一星到五星的范围。我们可以修正之前的 Recommender2 程序，以包含这些数值评分。为了测试新的版本，我们还将修正 DataGenerator 和 Filter 程序。

修正的 DataGenerator 程序展示在清单 9-18 中。

清单 9-18　生成随机评分的程序

```
DataGenerator3.java
14  public class DataGenerator3 {
15      static final Random RANDOM = new Random();
16      static final int NUM_USERS = 5;
17      static final int NUM_ITEMS = 12;
18      static final int MAX_RATING = 5;
19      static final int NUM_PURCHASES = 36;
20      static final double MU = 3.0;       //  average rating
21      static final double SIGMA = 1.0;    //  standard deviation
22
```

```
23        public static void main(String[] args) {...21 lines }
44
45        static class Purchase {
46            int user;
47            int item;
48            double rating;
49
50            public Purchase() {
51                this.user = RANDOM.nextInt(NUM_USERS) + 1;
52                this.item = RANDOM.nextInt(NUM_ITEMS) + 1;
                  this.rating = randomRating();
54            }
55
56            public double randomRating() {
57                double x =  MU + SIGMA*RANDOM.nextGaussian();
58                x = Math.max(1, x);               //  x >= 1.0
59                x = Math.min(MAX_RATING, x);      //  x <= 5.0
60                return Math.floor(2*x)/2;         // 0.5, 1.0, 1.5, 2.0, . . .
61            }
62
63            @Override
              public int hashCode() {...3 lines }
67
68            @Override
              public boolean equals(Object object) {...11 lines }
80
81            @Override
              public String toString() {
83                return String.format("%4d%4d%5.1f", user, item, rating);
84            }
85        }
86    }
```

（折叠的代码和清单 9-2 中的 DataGenerator1 程序是一样的）它从集合{1.0, 1.5, 2.0, 2.5, …, 5.0}中创建随机评分，评分服从正态分布，均值为 3.0，标准差为 1.0。

Filter 程序所需的唯一修正是在所有必要的地方将 int 改变成 double。一个示例运行的结果展示在图 9-10 和图 9-11 中。

DataGenerator3.java | Purchases3.dat | Filter3.java | Utility3.dat

```
1  5 users
2  12 items
3    0.0  2.5  0.0  2.5  0.0  3.5  3.0  0.0  0.0  2.5  0.0  2.0
4    3.0  0.0  2.0  0.0  4.5  2.5  3.0  0.0  0.0  2.5  0.0  2.0
5    1.5  0.0  4.0  5.0  4.0  0.0  2.5  3.5  0.0  0.0  2.5  3.5
6    4.0  3.5  3.0  1.5  0.0  0.0  0.0  0.0  0.0  2.5  2.5  2.0
7    0.0  2.0  0.0  1.0  0.0  4.5  2.5  0.0  0.0  0.0  3.0  3.0
```

图 9-10　来自 DataGenerator3 的 Utility 文件

```
DataGenerator3.java | Purchases3.dat | Filter3.java | Utility3.dat | Similarity3.dat
 1  12 items
 2    1.00  0.57  0.85  0.44  0.62  0.23  0.44  0.29  0.00  0.77  0.57  0.64
 3    0.57  1.00  0.41  0.48  0.00  0.60  0.48  0.00  0.00  0.73  0.67  0.66
 4    0.85  0.41  1.00  0.77  0.77  0.15  0.54  0.74  0.00  0.54  0.70  0.77
 5    0.44  0.48  0.77  1.00  0.57  0.36  0.69  0.85  0.00  0.39  0.71  0.84
 6    0.62  0.00  0.77  0.57  1.00  0.30  0.71  0.66  0.00  0.43  0.36  0.66
 7    0.23  0.60  0.15  0.36  0.30  1.00  0.85  0.00  0.00  0.56  0.47  0.71
 8    0.44  0.48  0.54  0.69  0.71  0.85  1.00  0.45  0.00  0.63  0.54  0.89
 9    0.29  0.00  0.74  0.85  0.66  0.00  0.45  1.00  0.00  0.00  0.54  0.61
10    0.00  0.00  0.00  0.00  0.00  0.00  0.00  0.00  0.00  0.00  0.00  0.00
11    0.77  0.73  0.54  0.39  0.43  0.56  0.63  0.00  0.00  1.00  0.31  0.60
12    0.57  0.67  0.70  0.71  0.36  0.47  0.54  0.54  0.00  0.31  1.00  0.85
13    0.64  0.66  0.77  0.84  0.66  0.71  0.89  0.61  0.00  0.60  0.85  1.00
```

图 9-11　来自 DataGenerator3 的 Similarity 文件

item #9 还没有被任何人买过，在效用矩阵中，它所有的五个项都是 0。因此，在相似矩阵中，row #9 或者 column #9 中的每一项都是 0，看起来根本没有哪一个项目和它相似。

要修正 `Recommender2` 程序以便容纳小数得分，我们不仅要在需要的地方将 `int` 改为 `double`，而且还必须在嵌套的 `Item` 类中调整 `popularity()` 方法。在 `Recommender2` 中，我们只是根据购买项目的用户个数度量了这些项目的受欢迎程度。它起作用，是因为所有的评分都是相同的值：1。但是现在，用不同的值评分，我们应该对每个项目计算评分的平均值来决定它受欢迎的程度。

用于 `Recommender3` 的 `getInput()` 方法现在要求 3 个（交互的）输入：当前的用户 `user`，由这个用户购买的项目 `item`，以及用户对这个项目的评分 `rating`，如清单 9-19 中的第 70~85 行所示。

清单 9-19　Recommender3 程序的 getInput()方法

```
DataGenerator3.java | Purchases3.dat | Filter3.java | Utility3.dat | Similarity3.dat | Recommender3.java
15  public class Recommender3 {
16      private static int m;              //  number of users
17      private static int n;              //  number of items
18      private static double[][] u;       //  utility matrix
19      private static double[][] s;       //  similarity matrix
20      private static int user;           //  the current user
21      private static Item itemBought;    //  the current item bought by user
22
23 ⊞    public static void main(String[] args) {...7 lines }
30
31 ⊞    public static void readFiles() {...10 lines }
41
42 ⊞    public static void readUtilMatrix(File f) throws FileNotFoundException {...13 lines }
55
```

```
56     public static void readSimilMatrix(File f) throws FileNotFoundException {...13 lines }
69
70     public static void getInput() {
71         Scanner input = new Scanner(System.in);
72         System.out.print("Enter user number: ");
73         user = input.nextInt();
74         System.out.print("Enter item number: ");
75         int item = input.nextInt();
76         if (u[user][item] > 0) {
77             System.out.printf("User %d already has item %d.%n", user, item);
78             System.exit(0);
79         }
80         System.out.print("Enter rating (1-5): ");
81         double rating = input.nextDouble();
82         System.out.printf("User %d rated item %d at %4.2f.%n", user, item, rating);
83         u[user][item] = rating;
84         itemBought = new Item(item);
85     }
```

要看出为什么我们应该使用平均值来代替评分的和去测量一个项目的偏好，假定效用矩阵的前两列是(5.0,4.0, 0.0, 0.0, 0.0)和(2.0, 2.0, 2.0, 2.0 1.5)。对于这两个项目的和是 9.0 和 9.5。如果我们使用了这种测量，那么项目 2 会比项目 1 更受偏爱，问题是，受欢迎意味着什么？这是一个软件设计问题。我们的回答是使用平均值(averages)。

图 9-12 展示了 Recommender3 程序的一次示例运行。用户 User #1 购买了项目 item#1，评分为 2.5。其他还没有被这位用户购买的项目的集合是{3, 5, 8, 9,11}。在根据与 item#1 的相似性进行排序之后，它是 set1 = (3, 5, 11, 8, 9)。对应着相似性 0.85、0.62、0.57、0.29 和 0.0（见图 9-11）。这些集合的前 4 个(n/3)是(3, 5, 11, 8)，对应着受欢迎的程度是 4.25, 3.50, 3.00 和 2.67(见图 9-10)。这些项目的前 3 个(n/4)是(5, 8, 3)。

清单 9-20 Recommender3 程序的 Item 类

```
...java | Purchases3.dat | Filter3.java | Utility3.dat | Similarity3.dat | Recommender3.java
121    static class Item {
122        int index;
123
124        public Item(int index) {...3 lines }
127
128        public double popularity() {
129            double sum = 0.0;
130            int count = 0;
131            for (int i = 1; i <= m; i++) {
132                double value = u[i][this.index];
133                if (value > 0) {
134                    sum += value;
135                    ++count;
```

```
136                 }
137             }
138             return (count > 0 ? sum/count : 0.0);
139         }
140
141         public double similarity(Item item) {...3 lines }
144
145         public class PopularityComparator implements Comparator<Item> {...8 lines }
153
154         public class SimilarityComparator implements Comparator<Item> {...8 lines }
162
163         @Override
            public String toString() {...3 lines }
167     }
```

```
Output - RecommenderSystems (run)
run:
Enter user number: 1
Enter item number: 1
Enter rating (1-5): 2.5
User 1 rated item 1 at 2.50.
We also recommend these 3 items:  5  8  3
```

图 9-12 Recommender3 程序的运行

9.7 大型稀疏矩阵

在这些推荐系统的商业实现中，效用和相似性矩阵非常大，不能作为内部数组来存储。例如，亚马逊销售数百万个项目并有几亿名顾客。m = 100000000 且 n = 1000000，效用矩阵有 $m \cdot n$ =100000000000000 个槽，而相似矩阵会有 n_2 = 1000000000000 个槽。而且，如果平均每位顾客购买 100 个项目，那么只有 100n = 100000000 个效用矩阵的项是非零的，那只是总项目个数的 0.0001%，因此效用矩阵非常稀疏。

稀疏矩阵（sparse matrix）是一个几乎所有项都为 0 的矩阵。哪怕有可能，作为一个二维数组存储这样的一个矩阵也是非常无效率的。实际上，用到的是其他的数据结构。

有几种数据结构可以作为存储系数矩阵的好选项。映射是一种可以实现数学函数 $y = f(x)$的数据结构。对于一个函数，我们将自变量 x 看作输入，将因变量 y 看作输出。在映射的背景下，输入变量 x 叫作键 `key`，输出变量 y 叫作值 `value`。

对于一个数学函数 $y=f(x)$，变量可以是整数，实数（小数），向量或者甚至是更一般的数学对象。一维数组是一个映射，其中 x 取值在整数集合(在 Java 中)。我们写成 `a[i]`来代替 `a(i)`，但它们是一回事。类似地，二维数组是一个映射，其中 x 的取值范围在一个整数对的集合上{(0,0), (0,1), (0,2),⋯, (1,0), (1,1), (1,2), ... , (m,0), (m,1), (m,2), ..., (m−1, n−1)}，我们写成 a[i][j]来代替 a((i,j))。

借助接口 java.util.Map<K,V>和大量的实施类（Java8 提供了 19 个实现了 MAP 接口的类），Java 实现了映射数据结构。类型参数 K 和 V 代表键和值。可能最常用的实现是 HashMap 和 TreeMap 类。HashMap 类是哈希表结构的 Java 标准实现。TreeMap 类实现了红—黑树数据结构，它保持了根据 V 类上顺序所确定元素的顺序。

清单 9-21 中的 SparseMatrix 类演示了一个稀疏矩阵的基本实现。它的后备存储是 Map<Key,Double>对象，其中 Key 被定义为一个内部类。对效用矩阵使用这个 SparseMatrix 类而不是二维数组的优点是，它只存储 Purchases.dat 文件的数据，每个元素代表一次实际的（用户、项目）购买。

回忆在 Java 中，内部类是一个非静态的嵌套类。这里，嵌套的 Key 类的定义不可能是静态的，因为在它的 hashCode()方法中，它访问了非静态的字段 n。

清单 9-21　SparseMatrix 类

```
SparseMatrix.java
11   public class SparseMatrix {
12       private final int m, n;  // dimensions of matrix
13       private final Map<Key,Double> map;
14
15       public SparseMatrix(int m, int n) {...5 lines }
20
21       public void put(int i, int j, double x) {
22           map.put(new Key(i,j), x);
23       }
24
25       public double get(int i, int j) {
26           return map.get(new Key(i,j));
27       }
28
29       public class Key implements Comparable {
30           int i, j;
31
32           public Key(int i, int j) {...4 lines }
36
37           @Override
             public int hashCode() {
39               return i*n + j;
40           }
41
42           @Override
             public boolean equals(Object object) {
44               if (object == null) {
45                   return false;
46               } else if (object == this) {
47                   return true;
```

```
48             } else if (!(object instanceof Key)) {
49                 return false;
50             }
51             Key that = (Key)object;
52             return that.i == this.i && that.j == this.j;
53         }
54 
55         @Override
56         public String toString() {
57             return String.format("(%d,%d)", i, j);
58         }
59 
60         @Override
61         public int compareTo(Object object) {
62             if (object == null) {
63                 return -1;
64             } else if (object == this) {
65                 return 0;
66             } else if (!(object instanceof Key)) {
67                 return -1;
68             }
69             Key that = (Key)object;
70             return this.hashCode() - that.hashCode();
71         }
72     }
73 }
```

要使用这个类，就需要对代码做一些改变：

- 在效用矩阵 u 的声明中用 SparseMatrix 替换 double[][]。
- 用 new SparseMatrix(m,n) 替换初始化 new double[m+1][n+1]。
- 用 u.get(i,j) 替换引用 u[i][j]。
- 用 u.put(i,j,x) 替换指派 u[i][j] = x。

为了简化，这种实现牺牲了效率。它的低效源于它生成了大量的对象，每一项是一个包含两个其他对象的对象，而且对 put() 和 get() 的每次调用生成了另一个对象。

一种更有效的实现是使用一个 int 的二维数组代表键并且使用一个 double 的一维数组代表值，就像这样：

- int[][] key;
- double[] u;

值 key[i][j] 是数组 u[] 的索引。换句话说，u_{ij} 会存储为 u[key[i][i]]。key[] 数组会保持词典序（lexicographic order）。

注意，这个类并不是相似性矩阵的一种好的实现，它不是稀疏的，但它是对称的。因此，用显示在清单 9-22 中的实现，我们可以把 computeSimilarityMatrix() 方法的工作减半。

清单 9-22 用于相似性矩阵计算的更有效的方法

```
SparseMatrix.java × | Filter4.java ×
68      public static double[][] computeSimilarityMatrix(SparseMatrix u) {
69          double[][] s = new double[n+1][n+1];
70          for (int j = 1; j <= n; j++) {
71              for (int k = 1; k < j; k++) {
72                  s[j][k] = s[k][j] = cosine(u, j, k);
73              }
74          }
75          for (int j = 1; j <= n; j++) {
76              s[j][j] = 1.0;
77          }
78          return s;
79      }
```

第 72 行的双重指派消除了重复的 cosine(u,k,j) 值的重新计算。而且在第 75~77 行的循环对所有的对角元素指派了正确的值，没有使用 cosine() 方法。

9.8 使用随机访问文件

用于存储相似性矩阵（以及效应矩阵）的另一种替代方法是使用 RandomAccessFile 对象。这个对象在清单 9-23 中进行了说明。

清单 9-23 使用一个随机访问文件

```
SparseMatrix.java × | RandomAccessFileTester.java ×
11  public class RandomAccessFileTester {
12      private static final int W = Double.BYTES;  // 8
13
14      public static void main(String[] args) {
15          String filespec = "data/Similarity4.dat";
16          try {
17              RandomAccessFile inout = new RandomAccessFile(filespec, "rw");
18              for (int i = 0; i < 100; i++) {
19                  inout.writeDouble(Math.sqrt(i));
20              }
21              System.out.printf("Current file length is %d.%n", inout.length());
22
23              for (int i = 4; i < 10; i++) {
24                  inout.seek(i*W);
25                  double x = inout.readDouble();
26                  System.out.printf("The square root of %1d is %.8f.%n", i, x);
```

```
27              }
28              System.out.println();
29
30              inout.seek(7*W);
31              inout.writeDouble(9.99999);
32
33              for (int i = 4; i < 10; i++) {
34                  inout.seek(i*W);
35                  double x = inout.readDouble();
36                  System.out.printf("The square root of %1d is %.8f.%n", i, x);
37              }
38              inout.close();
39          } catch (IOException e) {
40              System.err.println(e);
41          }
42      }
43  }
```

Output – RecommenderSystems (run)

```
run:
Current file length is 800.
The square root of 4 is 2.00000000.
The square root of 5 is 2.23606798.
The square root of 6 is 2.44948974.
The square root of 7 is 2.64575131.
The square root of 8 is 2.82842712.
The square root of 9 is 3.00000000.

The square root of 4 is 2.00000000.
The square root of 5 is 2.23606798.
The square root of 6 is 2.44948974.
The square root of 7 is 9.99999000.
The square root of 8 is 2.82842712.
The square root of 9 is 3.00000000.
BUILD SUCCESSFUL (total time: 0 seconds)
```

这个小型测试程序在第 17 行创建了一个叫作 `inout` 的随机访问文件。定义在第 12 行的常数 W，是 Java 用来存储一个 `double` 值的位的个数（8）。我们需要它来定位数据在文件中的位置。构造函数的第二个参数——字符串 `rw` 意味着我们将既从这个文件读取也要写入这个文件。第 18~20 行的循环将 100 个平方根写入到文件中。第 21 行的输出确认这个文件包含 800 字节。

第 23~27 行的循环使用对文件的直接访问（随机访问），就像访问一个 100 个元素的数组。每次访问要求两个步骤：寻找要读取的位置，然后读取它。`seek()` 方法对文件中访问开始的点设置了读写指针。它的参数是这个起始点的字节地址，它叫作**偏移量**（offset），是到文件开头的距离。

第 23~27 行的循环迭代了 6 次，从 i=4 到 9。在迭代 i 上，它读取了 8 位（一个字节），从位 8i 到 8i + 7。例如，当 i = 4 时，它读取了位 32~39。这个位块偏移了 32。每次读取的字节存储在 x 中，作为 double 值。第 26 行的打印语句打印了这个数。

第 30~31 行的语句说明了如何改变存储在文件中的值。seek() 方法将读写指针移动到字节数 56（即 7×8），然后 writeDouble() 方法用代表数字 9.99999 的代码覆盖了接下来的 8 字节。第 33~37 行的循环显示，数字 2.64575131 被这个数替换了。

在逻辑上，这个代码和下面相等：

```
Double a = new double[100];
for (int i = 4; i < 10; i++) {
     a[i] = Math.sqrt(i);
}
a[7] = 9.99999;
```

从这个意义上说，一个随机访问文件等同于数组。但是当然，文件会比数组大得多。

清单 9-23 中的程序说明了在一个随机访问文件中如何存储并访问等价的一维数组。但是相似性数组是二维的。人们可能会认为这会让事情更复杂。但事实上，所有我们需要的计算只是把二维变成一维。实际上，我们已经在 SparseMatrix 实现中完成这一点了。在清单 9-21 的第 39 行，我们对内部 Key 类中的 hashCode() 使用了表达式 i*n + j。所以，举例来说，key(2,7) 的哈希代码是 $2\times10+7=27$，假设 n=10。这个字典顺序线性化了二维数组。

随机访问文件不是文本文件，它不能读入到普通的文本编辑器中。但是使用由 RandomAccessFile 类提供的 read 方法，你可以读取并打印它的块。这样的方法有 17 种，包括 readDouble() 和 readLine()。

清单 9-24 中的代码展示了我们如何在一个随机访问文件中计算并存储相似性矩阵 s。

清单 9-24　在随机访问文件中存储相似性

```
SparseMatrix.java × | RandomAccessFileTester.java × | Filter4.java ×
68       public static void computeSimilarityMatrix(SparseMatrix u,
69               RandomAccessFile s) throws IOException {
70           for (int j = 1; j <= n; j++) {
71               for (int k = 1; k < j; k++) {
72                   double x = cosine(u, j, k);
73                   s.seek((j*n + k - n - 1)*W);
74                   s.writeDouble(x);
75                   s.seek((j + k*n - n - 1)*W);
76                   s.writeDouble(x);
```

```
77                  }
78              }
79              for (int j = 1; j <= n; j++) {
80                  s.seek((j - 1)*(n + 1)*W);
81                  s.writeDouble(1.0);
82              }
83          }
```

对于第73行、第75行和第80行的 seek() 方法的参数是偏移量。公式有一点复杂（而且对于这里的一般理解没有必要），因为相似性矩阵使用基于1的索引。在这里展示它们主要是演示一个稀疏的相似性矩阵如何存储在一个随机访问文件当中。

9.9 Netflix大奖赛

在2006年，Netflix宣布将为性能优于该公司算法的最佳推荐算法提供1000000美元的奖金。两年之后，奖金授予了一个叫作BellKor的团队，奖励它们的Pragmatic Chaos系统。Netflix从未使用过获奖的Pragmatic Chaos系统，因为其生产版本过于昂贵，无法实现。获奖作品原来是一个100多种不同方法的混合。同时，一些顶级参赛者开始市场化他们自己的推荐系统，由此产生的一些算法已经获得专利。

这个竞赛对任何注册者都是开放的，用于测试算法的数据由Netflix提供。主数据集是一个有着100480507个元组的列表：一个用户ID数字，一个电影ID数字以及1~5的评分数字。数据包括了超过480000名顾客的ID以及超过17000部电影的ID。这是一个非常大的效用矩阵，它也是稀疏的，大约99%是空的。

Netflix自己的推荐系统每天大约生成30亿个预测。奖金的要求是获胜的系统至少要超过Netflix系统10%。你依然可以从http://academictorrents.com/网站下载这个数据，数据文件大小超过2GB。

9.10 小结

在本章中，我们描述了推荐系统的一般策略，并在Java中实现了一个亚马逊开发的早期版本的推荐系统。我们首先探索了相似性度量的概念，包括余弦相似性。我们接着看到如何将用户评分运用到推荐系统中。我们可以看到稀疏矩阵的一般想法，它是效用矩阵可能的数学结构，然后看到如何使用随机访问文件来实现稀疏矩阵。最后，我们再一次了解了Netflix大奖赛，这个比赛在数据科学家中提升了对于推荐系统的关注。

第 10 章
NoSQL 数据库

在第 5 章“关系数据库”中，我们检查了关系数据库以及相关处理的 SQL 查询语言。请牢记，关系数据库中的数据存储在表中，它们是结构化数据。

在许多现代软件环境下，数据过于流体化、动态化和大型化，无法设计成严格的关系数据库，也得不到相应的便利。在这些情况下，首选是非关系数据库。因为 SQL 查询语言没有运用于这样的存储安排，这些非关系数据库就叫作 NoSQL 数据库。在成功的网络公司中，它们特别流行，比如 Facebook、 Amazon 和 Google。要理解数据在这些环境中是如何管理和分析的，就需要理解 NoSQL 数据库本身的工作原理。

10.1 映射数据结构

NoSQL 数据库的基础数据结构和关系数据库的基础数据结构完全相同，即映射数据结构（也叫作**字典**或者**联合数组**），在 Java 中是通过 `java.util.Map<K,V>`接口以及 19 个实现这个接口的类来实现的。其中有 `HashMap<K,V>`类，它实现了经典的哈希表数据结构。类型参数 K 和 V 代表键和值。

正如第 9 章“推荐系统”的描述，映射数据结构的本质特征是它的泛函式键—值机制。就像一个数学函数 $y=f(x)$，键—值机制是一个输入输出过程。在数学的语境下，x 是输入而 y 是输出。在数据结构的语境下，键是输入而值是输出。

注意，借助于一个数学函数，每个 x 值对应一个唯一的 y 值，不可能同时有 $f(7) = 12$ 和 $f(7) = 16$。换句话说，输出值必须唯一。以这种方式，每一个 x 值可被视为 y 值的一个（唯一的）标识符，非常像学生 ID 和学生的对应。

图书的索引是这种机制的一个好例子。键是关键词，在索引中按照字母表排序，并且每个键的值是关键词能够找到的页数列表。注意每个词在索引中只出现一次。

在关系数据库中，一个或多个属性（列）被指定为表的键。在最简单的例子中，一个属性是键。在这种情况下：

- 键列所有的项必须是唯一的（没有重复）。
- 一行中所有其他项的向量组成了这一行对应的键值。
- 数据库系统为键的快速搜索提供了一个有效的索引机制。

在表 10-1 中，键属性是 ID。例如，ID 号 23098 标识了雇员 Rose Davis。这个键的值是这一行中另 5 个字段的向量，即向量("Davis", "Rose", "1983-05-12", IT Manager",rdavis@xyz.com)。将号码 23098 作为输入，那么向量就是输出。

表 10-1 重新产生了第 5 章的表 5-1

ID	Last Name	First Name	Date of Birth	Job Title	Email
49103	Adams	Jane	1975-09-02	CEO	jadams@xyz.com
15584	Baker	John	1991-03-17	Data Analyst	jbaker@xyz.com
34953	Cohen	Adam	1978-11-24	HR Director	acohen@xyz.com
23098	Davis	Rose	1983-05-12	IT Manager	rdavis@xyz.com
83822	Evans	Sara	1992-10-10	Data Analyst	sevans@xyz.com

清单 10-1 中的小型程序展示出，我们该如何在 Java 中实现这个表。在第 13 行声明的 HashMap 对象 map 具有类型 Map<Integer,Employee>，而且初始容量为 100。第 20~31 行定义了嵌套的 Employee 类型，它的实例是五个字符串的简单向量，对应表 10-1 中其他 5 列。第 15~17 行的代码将 Rose Davis 的记录插入 map。键是号码 23098，值是 rose 对象，在第 15 行进行了实例化。注意 put() 方法取了两个参数：键和值。

我们现在购买的大多数东西都有产品 ID 号。例如，图书由两种不同的国际标准书号，分别是 ISBN-10 和 ISBN-13（见图 10-1）标识，而个人轿车由它们的 17 个字符的车辆识别号码来标识（VIN）。

清单 10-1 表 10-1 中数据结构的 MAP 实现

```
Example1.java
11 public class Example1 {
12     public static void main(String[] args) {
13         Map<Integer,Employee> map = new HashMap(100);
```

```
14
15            Employee rose = new Employee("Davis", "Rose", "1983-05-12",
16                    "IT Manager", "rdavis@xyz.com");
17            map.put(23098, rose);
18        }
19
20        static class Employee {
21            String lastName, firstName, dob, title, email;
22
23            public Employee(String lastName, String firstName, String dob,
24                    String title, String email) {
25                this.lastName = lastName;
26                this.firstName = firstName;
27                this.dob = dob;
28                this.title = title;
29                this.email = email;
30            }
31        }
32    }
```

图 10-1 通过 ISBN 识别号购买图书

类似沃尔玛这样的实体商店使用一种 12 位的通用产品代码（UPCs），由条形码读取，从而识别它们所有的产品，亚马逊有它自己的亚马逊标准识别号（AISM）。

我们不买的每件东西也有键（唯一识别符），网页的 URL 就是它的键。

ID 是键，每个匹配的值可以是字符串、是向量或者是外部文件。键—值范式是普遍存在的。所以，本质上它应该是数据库的基础，对 SQL 和 NoSQL 数据库都一样。

10.2 SQL 与 NoSQL

数据库是广义的数据结构。无论是在内存中的内部存储还是在硬盘或云上的外部存储，都是存储数据。作为数据的容器，它们都有一个逻辑结构和一个物理结构。

考虑最简单的数据结构：字符串的一维数组 a[]。这个数组的逻辑结构展示在图 10-2 中。

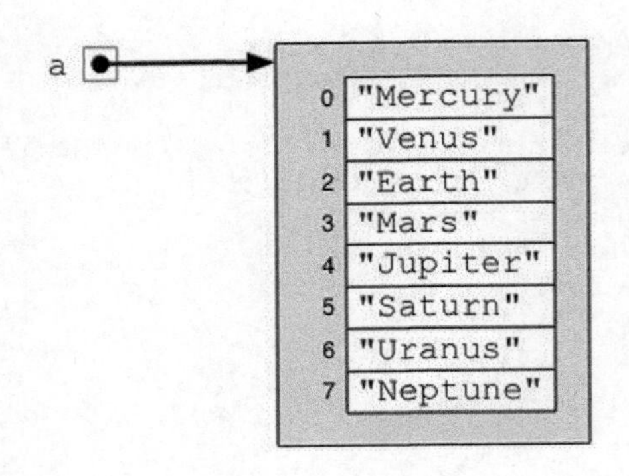

图 10-2 一个数据库数组

数组 a[] 是一个对象，由变量 *a* 引用。在该对象内部是一系列的编号存储区，每一个能够容纳一个字符串对象。

但是，程序员隐藏的物理结构是内存中的一系列字节。使用两字节的 Unicode 字符，它将为 8 个字符串的编码分配 16 个字节，而且它也存储信息，比如数组的名字（a），被存储元素的数据类型（String），以及其他 16 字节序列的十六进制起始位置。

除了实际存储在硬盘上（或者云上），同时复杂性量级更大之外，同样的二分法对于数据库结构也是成立的。幸运的是，软件设计者和工程师在大多数时间可以想象这种逻辑结构。

如第 5 章"关系数据库"所讨论的，关系数据库的逻辑结构是一组表以及相关的链接。这些是由数据库系统来维护的，这些数据库系统主要通过由 SQL 查询语言所写的程序来控制。

NoSQL 数据库没有使用表来存储数据。它的逻辑结构可以想象成一大组键值映射，每一个作为单独的文档存储。我们已经看到，这类似于带有指定键属性的关系数据库。但是，不使用 SQL 的话，数据库的结构就没有那么轻。权衡之处在于，对于网络软件需要的那种操作，这种系统会更灵活和有效，特别是对于非常大的数据集。

关系数据库和 SQL 语言在 20 世纪 70 年代开发。对于稳定的机构数据的安全管理，它们成为标准的数据库环境。但是，随着互联网商务的发展，数据管理的需求转换了，数据库变得更大而且越来越动态化。NoSQL 数据库系统响应了这种转换的要求。

NoSQL 已经有了多种流行的数据库系统应用，包括 MongoDB、Cassandra、 HBase 以及 Oracle NoSQL Database。我们将在接下来的部分考察 MongoDB。

10.3 Mongo 数据库系统

MongoDB 自 2007 年以来一直发展，已经成为使用最广泛的 NoSQL 数据库系统。它的名称是单词 humongous 的子串，表示它能很好地处理非常大的数据库（它还表示，这个名字是 Mel Brooks 的电影《灼热的马鞍》中的一个角色，由著名的 NFL 防卫绊锋亚历克斯·卡拉斯（Alex Karras）扮演）。这个系统被描述成一个面向文档的数据库。

安装 Mongo 的细节参见附录。安装 MongoDB 之后，用 mongo 命令启动数据库，如图 10-3 所示。这里我们使用命令行，这可以使用 Mac 上的终端 app，PC 上的命令提示符和 UNIX box 上的 Shell 窗口来完成。

```
johnrhubbard — mongod — 150×31
~ $ mongod
2017-07-25T09:37:14.402-0400 I CONTROL  [initandlisten] MongoDB starting : pid=6481 port=27017 dbpath=/data/db 64-bit
2017-07-25T09:37:14.403-0400 I CONTROL  [initandlisten] db version v3.4.6
2017-07-25T09:37:14.403-0400 I CONTROL  [initandlisten] git version: c55eb86ef46ee7aede3b1e2a5d184a7df4bfb5b5
2017-07-25T09:37:14.403-0400 I CONTROL  [initandlisten] OpenSSL version: OpenSSL 0.9.8zh 14 Jan 2016
2017-07-25T09:37:14.403-0400 I CONTROL  [initandlisten] allocator: system
2017-07-25T09:37:14.403-0400 I CONTROL  [initandlisten] modules: none
2017-07-25T09:37:14.403-0400 I CONTROL  [initandlisten] build environment:
2017-07-25T09:37:14.403-0400 I CONTROL  [initandlisten]     distarch: x86_64
```

图 10-3 从命令行启动 Mongo 数据库系统

输出持续了很多行，然后它暂停。

把命令窗口放在一边，打开一个新的窗口，然后执行 mongo 命令，如图 10-4 所示。

```
~ $ mongo
MongoDB shell version v3.4.6
connecting to: mongodb://127.0.0.1:27017
MongoDB server version: 3.4.6
Server has startup warnings:
2017-07-25T09:37:18.211-0400 I CONTROL  [initandlisten]
2017-07-25T09:37:18.211-0400 I CONTROL  [initandlisten] ** WARNING:
2017-07-25T09:37:18.211-0400 I CONTROL  [initandlisten] **
2017-07-25T09:37:18.211-0400 I CONTROL  [initandlisten]
2017-07-25T09:37:18.211-0400 I CONTROL  [initandlisten]
2017-07-25T09:37:18.211-0400 I CONTROL  [initandlisten] ** WARNING:
> 
```

图 10-4 从命令行启动 MongoDB shell

mongo 命令启动了一个 MongoDB shell，允许 MongoDB 命令的执行。注意，命令提示符变成了角括号>。

注意两条启动警告。第一条指访问控制并可以通过定义一个带有密码的管理用户来补救。第二条警告指你的操作系统可以一次打开文件数目的限制，此时是 256 个文件。

```
> show dbs
admin  0.000GB
local  0.000GB
> use friends
switched to db friends
> tom = {fname:"Tom", lname:"Jones", dob:"1983-07-25", sex:"M"}
{ "fname" : "Tom", "lname" : "Jones", "dob" : "1983-07-25", "sex" : "M" }
> tom
{ "fname" : "Tom", "lname" : "Jones", "dob" : "1983-07-25", "sex" : "M" }
> db.friends.insert(tom);
WriteResult({ "nInserted" : 1 })
> ann = {fname:"Ann", lname:"Smith", dob:"1986-04-19", sex:"F"}
{ "fname" : "Ann", "lname" : "Smith", "dob" : "1986-04-19", "sex" : "F" }
> jim = {fname:"Jim", lname:"Chang", dob:"1986-04-19", sex:"M"}
{ "fname" : "Jim", "lname" : "Chang", "dob" : "1986-04-19", "sex" : "M" }
> db.friends.insert(ann);
WriteResult({ "nInserted" : 1 })
> db.friends.insert(jim);
WriteResult({ "nInserted" : 1 })
> show dbs
admin    0.000GB
friends  0.000GB
local    0.000GB
> 
```

图 10-5 在 MongoDB 中创建数据库

图 10-5 中执行的命令创建了一个带有 3 个文档的 MongoDB 数据库。数据库的名字是 `friends`。

`show dbs` 命令首先展示了系统中只有两个数据库：`admin` 和 `local`。`use friends` 命令创建了 `friends` 数据库。接下来，我们创建 3 个文档，叫作 `tom`、`ann` 和 `jim`，并且用 `db.friends.insert()` 语句把它们加入数据库。注意，就像 Java 一样，MongoDB shell 语句必须用分号结束。最后的 `show dbs` 命令确认了可以创建 `friends` 数据库。

图 10-6 中使用了 `find()` 命令。

```
> db.friends.find()
{ "_id" : ObjectId("597772eb142e364c7dff8681"), "fname" : "Tom", "lname" : "Jones",
"dob" : "1983-07-25", "sex" : "M" }
{ "_id" : ObjectId("59777306142e364c7dff8682"), "fname" : "Ann", "lname" : "Smith",
"dob" : "1986-04-19", "sex" : "F" }
{ "_id" : ObjectId("5977730e142e364c7dff8683"), "fname" : "Jim", "lname" : "Chang",
"dob" : "1986-04-19", "sex" : "M" }
> oid = ObjectId("597772eb142e364c7dff8681")
ObjectId("597772eb142e364c7dff8681")
> oid.getTimestamp()
ISODate("2017-07-25T16:33:47Z")
> 
```

图 10-6 使用 MongoDB find()和 getTimestamp()方法

它列出了 `friends` 数据库中的集合。注意，3 个文档中的每一个都对 `_id` 字段给出了 `ObjectID`。当创建这个文档时，这个对象包含了该实例的时间戳，而且它识别了创建它的机制和过程。如图 10-6 所示，`getTimestamp()` 命令展示了时间戳存储在引用的对象中。

在许多基础方面，NoSQL 数据库与关系数据库有着结构上的不同，但在逻辑上，它们的数据结构具有一些对应。在表 10-2 中做了概括。

表 10-2 Rdb and MongoDB 数据结构

关系数据库	MongoDB
数据库	数据库
表（关系）	集合
行（记录、元组）	文档
项（域、元素）	键—值对

关系数据库可以想象成主要是一组表。类似地，MongoDB 数据库是一组集合。Rdb 表是一组行，每一行绑定到为这个表定义的数据类型模式。类似地，一个集合是一组文档，每个文档作为二元 JSON 文件来存储（一个 BSON 文件，JSON 文件在第 2 章“数据预处理”中讨论）。最后，Rdb 表的行是一个数据项的序列，每个列一项，而 MongoDB 是一组键—值对。

这个数据模型称为文档存储，而且也被其他一些领先的 NoSQL 数据库系统采用，比如 IBM Domino 和 Apache CouchDB。相反，Apache Cassandra 和 HBase 使用了列存储数据模型，其中列被定义为带有时间戳的键值对。

注意，相对于 Rdb，结合 NoSQL 数据库的数据设计过程是非常自由的。Rdb 数据库要求一个相当严格的预定义的数据架构，它指定了表、模式、数据类型、键和外键，在我们可以创建表之前。在我们开始插入数据之前，MongoDB 需要的唯一预先的数据设计是集合的定义。

在一个关系数据库 w 中，如果 z 是表 x 中列 y 的数据值，那么 x 可以被引用为 $w.x.y.z$；即数据库、表以及列的名称可以作为命名空间标识符。相反，在 MongoDB 中对应的命名空间标识符是 $w.x.y.k.z$，其中 x 是集合的名称，y 是文档的名称，k 是 x 的键值对中的键。

我们之前看到，如果我们使用命令 `db.name.insert()`，MongoDB shell 将自动创建一个和数据库自身同样名字的集合；所以，我们已经有了一个命名为 friends 的集合。图 10-7 的代码说明如何去显式地创建一个集合，在这种情况下，它被命名为 relatives。

```
> db.createCollection("relatives")
{ "ok" : 1 }
> show collections
friends
relatives
> db.relatives.insert({'fname':'Jack','relation':'grandson'})
WriteResult({ "nInserted" : 1 })
> db.relatives.insert([
... {'fname':'Henry','relation':'grandson'},
... {'fname':'Sara','relation':'daughter'}
... ])
BulkWriteResult({
        "writeErrors" : [ ],
        "writeConcernErrors" : [ ],
        "nInserted" : 2,
        "nUpserted" : 0,
        "nMatched" : 0,
        "nModified" : 0,
        "nRemoved" : 0,
        "upserted" : [ ]
})
> db.relatives.find()
{ "_id" : ObjectId("597798d5142e364c7dff8687"), "fname" : "Jack", "relation" : "grandson" }
{ "_id" : ObjectId("59779902142e364c7dff8688"), "fname" : "Henry", "relation" : "grandson" }
{ "_id" : ObjectId("59779902142e364c7dff8689"), "fname" : "Sara", "relation" : "daughter" }
> 
```

图 10-7　创建一个独立的 MongoDB 集合

show collections 命令显示，现在我们有两个集合。

接下来，我们将 3 个文档插入 relatives 集合，注意下列特征。

- 我们既可以使用双引号(")也可以使用单引号(')来分隔字符串。
- 我们可以把这个命令分散到几行，假定我们得到了所有合适的标点符号，正确地匹配了引号、大括号、小括号以及中括号。
- insert 命令可以插入一列文档，使用中括号([])分隔列表，这叫作**批量写**。

对于更长的命令，先把它们写在文本编辑器中然后再把它们复制到命令行里，这是有好处的。如果你这样做了，要确定使用正确的引号。

下一个示例展示在图 10-8 中，说明了一个复合查询。

```
> db.friends.find({$and:[{'sex':'M'},{'dob':{$gt:'1985-01-01'}}]}).pretty()
{
        "_id" : ObjectId("5977730e142e364c7dff8683"),
        "fname" : "Jim",
        "lname" : "Chang",
        "dob" : "1986-04-19",
        "sex" : "M"
}
```

图 10-8 一个 MongoDB 复合查询

`find()`命令的参数包含两个条件的结合。这种结合是一个逻辑 `AND` 操作，在 Java 中写作`&&`，在 MongoDB 中写作`$and`。在这个示例中，这两个条件是`'sex'`是`'M'`且`'dob'` `>'1985-01-01'`。换句话说，“找到所有在 1985 年 1 月 1 日之后出生的男性朋友”。

附加的 `pretty()`方法简单地告诉 shell 对结果使用多行格式。

在 MongoDB 中，两个逻辑运算 `AND` 和 `OR` 被写做`$and:`和`$or:`。6 个算数运算符<、≤、>、≥、≠和 =，被写做`$lt:`、`$lte:`、 `$gt:`、`$gte:` 、`ne:`和`:`。

在习惯了语法之后，你几乎能猜出用于 `update` 操作的正确格式。它在图 10-9 中说明。

```
> db.friends.update({'fname':'Tom'},{$set:{'phone':'123-456-7890'}})
WriteResult({ "nMatched" : 1, "nUpserted" : 0, "nModified" : 1 })
> db.friends.find().pretty()
{
        "_id" : ObjectId("597772eb142e364c7dff8681"),
        "fname" : "Tom",
        "lname" : "Jones",
        "dob" : "1983-07-25",
        "sex" : "M",
        "phone" : "123-456-7890"
}
{
        "_id" : ObjectId("59777306142e364c7dff8682"),
        "fname" : "Ann",
        "lname" : "Smith",
        "dob" : "1986-04-19",
        "sex" : "F"
}
{
        "_id" : ObjectId("5977730e142e364c7dff8683"),
        "fname" : "Jim",
        "lname" : "Chang",
        "dob" : "1986-04-19",
        "sex" : "M"
}
```

图 10-9 使用 MongoDB update()方法

在这里，我们为朋友 Tom 的文档添加了一个电话号码。

你可以使用 update()方法来改变现有的字段或者加入一个新字段。

注意，这种方法将会改变已存在的数据满足第一个参数的所有文档。如果我们用 {'sex'='M'}替代{'fname'='Tom'}，这个电话号码会添加到两个 sex 字段为 M 的文档中。

当你结束使用 mongo 之后，执行 quit()方法终止会话并且返回 OS 命令行。这在图 10-10 中说明。

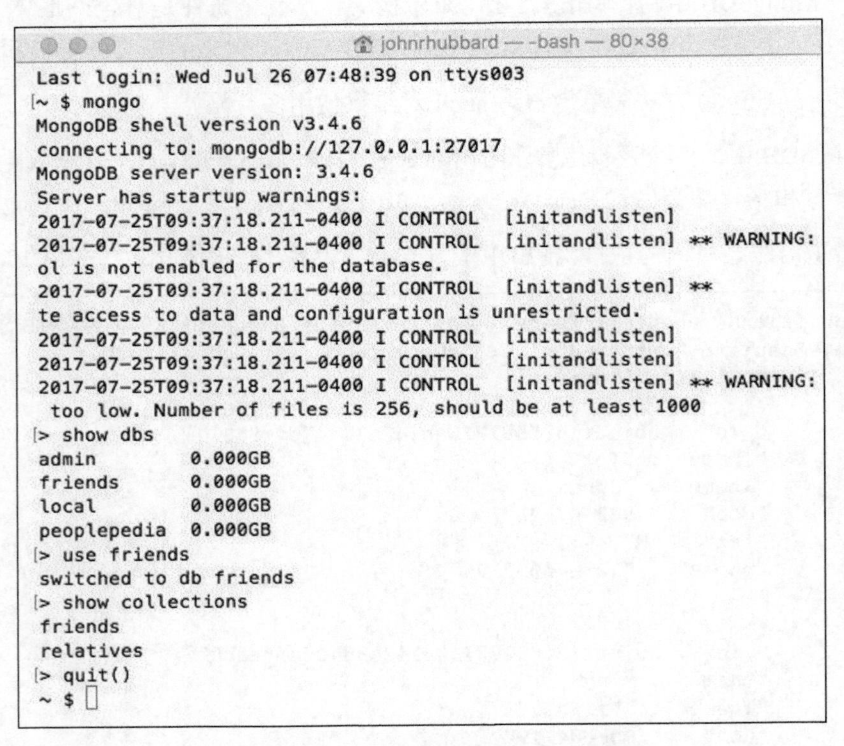

johnrhubbard — -bash — 80×38
Last login: Wed Jul 26 07:48:39 on ttys003
~ $ mongo
MongoDB shell version v3.4.6
connecting to: mongodb://127.0.0.1:27017
MongoDB server version: 3.4.6
Server has startup warnings:
2017-07-25T09:37:18.211-0400 I CONTROL [initandlisten]
2017-07-25T09:37:18.211-0400 I CONTROL [initandlisten] ** WARNING:
ol is not enabled for the database.
2017-07-25T09:37:18.211-0400 I CONTROL [initandlisten] **
te access to data and configuration is unrestricted.
2017-07-25T09:37:18.211-0400 I CONTROL [initandlisten]
2017-07-25T09:37:18.211-0400 I CONTROL [initandlisten]
2017-07-25T09:37:18.211-0400 I CONTROL [initandlisten] ** WARNING:
too low. Number of files is 256, should be at least 1000
> show dbs
admin 0.000GB
friends 0.000GB
local 0.000GB
peoplepedia 0.000GB
> use friends
switched to db friends
> show collections
friends
relatives
> quit()
~ $

图 10-10 一个完整的 MongoDB shell 会话

10.4 Library 数据库

在第 5 章“关系数据库”中，使用 NetBeans Java DB 关系数据库系统，我们创建了一个 Library 数据库作为 Rdb。这个数据库的设计展示在图 5-2 中（同样的数据框也能使用 MySQL 或者其他的 Rdb 建立）。在这里，我们将对同样的数据建立一个 MongoDB 数据库。

之前提到过，我们必须做的唯一预先设计决策是数据库本身和它的集合名称。我们把这个数据库命名为 library，而它的 3 个集合命名为 authors, publishers 和 books。这些在图 10-11 中创建。

```
johnrhubbard — mongo — 72×11
> use library
switched to db library
>
> db.createCollection('authors')
{ "ok" : 1 }
> db.createCollection('publishers')
{ "ok" : 1 }
> db.createCollection('books')
{ "ok" : 1 }
>
```

图 10-11 创建一个 library 数据库

然后，我们可以插入一些数据，如图 10-12 所示。

```
johnrhubbard — mongo — 102×45
> db.authors.insert({'_id':'AhoAV','lname':'Aho','fname':'Alfred V.','yob':1941})
WriteResult({ "nInserted" : 1 })
> db.authors.insert({'_id':'HopcrofttJE','lname':'Hopcroft','fname':'John E.','yob':1939})
WriteResult({ "nInserted" : 1 })
> db.authors.insert({'_id':'WirthN','lname':'Wirth','fname':'Niklaus','yob':1934})
WriteResult({ "nInserted" : 1 })
> db.authors.insert({'_id':'LeisersonCE','lname':'Leiserson','fname':'Charles E.','yob':1953})
WriteResult({ "nInserted" : 1 })
> db.authors.insert({'_id':'RivestRL','lname':'Rivest','fname':'Ronald L.','yob':1947})
WriteResult({ "nInserted" : 1 })
> db.authors.insert({'_id':'SteinCL','lname':'Stein','fname':'Clifford S.','yob':1965})
WriteResult({ "nInserted" : 1 })
```

图 10-12 将文档插入到 authors 集合中

在这里，我们已经在 authors 集合中插入了 6 个文档，代表 6 位作者。

注意，我们已经给了每个文档 4 个字段：_id、lname、fname 和 yob。前 3 个字段是字符串，最后一个字段是整数。_id 字段值组合将作者的姓氏与他的名字和中间名的首字母组合在一起。

接下来，检查结果如图 10-13 所示。

```
johnrhubbard — mongo — 102×9
> db.authors.find().sort({'_id':1})
{ "_id" : "AhoAV", "lname" : "Aho", "fname" : "Alfred V.", "yob" : 1941 }
{ "_id" : "HopcrofttJE", "lname" : "Hopcroft", "fname" : "John E.", "yob" : 1939 }
{ "_id" : "LeisersonCE", "lname" : "Leiserson", "fname" : "Charles E.", "yob" : 1953 }
{ "_id" : "RivestRL", "lname" : "Rivest", "fname" : "Ronald L.", "yob" : 1947 }
{ "_id" : "SteinCL", "lname" : "Stein", "fname" : "Clifford S.", "yob" : 1965 }
{ "_id" : "WirthN", "lname" : "Wirth", "fname" : "Niklaus", "yob" : 1934 }
```

图 10-13 检查 authors 集合中的内容

这里我们使用了 sort()方法，使文档根据它们的_id 值按字母表输出。1 是 sort()方法的一个参数，请求按升序排列，-1 是按照降序排列。

接下来，我们将 4 个文档插入 publishers 集合并检查结果。

注意，如图 10-14 所示，这个截屏是不完全的，它不得不在右侧边缘截断。

```
johnrhubbard — mongo — 157×16
> db.publishers.insert({'_id':'PACKT','name':'Packt Publishers Limited','city':'Birmingham','country':'UK',
WriteResult({ "nInserted" : 1 })
> db.publishers.insert({'_id':'MIT','name':'The MIT Press','city':'Cambridge, MA','country':'US','url':'mit
WriteResult({ "nInserted" : 1 })
> db.publishers.insert({'_id':'A-W','name':'Addison-Wesley Longman, Inc.','city':'Reading, MA','country':'U
WriteResult({ "nInserted" : 1 })
> db.publishers.insert({'_id':'PH','name':'Prentice Hall, Inc.','city':'Upper Saddle River, NJ','country':'
WriteResult({ "nInserted" : 1 })
>
> db.publishers.find().sort({'_id':1})
{ "_id" : "A-W", "name" : "Addison-Wesley Longman, Inc.", "city" : "Reading, MA", "country" : "US", "url" :
{ "_id" : "MIT", "name" : "The MIT Press", "city" : "Cambridge, MA", "country" : "US", "url" : "mitpress.mi
{ "_id" : "PACKT", "name" : "Packt Publishers Limited", "city" : "Birmingham", "country" : "UK", "url" : "p
{ "_id" : "PH", "name" : "Prentice Hall, Inc.", "city" : "Upper Saddle River, NJ", "country" : "US", "url"
>
```

图 10-14 将文档插入到 publishers 集合中

我们也在 books 集合中插入文档，如图 10-15 所示。

```
johnrhubbard — mongo — 177×
> db.books.insert({'_id':'9781491901632','title':'Hadoop: The Definitive Guide','author':'WhiteT','pub
WriteResult({ "nInserted" : 1 })
> db.books.insert({'_id':'9781449344689','title':'MongoDB: The Definitive Guide','author':'ChodorowK',
WriteResult({ "nInserted" : 1 })
> db.books.insert({'_id':'0201000237','title':'Algorithms and Data Structures','author':['AhoAV','Hopc
WriteResult({ "nInserted" : 1 })
> db.books.find().pretty()
{
        "_id" : "9781491901632",
        "title" : "Hadoop: The Definitive Guide",
        "author" : "WhiteT",
        "publisher" : "OREILLY",
        "year" : 2015
}
{
        "_id" : "9781449344689",
        "title" : "MongoDB: The Definitive Guide",
        "author" : "ChodorowK",
        "publisher" : "OREILLY",
        "year" : 2013
}
{
        "_id" : "0201000237",
        "title" : "Algorithms and Data Structures",
        "author" : [
                "AhoAV",
                "HopcroftJE",
                "UllmanJD"
        ],
        "publisher" : "A-W",
        "year" : 1982
}
```

图 10-15 将文档插入到 books 集合中

注意到对第 3 本书，我们已经为 author 键的值使用了数组对象：

```
"author " : ["AhoAV ", "HopcroftJE ", "UllmanJD " ]
```

这就像 Java 语法：

```
String[] authors = {"AhoAV ", "HopcroftJE ", "UllmanJD "}
```

还要注意，不像带有外键的关系数据库，在 MongoDB 中，引用不需要在它的引用之前插入。即使我们还没有在 authors 集合中插入带有该引用的文档，作者键"WhiteT"就已经在在图 10-15 中的第一个 insert 语句中被引用了。

很明显，这种方法载入 NoSQL 数据库集合，在命令行使用单独的 insert()调用，费时费力。一种更好的方法是在程序内做块插入，我们在下一节中作解释。

10.5 MongoDB 的 Java 开发

要从 Java 程序访问 MongoDB 数据库，你必须首先下载 mongo-java-driver JAR 文件。选择一个最近的稳定版本，比如 3.4.2 版本。下载这两个 JAR 文件：mongo-javadriver-3.4.2.jar 和 mongo-java-driver-3.4.2-javadoc.jar。

清单 10-2 中的程序展示了如何使用 Java 访问 MongoDB 数据库，此时是 friends 数据库。

清单 10-2 打印集合文档的 Java 程序

```
PrintMongDB.java    InsertMongoDB.java
16 public class PrintMongDB {
17     public static void main(String[] args) {
18         MongoClient client = new MongoClient("localhost", 27017);
19         MongoDatabase friends = client.getDatabase("friends");
20         MongoCollection relatives = friends.getCollection("relatives");
21 
22         Bson bson = Sorts.ascending("fname");
23         FindIterable<Document> docs = relatives.find().sort(bson);
24         int num = 0;
25         for (Document doc : docs) {
26             String name = doc.getString("fname");
27             String relation = doc.getString("relation");
28             System.out.printf("%4d. %s, %s%n", ++num, name, relation);
29         }
30     }
31 }
Output - NoSQLDatabases (run)
```

```
1. Henry, grandson
2. Jack, grandson
3. Sara, daughter
```

在第 18~20 行，我们实例化了访问 relatives 集合所需要的 3 个对象：MongoClient 对象、MongoDatabase 对象以及 MongoCollection 对象。其余的程序对这个集合中所有的文档进行迭代、编号并且按照字母表顺序打印了它们。

第 23 行实例化了一个指定的 Iterable 对象，它在 relatives 集合上使用 find() 对象，根据在第 22 行定义的 bson 对象指定的顺序对这个集合中的文档进行了访问。然后，第 25~29 行的循环打印了每个文档的两个字段。

这是我们在图 10-7 中插入的数据。

BSON 对象是一种 JSON 对象（见第 2 章“数据预处理”），以一种二进制编码格式，它可能有更快的访问速度。

清单 10-3 中的程序将 3 个新文档插入 relatives 集合，然后打印了完整的集合。

清单 10-3　将文档插入集合的 Java 程序

```
PrintMongDB.java  InsertMongoDB.java
16 public class InsertMongoDB {
17     public static void main(String[] args) {
18         MongoClient client = new MongoClient("localhost", 27017);
19         MongoDatabase friends = client.getDatabase("friends");
20         MongoCollection relatives = friends.getCollection("relatives");
21
22         addDoc("John", "son", relatives);
23         addDoc("Bill", "brother", relatives);
24         addDoc("Helen", "grandmother", relatives);
25
26         printCollection(relatives);
27     }
28
29     public static void addDoc(String fname, String relation,
30             MongoCollection collection) {
31         Document doc = new Document();
32         doc.put("fname", fname);
33         doc.put("relation", relation);
34         collection.insertOne(doc);
35     }
36
37     public static void printCollection(MongoCollection collection) {
38         Bson bson = Sorts.ascending("fname");
39         FindIterable<Document> docs = collection.find().sort(bson);
```

```
40          int num = 0;
41          for (Document doc : docs) {
42              String name = doc.getString("fname");
43              String relation = doc.getString("relation");
44              System.out.printf("%4d. %s, %s%n", ++num, name, relation);
45          }
46      }
47  }
```

```
Output - NoSQLDatabases (run)
    1. Bill, brother
    2. Helen, grandmother
    3. Henry, grandson
    4. Jack, grandson
    5. John, son
    6. Sara, daughter
```

每一个插入是根据第 29~35 行定义的方法管理的。这种方法对集合加入一个新的文档，代表另一种联系。

打印是由第 37~46 行定义的方法完成的。这和清单 10-2 中的第 22~30 行是同样的代码。

注意，输出包括了 3 个新的文档，它们根据 fname 字段排序。

要牢记 MongoDatabase 是一组 MongoCollection 对象，MongoCollection 是一组 Document 对象且 Document 是一个映射。即，键—值对的集合。例如，在第 24 行访问的第一个文档是键值对{"fname":"Jack"}。

NoSQL 数据库在逻辑上类似于关系数据库，其中一组键—值对类似于一个 Rdb 表。从清单 10-2 的程序中，我们可以将 6 个键值对的集合作为 Rdb 表来存储，就像展示在表 10-3 中的表。每个文档对应这张表中的一行。

表 10-3 键—值对

fname	关系
Bill	兄弟
Helen	祖母
Henry	孙子
Jack	孙子
John	儿子
Sara	女儿

然而，NoSQL 的集合比对应的 Rdb 表更一般化。集合中的文档是独立的，有着不同的元素个数以及完全不同的字段和数据类型。但是，表中的每一行都有相同的结构，相同的字段个数（列）以及相同的数据类型序列（模式）。

还记得在第 5 章“关系数据库”中，一个 Rdb 表模式是表中的列序列对应的数据类型序列。每一个表有一个独特的模式，表中所有行都必须遵守这种模式。但是在 NoSQL 集合中，没有单一的一致模式，每个文档有它自己的模式，而且每一次对这个文档添加或移除一个键—值对，模式就随之改变。因此，NoSQL 集合称为具有动态模式。

清单 10-4 中的程序将数据载入 `library` 数据库的 `authors` 集合。它从我们在第 5 章“关系数据库”用过的同一个 `Authors.dat` 文件中读取数据。

清单 10-4　将文件数据载入到 authors 集合的 Java 程序

```
PrintMongDB.java  InsertMongoDB.java  LoadAuthors.java
18  public class LoadAuthors {
19      private static final File DATA = new File("data/Authors.dat");
20
21      public static void main(String[] args) {
22          MongoClient client = new MongoClient("localhost", 27017);
23          MongoDatabase library = client.getDatabase("library");
24          MongoCollection authors = library.getCollection("authors");
25
26          authors.drop();
27          library.createCollection("authors");
28          load(authors);
29      }
30
31      public static void load(MongoCollection collection) {...23 lines }
54
55      public static void addDoc(String _id, String lname, String fname, int yob,
56              MongoCollection collection) {...8 lines }
64  }
```

```
Output - NoSQLDatabases (run)
 1. AhoA, Aho, Alfred V., 1941
 2. CormenTH, Cormen, Thomas H., 1956
 3. DasguptaS, Dasgupta, Sanjoy, 0
 4. GerstingJ, Gersting, Judith, 0
 5. GoldstineHH, Goldstine, Herman H., 1913
 6. HardyGH, Hardy, Godfrey H., 1877
 7. HopcroftJE, Hopcroft, John E., 1939
 8. HubbardJR, Hubbard, John R., 0
 9. HurayA, Huray, Anita, 0
10. LeisersonCE, Leiserson, Charles E., 1953
11. PapadimitriouC, Papadimitriou, Christos, 0
12. PinsonLJ, Pinson, Lewis J., 0
13. RajaramanA, Rajaraman, Anand, 0
14. RivestRL, Rivest, Ronald L., 1947
```

第 22~24 行实例化了 MongoClient，MongoDatabase 和 MongoCollection 对象，用 authors 对象代表我们定义在图 10-11 中的 authors 集合。在第 26~27 行，我们去掉然后重新创建了 authors 集合。然后这个数据文件中的所有记录都插入这个集合，通过在第 28 行调用 load(collection) 方法。

清单 10-4 中展示的输出是通过 load(collection) 方法生成的，这个方法在每一个文档（数据库对象）载入后打印。载入（集合）方法的代码展示在清单 10-5 中。

清单 10-5 用于 LoadAuthors 程序的 load()方法

```
PrintMongDB.java × | InsertMongoDB.java × | LoadAuthors.java ×
31      public static void load(MongoCollection collection) {
32          try {
33              Scanner fileScanner = new Scanner(DATA);
34              int n = 0;
35              while (fileScanner.hasNext()) {
36                  String line = fileScanner.nextLine();
37                  Scanner lineScanner = new Scanner(line).useDelimiter("/");
38                  String _id = lineScanner.next();
39                  String lname = lineScanner.next();
40                  String fname = lineScanner.next();
41                  int yob = lineScanner.nextInt();
42                  lineScanner.close();
43
44                  addDoc(_id, lname, fname, yob, collection);
45                  System.out.printf("%4d. %s, %s, %s, %d%n",
46                          ++n, _id, lname, fname, yob);
47              }
48              System.out.printf("%d docs inserted in authors collection.%n", n);
49              fileScanner.close();
50          } catch (IOException e) {
51              System.err.println(e);
52          }
53      }
```

和第 5 章"关系数据库"一样，数据使用 Scanner 对象从文件中读取。lineScanner 单独读取了每一个字段，作为 3 个 String 对象和一个 int 值，然后将它们传递给第 44 行的一个单独的 addDoc() 方法。

addDoc() 方法的代码展示在清单 10-6 中。

清单 10-6 用于 LoadAuthors 程序的 addDoc()方法

```
PrintMongDB.java × | InsertMongoDB.java × | LoadAuthors.java ×
55      public static void addDoc(String _id, String lname, String fname, int yob,
56              MongoCollection collection) {
```

```
57        Document doc = new Document();
58        doc.put("_id", _id);
59        doc.put("lname", lname);
60        doc.put("fname", fname);
61        doc.put("yob", yob);
62        collection.insertOne(doc);
63    }
```

```
johnrhubbard — mongo — 122×23
> show dbs
admin     0.000GB
friends   0.000GB
library   0.000GB
local     0.000GB
people    0.000GB
> use library
switched to db library
> show collections
authors
books
publishers
> db.authors.find({yob:{$gt:1935}}).sort({yob:-1})
{ "_id" : "SteinCL", "lname" : "Stein", "fname" : "Clifford S.", "yob" : 1965 }
{ "_id" : "CormenTH", "lname" : "Cormen", "fname" : "Thomas H.", "yob" : 1956 }
{ "_id" : "LeisersonCE", "lname" : "Leiserson", "fname" : "Charles E.", "yob" : 1953 }
{ "_id" : "RivestRL", "lname" : "Rivest", "fname" : "Ronald L.", "yob" : 1947 }
{ "_id" : "UllmanJD", "lname" : "Ullman", "fname" : "Jeffrey D.", "yob" : 1942 }
{ "_id" : "AhoA", "lname" : "Aho", "fname" : "Alfred V.", "yob" : 1941 }
{ "_id" : "WienerR", "lname" : "Wiener", "fname" : "Richard", "yob" : 1941 }
{ "_id" : "HopcroftJE", "lname" : "Hopcroft", "fname" : "John E.", "yob" : 1939 }
>
```

图 10-16 authors 集合上的 MongoDB find()方法

图 10-16 捕捉的 shell 确认，这个数据载入到了 `authors` 集合中。调用 `find({yob:{$gt:1935}})` 返回了所有 `yob` 字段大于 1935 的文档。

`addDoc()` 方法在第 57 行实例化了一个 `Document` 对象，然后对这 4 个字段的每一个使用了它的 `put()` 方法，以便初始化它们的对应字段。然后，第 62 行的语句将这个文档插入由 `collection` 参数代表的集合。

我们可以运行相似的 Java 程序，分别从 `publishers` 和 `books` 文件载入 `Publishers.dat` 和 `Books.dat` 集合。

当我们在第 5 章“关系数据库”作为 Rdb 建立 Library 数据库时，我们也把 `AuthorsBooks.dat` 文件载入了一个单独的链接表，以便实现图 5-2 指定的两个外键。但是在 NoSQL 数据库中，像 MongoDB 不支持外键。替代方法是在每一个 `books` 文档中包括一个作者或者作者们的字段，如图 10-17 所示。它展示了如何将两位作者添加到具有 ISBN0130933740 的图书文档 Data Structures with Java 中。

```
Books.dat | Authors.dat | AuthorsBooks.dat | LoadBooks.java | AddAuthorsToBooks.java
18 public class AddAuthorsToBooks {
19     private static final File AUTHORS_BOOKS = new File("data/AuthorsBooks.dat");
20
21     public static void main(String[] args) {
22         MongoClient client = new MongoClient("localhost", 27017);
23         MongoDatabase library = client.getDatabase("library");
24         MongoCollection books = library.getCollection("books");
25
26         try {
27             Scanner scanner = new Scanner(AUTHORS_BOOKS);
28             int n = 0;
29             while (scanner.hasNext()) {
30                 String line = scanner.nextLine();
31                 Scanner lineScanner = new Scanner(line).useDelimiter("/");
32                 String author_id = lineScanner.next();
33                 String book_id = lineScanner.next();
34                 lineScanner.close();
35
36                 Document doc = new Document("author_id", author_id);
37                 books.updateOne(
38                         eq("_id", book_id),
39                         Updates.addToSet("author", doc));
40             }
41             scanner.close();
42         } catch (IOException e) {
43             System.err.println(e);
44         }
45     }
46 }
```

图 10-17 将 authors 添加到 books 文档中（注：此处原文有误）

首先，我们使用 `find()` 方法查看图书文档的当前状态。注意，就在此时，该文档有 7 个字段。接下来，我们使用 `updateOne()` 方法去添加一个键名为`"authors"`的字段。这个键的指定值为数组`["JubbardJR","HurayA"]`。最后，我们重复 `find()` 查询并且看到这个文档现在有了 8 个字段，最后一个就是添加的 `authors` 字段。

在 MongoDB 语句中，撇号(')可用来代替双引号(")，哪怕后者总是用于 shell 的输出。当简单键入命令时，我们偏爱前者，因为它不要求使用 Shift 键。

或者，我们可以包括 Java`LoadBooks` 程序中的代码（没有在这里显示），来读取并处理 `AuthorsBooks.dat` 文件的信息。

清单 10-7 展示了一个 Java 程序，它将 `AuthorsBooks.dat` 文件的所有作者添加到图书文档之中：

清单 10-7 使用 updateOne()方法对 books 集合添加一个文件

```
johnrhubbard — mongo — 89×28
> db.books.find({'_id':'0130933740'}).pretty()
{
        "_id" : "0130933740",
        "title" : "Data Structures with Java",
        "edition" : 1,
        "publisher" : "PH",
        "year" : 2004,
        "cover" : "HARD",
        "pages" : 613
}
> db.books.updateOne({'_id':'0130933740' }, {$set: {'authors':['JubbardJR','HurayA']}})
{ "acknowledged" : true, "matchedCount" : 1, "modifiedCount" : 1 }
> db.books.find({'_id':'0130933740'}).pretty()
{
        "_id" : "0130933740",
        "title" : "Data Structures with Java",
        "edition" : 1,
        "publisher" : "PH",
        "year" : 2004,
        "cover" : "HARD",
        "pages" : 613,
        "authors" : [
                "JubbardJR",
                "HurayA"
        ]
}
>
```

就像图 10-17 中的 Java 程序，这个程序使用了两个 `Scanner` 对象来读取指定文件的数据。第 29~40 行的 `while` 循环每次读取一行，提取 `author_id` 和 `book_id` 字符串。

关键代码在第 36~39 行。一个 `Document` 对象在第 36 行封装了 `author_id`。然后，第 37 行的 `updateOne()` 方法将这个 `doc` 对象添加到属于由 `book_id` 所识别的 `books` 文档的 `author` 集合。如果这个集合不存在，这种方法将首先创建它然后再将 `doc` 添加给它。

展示在图 10-18 中的 Mongo shell 对话确认了清单 10-7 中的程序的成功。

同样的查询执行了两次，查询具有 `_id 013600637X` 的 `books` 文档，第一次在这个 Java 程序执行之前，第二次则在它执行之后。第二次响应显示作者 `UllmanJD` 和 `WidonJ` 已经加入文档的 `author` 数组。

```
johnrhubbard — mongo — 74×30
> db.books.find( {"_id" : "013600637X"} ).pretty()
{
        "_id" : "013600637X",
        "title" : "A First Course in Database Systems",
        "edition" : 3,
        "publisher" : "PH",
        "year" : 2008,
        "cover" : "HARD",
        "pages" : 565
}
> db.books.find( {"_id" : "013600637X"} ).pretty()
{
        "_id" : "013600637X",
        "title" : "A First Course in Database Systems",
        "edition" : 3,
        "publisher" : "PH",
        "year" : 2008,
        "cover" : "HARD",
        "pages" : 565,
        "author" : [
                {
                        "author_id" : "UllmanJD"
                },
                {
                        "author_id" : "WidomJ"
                }
        ]
}
>
```

图 10-18 对 books 集合添加 authors

10.6 MongoDB 的地理空间数据库扩展

MongoDB 支持 GeoJSON 对象类型 `Point`、`LineString`、`Polygon`、`MiltiPoint`、`MultiLineString`、`MultiPolygon` 和 `GeometryCollection`。这些对象是用在二维几何和地理的地球表面数据中的。

Mongo 提供了一个关于地理空间数据库在纽约市餐馆定位中的应用：https://docs.mongodb.com/manual/tutorial/geospatial-tutorial/。

GeoJSON 对象形如：

```
<field>: { type: <GeoJSON-type>, coordinates: [longitude, latitude]}
```

在这里，是前面列出的 7 种类型之一，`longitude` 和 `latitude` 是小数，取值范围是-180 < `longitude` < 180 和-90 <`latitude` < 90。例如，下面是伦敦西斯敏斯特修道院的 GeoJSON 对象：

```
"location": {"type": "Point", "coordinates": [-0.1275, 51.4994]}
```

注意，作为(x, y)坐标，这个 GeoJSON 将经度列在纬度之前。这和显示在图 10-19 中的

geo URI 模式将维度放在前面是相反的。

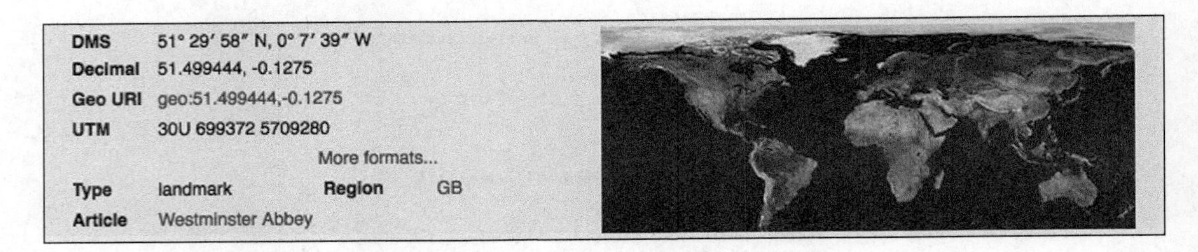

图 10-19 西斯敏斯特修道院的 Geo URI：维度在经度之前

图 10-20 中的代码说明了，我们如何开发一个由 GeoJSON 文档代表的地点的 MongoDB 集合。

```
johnrhubbard — mongo — 109×11
> db.places.insert({
... name:'Greenwich Royal Observatory',
... location:{type:'Point', coordinates:[0.0, 51.4768]},
... category:'Astronomical Observatory'
... })
WriteResult({ "nInserted" : 1 })
> db.places.find({},{_id:0})
{ "name" : "Greenwich Royal Observatory", "location" : { "type" : "Point", "coordinates" : [ 0, 51.4768 ] },
"category" : "Astronomical Observatory" }
>
```

图 10-20 将一个 GeoJSON 文档插入到一个 places 集合中

10.7 MongoDB 中的索引

回忆数据库字段上的索引是一种树结构，它极大地增加了在这个字段上的查询效率。在第 5 章“关系数据库”中，我们描述了用于实现数据库索引的常用机制 B-tree 数据结构（见图 5-18）。

类似于关系数据库，Mongo 也支持索引。作为示例，假定 `books` 集合包含 1000000 个文档，每个文档对应一本书。而且，假定我们执行了这个查询：

```
db.books.find({year:{"$gte":1924,"$lt":1930}})
```

它会列出从 1924~1930 年之间所有出版的图书。如果索引年份字段，响应会被实例化。否则，1000000 个文档的每一个都将被检查。

每个集合必需的 `_id` 字段是自动索引的。这是一个唯一索引，这意味着它阻止插入任何带有相同_id 值的文档，因为它已经在这个集合中。

为了索引任何其他字段，使用 `db.collection.createIndex(key)` 方法，如图 10-21 所示。值 `1` 表明这个索引是指定字段值的升序。

```
johnrhubbard — mongo — 68×9
> db.books.createIndex({'year':1})
{
        "createdCollectionAutomatically" : false,
        "numIndexesBefore" : 1,
        "numIndexesAfter" : 2,
        "ok" : 1
}
>
```

图 10-21　在 books.year 字段上创建一个索引

如同在关系数据库中一样，索引占据了大量空间，并且它们会放慢插入和删除的处理。所以，索引每一个字段可能不是一种好想法。最佳的策略是只在最常搜索的字段上创建索引。例如，在 `library` 数据库中，我们可能想在 `books.year` 字段、`books.author.author_id` 字段、`books.title` 字段和 `publishers.name` 字段上创建索引。

MongoDB 也支持复合索引。一般语法是：

```
db.collection.createIndex({<field1>: <type>, <field2>: <type2> ... })
```

例如，`db.books.createIndex({year:1, title:1})` 会创建一个二维复合索引，首先在 `year` 字段上索引，其次在每一年份内的 `title` 字段上索引。这种索引将会促进类似这样的频繁查询：

```
db.books.find({}, {year:1, title:1, publisher:1}).sort({year:1})
```

我们还能索引地理空间数据库集合。MongoDB 支持两种专门的地理空间索引：一种是用于平面二维几何数据，另一种用于球面集合数据。前者在图形应用中有用，而后者应用到地球表面上的地理位置。为了看出为何这两种概念不同，回忆一个平面三角形的角度和总是 180°；但是在球面三角上，所有 3 个角都可以是直角，和为 270°。考虑一个球面三角形，它的底在赤道，而两条边位于沿着北极点向下的子午线上。

10.8　为什么选择 NoSQL，为什么选择 MongoDB

在过去的 10 年中，数据集的规模，特别是对于基于网络的企业来说，已经增长得令人难以置信的快。存储需求现在已经是在 TB 的级别。随着这种需求的增加，开发者不得不在扩大机器的大小（向上扩展）和在多台独立的机器上分配数据（向外扩展）之间进行选择。一个增长中的数据库是更容易管理和向上扩展，但是这种选择更加昂贵而且最终还是受到规模的限制。向外扩展明显是更好的选择，但是标准的关系数据库并不会轻易或者便宜地分发。

MongoDB 是一个基于文档的系统，它易于向外扩展。在集群中，它自动平衡它的数据库，透明地重新分配文件，在需要的时候可以方便地添加到机器。

10.9 其他的 NoSQL 数据库系统

之前提到过，MongoDB 是当前顶级的 NoSQL 数据库系统，其后是 Apache Cassandra、Redis、Apache HBase 和 Neoj4。

MongoDB 使用文档数据模型：数据库是一组集合，每一个集合是一组文档，每一个文档是一组键—值对。每个文档存储成 BSON 文件。

Cassandra 和 HBase 使用列数据模型，每个数据元素是一个数组，一个键，它的值以及一个时间戳。Cassandra 有自己的查询语言，叫作 CQL，看起来就像 SQL 一样。

Redis 使用键—值数据模型，数据库是一组字典，每一个字典是一组键—值记录，其中的值是一系列字段。

Neoj4 使用图数据模型，数据库是一个图，其节点包含了数据。它支持 Cypher 查询语言。其他支持 Java 的图 DBS 包括 GraphBase 和 OrientDB。

这些数据库都有 Java API，所以你其实可以编写和我们用于 MongoDB 数据库相同的 Java 访问程序。

10.10 小结

本章介绍了 NoSQL 数据库以及 MongoDB 数据库系统。它讨论了关系数据库和非关系 NoSQL 数据库之间的差异，它们的结构以及使用。我们重新建立了第 5 章“关系数据库”的 `Library` 数据库，针对它运行 Java 应用程序。最后，我们简要考虑了地理空间数据库以及 MongoDB 上的索引。

第 11 章 Java 大数据分析

“在拓荒时代，人们使用牛来牵拉重物，而如果一头牛拉不动圆木，人们并不会通过养一头更大的牛来解决这个问题。同样的，我们不应该通过更大的计算机来解决复杂的问题，而应该通过使用更多的计算机系统来解决问题。”

——Grace Hopper (1906—1992)

大数据这个术语通常指存储、检索以及分析大量数据集使用的算法，这些数据集太大，不能通过单个文件服务器管理。在商业上，这些算法是由 Google 首创的，本章也会考察它们的两个早期基准算法：PageRank 和 MapReduce。

在 20 世纪 30 年代，美国数学家爱德华•卡斯纳（Edward Kasner）的九岁侄子创造了单词“googol”，这个词表示 10^{100}。在那个年代，宇宙中的粒子数目据估计大约是 10^{80}。此后，Kasner 又创造了一个新词汇“googolplex”，用来代表 10^{google}。这个数字可以写成 1 后面跟着 10100 个零。谷歌在加利福尼亚山景的总部就叫 Googleplex。

11.1 扩展、数据分块和分片

关系数据库（Rdb）不擅长超大型数据库的管理。我们在第 10 章“NoSQL 数据库”中看到过，这也是开发 NoSQL 数据库的一个主要原因。

一般来说，有两种方法来管理不断增长的大型数据集：垂直扩展和水平扩展。**垂直扩展**指的是增加单个服务器容量的策略，手段是升级到更有力的 CPU，更多的主存储器以及更多的存储空间。**水平扩展**指的是通过增加系统中的服务器的数量来重新分配数据集。垂直扩展的优点是，它不需要对现有的软件进行任何明显更新，主要的缺点是比水平扩展更严格。水平扩展的主要问题是它确实要求软件上的调整。但是如我们所见，像 MapReduce 这样的框架使许多调整易于管理。

数据的分块指的是在几个存储设备之间相对小块的数据分布，比如在单个机器的硬盘上。这是关系数据库长期使用的过程，用于促进记录访问更快，并提供数据冗余。

当使用水平扩展来容纳非常大的数据集时，数据是在集群上系统分布的。为此，MongoDB 使用了一种叫作分片的技术。它将一组文档划分成子集，叫作**分片**。

MongoDB 分片可以用两种方式完成：哈希分片和范围分片。这种二分法类似于在 Java 中为了实现 Map 接口，对 HashMap 或者 TreeMap 进行选择。偏好哪一种方法通常依赖于你是否希望在集合键上做范围查询。例如，`library.books` 集合的键是 `isbn`。我们不太希望有一个诸如“找到 ISBN 在 1107015000 和 1228412000 之间的所有图书”这样的查询。所以，哈希分片对这个集合来说更好一些。另一方面，如果我们的键在 `year` 字段上，范围查询可能是合适的，此时，范围分片可能更好。

11.2　谷歌的 PageRank 算法

在 20 世纪 90 年代互联网诞生的时候出现了十几个搜索引擎，用户可以用它们来搜索信息。AltaVista 在 1995 年被提出后不久，成为其中最流行的一个。这些搜索引擎根据页面本身指定的主题来对网页分类。

但是，这些早期搜索引擎的问题是，不择手段的网页作者使用欺诈性技术为他们的页面吸引流量。例如，一个本地的地产清洁服务可能将“披萨”作为他们网页顶部的主题，目的是吸引那些寻求订购披萨作为晚餐的人们。比比皆是的花招使早期的搜索引擎几乎毫无用处。

为了克服这个问题，人们尝试了各种页面排序系统。目标是基于页面在真正想浏览内容的用户中的流行程度来排序。一种估计的方法是计算其他页面到这个页面有多少链接。例如，对于某页面可能有 100000 个链接，但是对另一个页面只有 100 个链接，所以前者应该比后者得到更高的排序。

但是，只计算到一个页面的链接也可能没有用。例如，地毯清洁服务只要创建 100 个假网页，每个网页包含一个他们希望用户浏览的网页的链接。

在 1996 年，拉里·佩奇（Larry Page）和谢尔盖·布林（Sergey Brin）还是斯坦福大学的学生，他们发明了 PageRank 算法。这个算法模拟了网页本身，使用一个非常大的有向图来代表网页，这张图中的每个网页都由一个节点表示，而且每个网页链接由图中的有向边来表示。

他们在搜索引擎上的工作促成了 1998 年谷歌的创建。

展示在图 11-1 中的有向图可以代表一个性质相同非常小的网络。

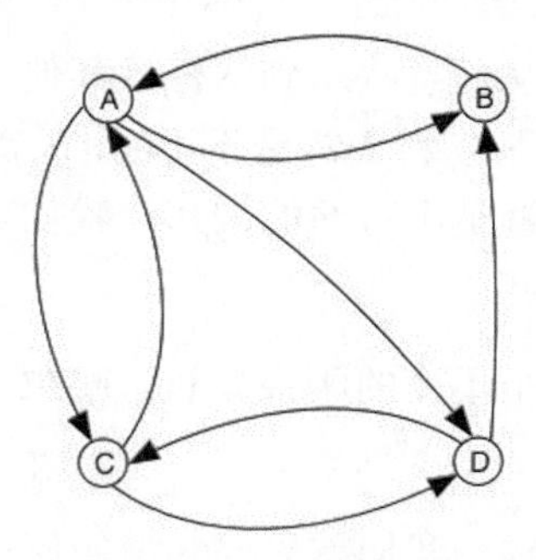

图 11-1 一个有向图

这张图有 4 个节点，代表了 4 个网页 A、B、C 和 D。连接它们的箭头代表了页面链接。所以，页面 A 对其他 3 个页面都有一个链接，但页面 B 只有到 A 的一个链接。

为了分析这个小小的网络，我们首先识别它的传递矩阵 M:

$$M=\begin{bmatrix} 0 & 1 & 1/2 & 0 \\ 1/3 & 0 & 0 & 1/2 \\ 1/3 & 0 & 0 & 1/2 \\ 1/3 & 0 & 1/2 & 0 \end{bmatrix}$$

这个矩形有 16 项 m_{ij}，$1 \leqslant i \leqslant 4$ 且 $1 \leqslant j \leqslant 4$。如果我们假设一个网络爬虫总是随机选取一个链接，从一个页面移动到另一个页面，那么 m_{ij} 等于它从节点 j 移动到节点 i 的概率（将节点 A、B、C、D 编号为 1, 2, 3 和 4）。所以，$m_{12} = 1$ 意味着它在节点 B，有 100%的可能性它接下来将移动到 A。类似的，$m_{13} = m_{43} = 1/2$ 意味着如果它在节点 C，有 50%的可能性它移动到 A 并且有 50%的可能性移动到 D。

假定一个网络爬虫随机选择了这 4 个页面中的一个，然后移动到另一个网页，每次一分钟，随机选择每个链接。数小时后，它在每个页面上花费的时间百分比是什么样的？

这里有一个类似问题。假定这里有 1000 个网络爬虫服从我们刚刚描述过的传递矩阵，而且每个页面有其中的 250 个作为起点。数小时后，在每个页面上将有多少个爬虫？

这个过程叫作**马尔科夫链**。这是一个数学模型，在物理、化学、计算机科学、排队论、经济学甚至金融学中有许多应用。

图 11-1 中的示意图叫作过程的状态图，图的节点叫作过程的状态。一旦状态示意图给定，节点的意义（此时是网页）就不相关了。只有示意图的结构定义了转移矩阵 M，我们才能根据转移矩阵回答这个问题。更一般的马尔科夫链也将指定节点间的转移概率，而非随机对所有转移选择做假设。此时，这些转移概率成了 M 的非零项。

如果一个马尔科夫链有可能从任意状态到达任意其他状态，那么它是不可约的。稍作考察，你就能看到图 11-1 定义的马尔科夫链是不可约的。这个性质非常重要，因为马尔科夫链的数学理论告诉我们，如果链是不可约的，那么我们可以使用转移矩阵计算前面问题的答案。

我们需要的是稳态解，即一个不变的爬虫分布。爬虫本身的位置会改变，但是在每个节点的爬虫个数保持不变。

要计算出数学上的稳定状态解，我们首先要知道如何运用转移矩阵 M。事实是，如果 $X=(x_1,x_2,x_3,x_4)$ 是一分钟内的爬虫分布，而且下一分钟的分布是 $Y=(y_1,y_2,y_3,y_4)$，那么 $y=M_X$，这里使用了矩阵的乘法。

例如，如果 30%的爬虫在节点 A 而 70%的爬虫在节点 B，那么在下一分钟，70%的爬虫在节点 A，10%在节点 B，10%在节点 C，10%在节点 D：

$$M\text{x}=\begin{bmatrix}0 & 1 & 1/2 & 0\\ 1/3 & 0 & 0 & 1/2\\ 1/3 & 0 & 0 & 1/2\\ 1/3 & 0 & 1/2 & 0\end{bmatrix}\begin{bmatrix}0.3\\0.7\\0.0\\0.0\end{bmatrix}=\begin{bmatrix}(0)(0.3)+(1)(0.7)+(1/2)(0.0)+(0)(0.0)\\(1/3)(0.3)+(0)(0.7)+(0)(0.0)+(1/2)(0.0)\\(1/3)(0.3)+(0)(0.7)+(0)(0.0)+(1/2)(0.0)\\(1/3)(0.3)+(0)(0.7)+(1/2)(0.0)+(0)(0.0)\end{bmatrix}=\begin{bmatrix}0.7\\0.1\\0.1\\0.1\end{bmatrix}$$

这就是条件概率的计算（注意，向量在这里表达成列）：

$$M\text{x}=\begin{bmatrix}0 & 1 & 1/2 & 0\\ 1/3 & 0 & 0 & 1/2\\ 1/3 & 0 & 0 & 1/2\\ 1/3 & 0 & 1/2 & 0\end{bmatrix}\begin{bmatrix}x_1\\x_2\\x_3\\x_4\end{bmatrix}=\begin{bmatrix}x_1\\x_2\\x_3\\x_4\end{bmatrix}$$

所以现在，如果 x 是马尔科夫链的稳态解，那么 $M\text{x} = x$。这个向量方程给了我们含 4

个未知量的 4 个标量方程。

这些方程中有一个是冗余的（线性依赖的）。但我们还知道，$x_1 + x_2 + x_3 + x_4 = 1$，因为 X 是一个概率向量。因此，我们回到了含 4 个未知量的 4 个方程。它的解是：

$$X = \begin{bmatrix} 1/3 \\ 2/9 \\ 2/9 \\ 2/9 \end{bmatrix}$$

这个示例的要点是展示出我们可以通过求解一个 $n \times n$ 的矩阵方程来计算静态马尔科夫链的稳态解，其中 n 是状态的个数。这里的静态表示转移概率 m_{ij} 不会改变。当然，这并不表示我们能从数学上计算互联网。首先，有 $n > 30000000000000$ 个节点！其次，互联网确实不是静态的。无论如何，这种分析确实给出了对于互联网的一些深入理解，而当拉里·佩奇和谢尔盖·布林发明 PageRank 算法时，这种分析确实影响了他们的思考。

在互联网和前面的示例之间有一个重要的区别，互联网的转移矩阵是非常稀疏的。换句话说，几乎所有的转移概率都是零。

稀疏矩阵通常表示为一列键—值对。其中键标识了节点，而它的值是可以从这个节点一步抵达的其他节点。例如，之前示例的转移矩阵可以表示成如表 11-1 所示。

表 11-1 邻接表

键	值
A	B, C, D
B	A
C	A, D
D	B, C

我们已经看到，这种类型的数据结构非常容易受到我们在本章下一节中检查的 MapReduce 框架控制。

回忆一下，PageRank 算法的目的是根据某些类似于它们的重要性或者至少是它们的访问频率的准则来排序网页。最初的简单思想（pre-PageRank）是计算到每个网页的链接个数。沿着这种思路，我们可以设想，如果 $x = (x_1, x_2, \cdots, x_n)^T$ 是互联网的页面排序（即，如果

x_j 是页面 j 的相对排序且 $\sum x_j = 1$），那么 $M_X = x$，至少是近似成立的。另一种方法是，对 x 重复应用 M，应该推动 x 越来越接近（可望而不可及的）稳定状态。

这（最终）给我们带来了 PageRank 公式：

$$x' = f(x) = (1-\varepsilon)M_x + \varepsilon z / n$$

其中 ε 是一个非常小的正常数，z 是元素都是 1 的向量，n 是节点个数。右侧的向量表达式定义了转换函数 f，它用一种改进的页面排序估计替换了页面排序估计 x。重复应用这个函数逐渐收敛到未知的平稳状态。

注意在这个公式里，f 只是 x 的函数。这里确实有 4 个输入：x、M、ε 和 n。当然，x 是被更新的，所以它随着每次更新而改变。但是 M、ε 和 n 也改变。M 是转移矩阵，n 是节点个数，而且是确定 z/n 向量具有何种影响的系数。例如，如果我们将 ε 设置为 0.00005，那么公式变成：

$$x' = 0.99995M_x + 0.00005z / n$$

11.3 谷歌的 MapReduce 框架

你如何快速排序含 100 万个元素的列表？或者计算两个矩阵的乘积，每个有 100 万行和 100 万列？

在它们的 PageRank 算法实现中，谷歌很快发现了处理巨量数据集对系统框架的需求。只有通过数据分布并在许多的存储单元上进行处理，才能实现这种需求。在这种环境下实现单一算法，比如 PageRank 是困难的，而且随着数据集增大，持续处理也很有挑战性。

答案是将软件分为两个层次，较低的层次是框架管理大数据和并行处理的框架，较高的层次是用户编写的一些方法。编写这些方法的独立用户都不必关心较低层次的大数据管理细节。

具体来说，数据是在一系列阶段中传送。

（1）输入（input）阶段将输入划分成块，通常是 64 MB 或 128 MB。

（2）映射（mapping）阶段运用用户定义的 `map()` 函数，它是基于不同类型的键值对大集合中的一个键—值对生成的。

（3）划分\分组（partition/grouping）阶段对这些键运用哈希分片将它们分组。

（4）归约（reduction）阶段运用用户定义的 `reduce()` 函数，对每个键值对值数据运用一些特定算法。

（5）输出（output）阶段编写 `reduce()` 方法的输出。

用户选择的 `map()` 和 `reduce()` 方法决定了整个处理的结果，因此叫作 **MapReduce**。

这种思想是叫作“**分而治之**”的经典算法范式的变种。考虑典型的归并排序问题，其中一个数组的存储是通过将它重复划分成两部分，直至每个部分只包含一个元素，然后系统成对合并。

MapReduce 事实上是一种元算法，即一个框架，具体算法可以通过它的 `map()` 和 `reduce()` 方法来实现。它很强大的特点是，排序一个 PT 字节的数据只需要几小时。回忆 1PT 字节等于 $1000^5 = 10^{15}$ 字节，它是 1000 TB 和 100 万 GB。

11.4 MapReduce 的一些应用示例

这里有一些可以利用 MapReduce 框架解决大数据问题的示例。

（1）给定一个文本文件库，找到每个单词的频率，这叫作“单词计数”问题。

（2）给定一个文本文件的存储库，找到每个单词长度的单词数。

（3）给定稀疏矩阵格式的两个矩阵，计算它们的乘积。

（4）因子化一个给定了稀疏矩阵格式的矩阵。

（5）考虑一个节点代表人且边代表友情关系的对称图，编制共同朋友的列表。

（6）考虑一个节点代表人且边代表友情关系的对称图，根据年龄计算平均朋友个数。

（7）考虑一个天气记录的存储库，按年份找到年度全球极小值和极大值。

（8）排序一个大型列表。注意在 MapReduce 框架的大多数实现中，这个问题是平凡的，因为该框架对 `map()` 函数的结果进行自动排序。

（9）反转一张图。

（10）找到一个给定加权图的**最小支撑树**。

（11）合并两个大型的关系数据库。

示例（9）和（10）运用到图结构（节点和边）。对于非常大的图，更有效的方法已经在最近开发出来，例如，由 Edward Yoon 创建的 Apache Hama 框架。

11.5 “单词计数”示例

在本节中，我们展示 MapReduce 对于单词计数问题的求解，有时候这也叫作 MapReduce 的“Hello World”问题。

图 11-2 中的示意图展示了单词计数程序的数据流。左边是要读入程序的 80 个文件中的两个。

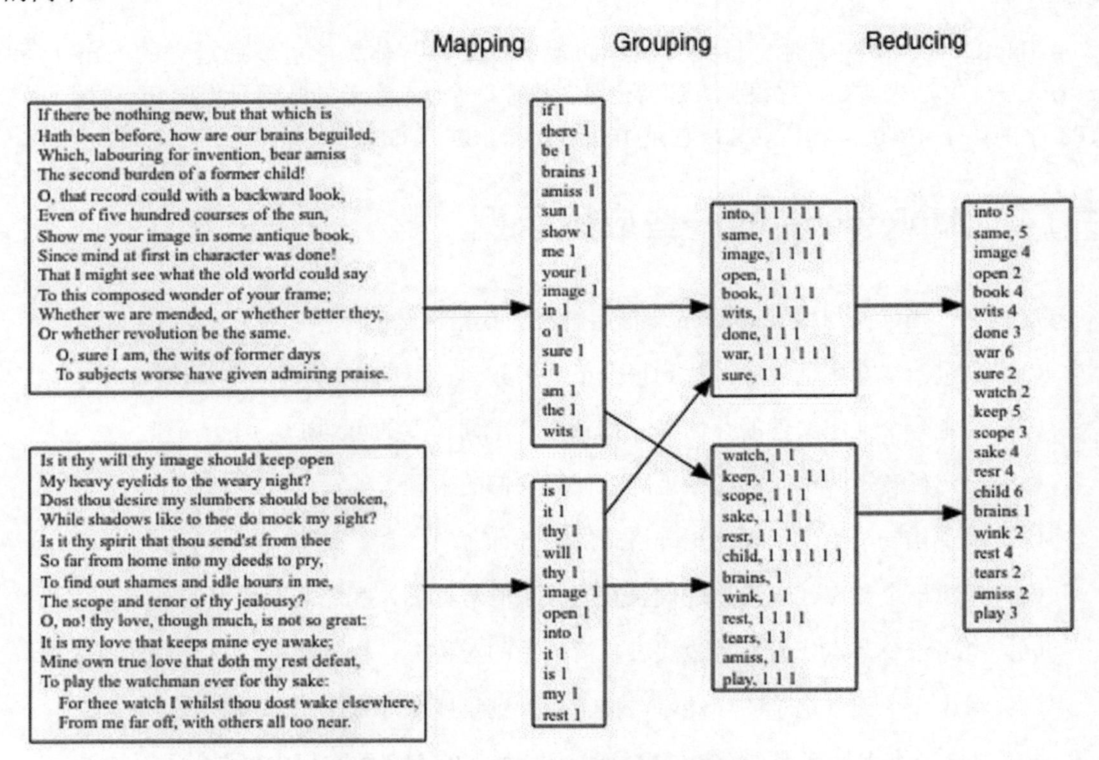

图 11-2 WordCount 程序的数据流

在映射阶段，跟随着数字 1 的每个单词，被复制到一个临时文件，每行一对。注意，许多单词重复了很多次，例如，`image` 在 80 个文件中出现了 5 次（包括这里显示的两个文件），所以字符串 `image 1` 在这个临时文件中出现了 4 次。每个输入的文件大约有 110 个词，所以超过 8000 个单词—号码对被写入临时文件。

注意到这张图只展示了所包括数据非常小的一部分。映射阶段的输出包括了输入的每一个词，和它出现的次数一样多。而且分组阶段的输出包括了这些单词中每一个，但没有包括重复的部分。

分组处理从临时文件将所有的单词读取到一个键—值对哈希表中，其中键是单词，值是字符串 1，每一个 1 对应着单词在临时文件中出现一次。注意，这些 1 写入临时文件是没有用的。它们包括进来仅仅是因为，MapReduce 框架通常期待 `map()` 函数来生成键—值对。

归约阶段将哈希表的内容转录给一个输出文件，用它们的数字替换了每一个都是 1 的字符串。例如，键值对 `("book", "1 1 1 1")` 在输出文件中写为 `book 4`。

要牢记，这只是 MapReduce 处理的一个玩具示例。输入由包含大约 9073 个词的 80 个文本文件组成。所以，临时文件有 9073 行，每个单词一行。这些词中只有 2149 个有区别，所以哈希表有 2149 项，输出文件有 2149 行，每个单词一行。

清单 11-1 中的程序实现了符合 MapReduce 框架的单词计数的求解。

清单 11-1 WordCount 程序

```
Example1.java    Output.dat
18  public class Example1 {
19      public static void main(String[] args) {
20          try {
21              File tempFile = new File("data/Temp.dat");
22              map("data/sonnets/", 80, tempFile);
23
24              Map<String,StringBuilder> hashTable = new HashMap(2500);
25              combine(tempFile, hashTable);
26
27              File outFile = new File("data/Output.dat");
28              reduce(hashTable, outFile);
29          } catch (IOException e) {
30              System.err.println(e);
31          }
32      }
33
34      public static void map(String src, int n, File temp)
35              throws IOException {...8 lines }
43
44      public static void combine(File temp, Map<String,StringBuilder> table)
45              throws IOException {...13 lines }
58
59      public static void reduce(Map<String,StringBuilder> table, File out)
60              throws IOException {...9 lines }
69
70      /*  Writes the pair (word, 1) for each word in the specified file.
71      */
72      public static void map(String filename, PrintWriter writer)
73              throws IOException {...9 lines }
82
83      /*  Counts the 1s in the value argument and then writes (key, count).
```

```
84         */
85         public static void reduce(String key, String value, PrintWriter writer)
86 ⊞              throws IOException {...4 lines }
90
91 ⊞       private static void sort(File file) throws IOException {...14 lines }
105    }
```

除了在 data/sonnets/目录中的 80 个文本文件，程序还使用了其他两个文件：data/Temp.dat 和 data/Output.dat，在第 21 行和第 27 行声明。

它也使用了一个哈希表，定义在第 24 行。main()方法执行了 3 个任务：映射、组合以及归约，由第 22 行、第 25 行和第 28 行调用的方法执行。这些方法的实现展示在清单 11-2 中：

清单 11-2 用于 WordCount 程序的方法

```
Example1.java    Output.dat
34         public static void map(String src, int n, File temp)
35                 throws IOException {
36             PrintWriter writer = new PrintWriter(temp);
37             for (int i = 0; i < n; i++) {
38                 String filename = String.format("%sSonnet%03d.txt", src, i+1);
39                 map(filename, writer);
40             }
41             writer.close();
42         }
43
44         public static void combine(File temp, Map<String,StringBuilder> table)
45                 throws IOException {
46             Scanner scanner = new Scanner(temp);
47             while (scanner.hasNext()) {
48                 String word = scanner.next();
49                 StringBuilder value = table.get(word);
50                 if (value == null) {
51                     value = new StringBuilder("");
52                 }
53                 table.put(word, value.append(" 1"));
54                 scanner.nextLine();  // scan past the rest of the line (a "1")
55             }
56             scanner.close();
57         }
58
59         public static void reduce(Map<String,StringBuilder> table, File out)
60                 throws IOException {
61             PrintWriter writer = new PrintWriter(out);
62             for (Map.Entry<String, StringBuilder> entry : table.entrySet()) {
63                 String key = entry.getKey();  // e.g., "speak"
64                 String value = entry.getValue().toString();  // e.g., "1 1 1 1 1"
65                 reduce(key, value, writer);
66             }
67             writer.close();
68         }
```

第 34~42 行实现的 map() 方法，只是对 map() 路径的 80 个文件中的每一个运用了另一个 data/sonnets/方法。注意，这个内部 map() 方法的输出是通过 writer 参数指定的，这个参数是一个 PrintWriter 对象。选择是由调用的方法做出的，在这种情况下，所调用的方法是外部的 map() 方法。

外部 map() 方法的输出在图 11-2 中说明。它由大量的键—值对组成，键是从 80 个输入文件之一读取的一个单词，比如 amiss，值是整数 1。

第 44~57 行实现的 combine() 方法，从指定的 temp 文件读取了所有的行，期望每一行都是一个单词跟着一个整数 1。它将这些单词的每一个载入指定的哈希表，在那里每个单词的键是各个 1 的字符串，每一个 1 对应单词的一次出现，如图 11-2 的说明。

注意第 49~53 行的代码是如何工作的。如果单词已经放入哈希表，那么第 53 行的 put() 只需在那个键的值已经有的各个 1 的序列中再追加一个 1。但是，这个单词第一次放入是从文件读取的，第 49 行的 get() 方法将返回 null，造成第 51 行的执行，结果是在第 53 行的单词后插入一个单独的 1。

在 Java 中，如果某个键已经在一个 HashMap 中（即，一个哈希表），那么 put() 方法只更新已经存在的键值对的值。这防止了键重复插入。

第 59~68 行实现的 reduce() 方法，实现了 MapReduce 过程的归约阶段，和我们之前描述的一样。例如，它将从哈希表读取诸如("book", "1 1 1 1")这样的键值对，然后在输出文件中把它写成 book 4。这是由第 65 行调用的一个内部 reduce() 方法完成。

清单 11-3 中的代码展示了在第 39 行和第 65 行调用的内部 map() 方法和 reduce() 方法。这两种基本方法我们之前描述过。

清单 11-3 用于 WordCount 程序的 map 和 reduce 方法

```
Example1.java   Output.dat
70      /*  Writes the pair (word, 1) for each word in the specified file.
71      */
72      public static void map(String filename, PrintWriter writer)
73              throws IOException {
74          Scanner input = new Scanner(new File(filename));
75          input.useDelimiter("[.,:;()?!\"\\s]+");
76          while (input.hasNext()) {
77              String word = input.next();
78              writer.printf("%s 1%n", word.toLowerCase());
79          }
80          input.close();
81      }
82
```

```
83        /*  Counts the 1s in the value argument and then writes (key, count).
84        */
85        public static void reduce(String key, String value, PrintWriter writer)
86                throws IOException {
87            int count = (value.length() + 1)/2;  // e.g. "1 1 1 1 1" => 5
88            writer.printf("%s %d%n", key, count);
89        }
```

当然，你可以编写一个更简单的程序，计算一个文件目录中单词的频率。但关键是要展示如何编写符合 MapReduce 框架的 map() 和 reduce() 方法。

11.6 可扩展性

MapReduce 框架的最大好处在于它可扩展。Example1.java 中的单词计数程序可以在包含了少于 10000 个词的 80 个文件上运行。软件的这种灵活性叫作可扩展性。

要管理输入中上千倍的增长，可能不得不去替换哈希表。即使我们有足够的内存载入一个大型的表，因为对象的扩散，Java 处理也可能失败。面向对象的编程肯定是实现一个算法的最佳方式。但是如果你想要清晰、速度和灵活性，在处理大型数据集时它的效率会低一些。

我们并非真的需要清单 11-1 中第 24 行实例化的哈希表。相反，通过将数据散列到一组文件中，我们可以实现同样的想法。这在图 11-3 中说明。

用文件块替换哈希表要求修正第 34~68 行的代码（清单 11-2），而不是第 70~89 行（清单 11-3）map() 和 reduce() 中的方法。而且，这两种方法是实际数字处理发生的地方，而其他一切只是处理周边的事情。只有 map() 和 reduce() 方法真的确定了我们正在这里计数单词。

所以，这是 MapReduce 元算法的主要思想：提供了一个处理大规模数据集的框架，一个允许独立的程序员“即插即用”真正实现所需的特定算法的专门的 map() 和 reduce() 方法的框架。如果这个特定算法是要去计数单词，那么编写 map() 方法从指定的文件提取每个单词，然后将对应的键值对 (word, 1) 返回到指定的 writer 要放置它们的地方，并且编写 reduce() 方法取出诸如 (word, 1 1 1 1) 这样的键—值对并将对应的键—值对 (word, 4) 返回到它指定的 writer 将要放置它的地方。这两种方法都是完全本地化的，它们只是在键—值对上操作。而且，它们与数据集的规模是完全独立的。

图 11-3 中的示意图展示了数据经过 MapReduce 框架应用的一般流程。

原始数据集可以有多种形式和多个位置，本地目录中的一些文件，同一个集群上的几个节点分布的一大堆文件，数据库系统上的一个数据库（关系的或者 Nosql）或者万维网上提供的数据源。然后，MapReduce 控制器实现这 5 个任务：

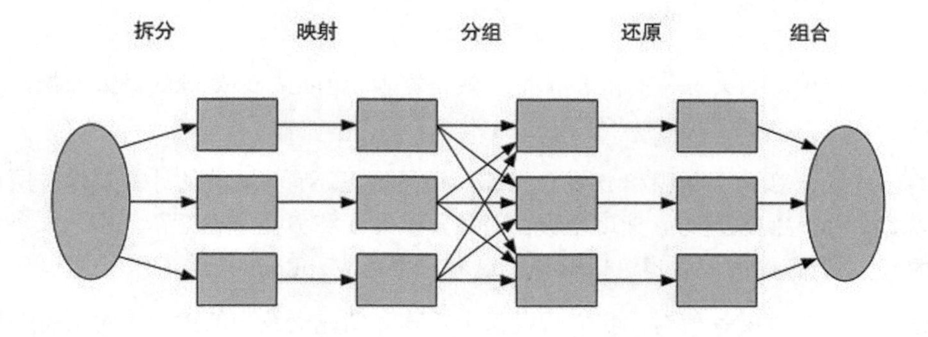

图 11-3 一般的 MapReduce 框架中的数据流

（1）将数据划分成更小的数据集，每一个小数据集可以在单机上易于处理。

（2）在每个数据集上同时（即并行）运行一个用户提供的 `map()` 方法的副本，产生本地机器上临时文件中的一组键值对。

（3）在机器之间分布数据集，这样每个键的所有实例就在相同的数据集中。这通常是通过散列这些键来完成的。

（4）在每个临时文件上同时地（并行地）运行一个用户提供的 `reduce()` 方法的副本，在每个机器上生成一个输出文件。

（5）将输出文件组合成单个结果。如果 `reduce()` 方法也对它的输出排序，那么最后这个步骤也包括合并这些输出。

MapReduce 框架的天才之处在于，它将数据管理（移动、分划、分组、排序等等）从数据处理（计数、平均、求最大值等等）中分离出来。不需要用户的注意即可完成前者。后者通过分别在每个节点上调用两个用户提供的 `map()` 和 `reduce()` 方法，并行完成。本质上，用户唯一的义务是去设计可以解决给定问题的这两种方法的正确实现。在单词计数问题的情况下，这些实现显示在清单 11-3 中。

我们稍早提到过，给出这些代码示例主要是为了阐明 MapReduce 算法的工作原理。真实世界应用一般会使用 MongoDB 或者 Hadoop，我们将会在本章稍后对此进行讨论。

11.7 MapReduce 的矩阵操作

如果 A 是一个 $m \times p$ 矩阵，B 是一个 $p \times n$ 矩阵，那么 A 和 B 的乘积是一个 $m \times n$ 矩阵

C，其中 C 的第（i,j）元素由 A 的第 i 行和 B 的第 j 列的内积来计算：

$$c_{ij} = \sum_{k=1}^{p} a_{ik} b_{kj}$$

这是一个点积，如果 m、p 和 n 都很小就是算术。但是如果处理的是大数据，就没有这么简单了。

c_{ij} 的公式要计算 p 个乘积和 $p-1$ 个求和，而且这里还有 mn 倍的计算要做。所以，这种实现以 $O(mnp)$时间来运行，速度很慢。而且，如果 A 和 B 是稠密矩阵（即，大多数元素是非零的），那么存储的问题也可以解决。这看起来是 MapReduce 的工作。

MapReduce 考虑键—值对。我们假设每个矩阵存储成一系列的键—值对，每个键—值对对应着矩阵的一个非零元素。键是下标对(i, j)，值是矩阵的第（i,j）个元素。例如，这个矩阵：

$$A = \begin{bmatrix} 0 & 7.23 & 0 & 9.11 & 4.54 \\ 0 & 0 & 6.87 & 0 & 0 \\ 4.09 & 0 & 0 & 0 & 0 \\ 1.54 & 0 & 0 & 0 & 3.36 \end{bmatrix}$$

会表示成如图 11-4 所示的列表。这有时候会叫作**稀疏矩阵格式**。

```
MatrixA.dat
(1, 2)   7.23
(1, 4)   9.11
(1, 5)   4.54
(2, 3)   6.87
(3, 1)   4.09
(4, 1)   1.54
(4, 5)   3.36
```

图 11-4　键—值对

虽然表示成列表，我们并不必然表示有一个 Java `List` 对象。实际上，它可以是一个文件或者更一般的输入流。在下列代码中，我们将假设每一项都是 Java `File` 对象表示的文本文件。

要用 MapReduce 框架实现矩阵乘法，我们要假设我们已经有了包含两个矩阵的元素，组织成图 11-4 所示的样子。这 12 个值是命名为矩阵 A 的 3×2 矩阵的元素和命名为矩阵 B 的 2×3 矩阵的元素。例如，a_{12}= 3.21 且 b_{23} = 1.94。注意，这两个矩阵是全部非零的元素。

按这种方式输入两个矩阵相乘的 `map()` 和 `reduce()` 方法展示在清单 11-4 中。

清单 11-4 用于矩阵操作的 map 和 reduce 方法

```
TwoMatrices × | Example2.java ×
 72     /*  Reads ("a", i, k, x), representing array element x = a[i,k],
 73         and writes key = (i, j) and value x, for j = 1..n;
 74         then reads ("b", k, j, y), representing y = b[k,j]
 75         and writes key = (i, j) and value y, for i = 1..m.
 76     */
 77     public static void map(String element, PrintWriter writer)
 78             throws IOException {
 79         Scanner input = new Scanner(new File(element));
 80         String name = input.next();  // "a" or "b"
 81         if (name.equals("a")) {
 82             int i = input.nextInt();
 83             int k = input.nextInt();
 84             double x = input.nextDouble();  // x = a[i,k]
 85             for (int j = 1; j <= n; j++) {
 86                 writer.printf("(%d,%d), %.4f%n", i, j, x);
 87             }
 88         } else {  // name = "b"
 89             int k = input.nextInt();
 90             int j = input.nextInt();
 91             double y = input.nextDouble();  // y = b[j,k]
 92             for (int i = 1; i <= m; i++) {
 93                 writer.printf("(%d,%d), %.4f%n", i, j, y);
 94             }
 95         }
 96         input.close();
 97     }
 98 
 99     /*  For a key (i,j) the value will be:
100         "a[i,1] a[i,2] ... a[i,p] b[1,j] b[2,j] ... b[p,j]".
101         Reduces to a[i,1]*b[1,j] + a[i,2]*b[2,j] + ... + a[i,p]*b[p,j].
102     */
103     public static void reduce(String key, String value, PrintWriter writer)
104             throws IOException {
105         double[] x = new double[p];
106         double[] y = new double[p];
107         Scanner scanner = new Scanner(value);
108         for (int k = 0; k < p; k++) {
109             x[k] = scanner.nextDouble();
110         }
111         for (int k = 0; k < p; k++) {
112             y[k] = scanner.nextDouble();
113         }
114         double sum = 0.0;
115         for (int k = 0; k < p; k++) {
116             sum += x[k]*y[k];
117         }
118         writer.printf("%s %.4f%n", key, sum);
119     }
```

这个应用的完整 MapReduce 程序，类似于清单 11-1 展示的单词计数实现。

第 72~76 行的注释表明，`map()` 方法读取了输入文件，每次一行。例如，图 11-5 展示的文件第一行是：

```
a 1 1 4.26
```

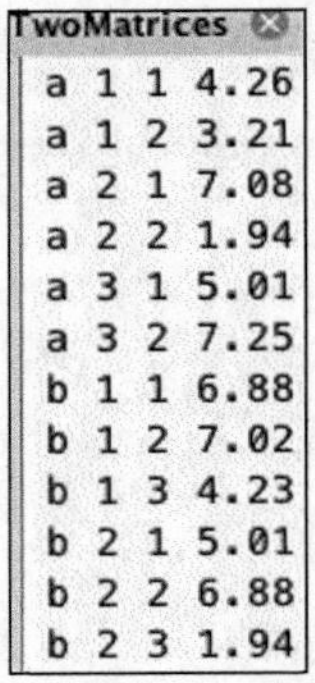

```
TwoMatrices
a 1 1 4.26
a 1 2 3.21
a 2 1 7.08
a 2 2 1.94
a 3 1 5.01
a 3 2 7.25
b 1 1 6.88
b 1 2 7.02
b 1 3 4.23
b 2 1 5.01
b 2 2 6.88
b 2 3 1.94
```

图 11-5 两个矩阵

数值取值会存储成(在第 82~84 行)。然后，第 85~87 行的 for 循环将这 3 个输出写入到 `writer` 对象指派的无论什么内容中：

```
(1,1) 4.26
(1,2) 4.26
(1,3) 4.26
```

注意，对于这个示例，程序对矩阵的维数设置了全局常数 m=3、p =2 以及 n = 3。

`map()` 方法把每个值写了 3 遍，因为每个值都用于 3 个不同的和。

跟着 `map()` 调用的分组处理将这样重组数据：

(1,1) a_{11} a_{12} b_{11} b_{21}

(1,2) a_{11} a_{12} b_{12} b_{22}

(1,3) a_{11} a_{12} b_{13} b_{23}

(2,1) a_{21} a_{22} b_{11} b_{21}

(2,2) a_{21} a_{22} b_{12} b_{22}

然后对每一对(i, j)，`reduce()` 方法计算了对键值列出的两个向量内积：

(1,1) $a_{11}b_{11}+a_{12}b_{21}$

(1,2) $a_{11}b_{12}+a_{12}b_{22}$

(1,3) $a_{11}b_{13}+a_{12}b_{23}$

(2,1) $a_{21}b_{11}+a_{22}b_{21}$

(2,2) $a_{21}b_{12}+a_{22}b_{22}$

这些是乘积矩阵 $C=AB$ 上的元素 c_{11}、c_{12}、c_{13} 等的正确值。

注意，要正确完成这种计算，map()方法放出的键—值对顺序必须在分组过程中保持。如果不是这样，那么某种额外的索引模式将不得不包括进来，这样 reduce()方法可以正确地处理 $a_{ik}b_{jk}$ 对。

11.8 MongoDB 中的 MapReduce

MongoDB 用 mapReduce()命令实现了 MapReduce 框架。图 11-6 中展示了一个示例。

```
johnrhubbard — mongo — 77×16
> var map1 = function() { emit(this.publisher, 1); };
> var reduce1 = function(pubId, numBooks) { return Array.sum(numBooks); };
> db.books.mapReduce(map1, reduce1, {out: "map_reduce_example"}).find()
{ "_id" : "A-V", "value" : 1 }
{ "_id" : "A-W", "value" : 3 }
{ "_id" : "BACH", "value" : 1 }
{ "_id" : "CAMB", "value" : 2 }
{ "_id" : "EDIS", "value" : 1 }
{ "_id" : "MHE", "value" : 4 }
{ "_id" : "OXF", "value" : 1 }
{ "_id" : "PH", "value" : 3 }
{ "_id" : "PUP", "value" : 1 }
{ "_id" : "TEUB", "value" : 1 }
{ "_id" : "WHF", "value" : 1 }
>
> 
```

图 11-6 在 MongoDB 中运行 MapReduce

头两个语句定义了 JavaScript 函数 map1()和 reduce1()。第三个语句在 library.books 集合上运行 MapReduce（参见第 10 章“NoSQL 数据库”），运用上述的两个函数，并将结果集合命名为“map_reduce_example”。附加的 find()命令造成了要展示的输出。

map1()函数放出键值对(p, 1)，其中 p 是 books.publisher 字段。所以这将生成 19 个对，每个 books 文档一个。例如，其中的一个将会是("OXF", 1)。事实上，其中将有 4 个是("MHE", 1)，因为 books 集合中有 4 个文档其 publisher 字段为"MHE"。

reduce1()函数使用了 Array.sum()方法，对第一个参数(pupId)的每一个值返回了第二个参数(numBooks)取值的和。例如，reduce1()将一个键值对是("MHE", [1, 1, 1, 1])作为输入接受，因为 map1()函数 4 次放出("MHE", 1)对。所以，在这种情况下，数组[1, 1, 1, 1]是参数 numBooks 的参数，而且 Array.sum()对此返回 4。

当然，这类似于我们用单词计数程序（见图 11-2）所做的工作。

注意，mapReduce()函数的输出是一个集合，被一个指派到 out 字段的字符串值命名。此时，名称是"map_reduce_example"（图 11-6)。所以，就像任何其他的集合一样，这个数据可以用 find()函数访问（图 11-7)。

```
johnrhubbard — mongo — 49×14
> db.map_reduce_example.find()
{ "_id" : "A-V", "value" : 1 }
{ "_id" : "A-W", "value" : 3 }
{ "_id" : "BACH", "value" : 1 }
{ "_id" : "CAMB", "value" : 2 }
{ "_id" : "EDIS", "value" : 1 }
{ "_id" : "MHE", "value" : 4 }
{ "_id" : "OXF", "value" : 1 }
{ "_id" : "PH", "value" : 3 }
{ "_id" : "PUP", "value" : 1 }
{ "_id" : "TEUB", "value" : 1 }
{ "_id" : "WHF", "value" : 1 }
>
> 
```

图 11-7 检查来自 mongo MapReduce 执行的输出

11.9 Apache Hadoop

Apache Hadoop 是一个开源软件系统，它允许分布式地存储并处理非常大的数据集。它实现了 MapReduce 框架。

这个系统包括这些模块。

- **Hadoop Common**：支持其他 Hadoop 模块的常用的库和功能。
- **Hadoop Distributed File System（HDFS）**：在商用机上存储数据的一个分布式文件系统，提供了对集群的高流量访问。

- **Hadoop YARN**：一个作业调度和集群资源管理的平台。
- **Hadoop MapReduce**：Google MapReduce 框架的一种实现。

2003 年，Hadoop 起源于 Google 文件系统。它的开发者 Doug Cutting 用他儿子的玩具象为它命名。到了 2006 年，它已经变成了 Hadoop 分布式文件系统（HDFS）。

在 2006 年 4 月，Hadoop 使用 MapReduce，创纪录地在 48 小时内排序了分布在 188 个节点上的 1.8TB 的数据。两年之后，它使用一个 910 个节点的集群在 209 秒之内创纪录地排序了 1TB 的数据。

在 2010 年，Cutting 被选举为 Apache 软件基金会的主席。该基金会可能是非常有用的免费开源软件的最大维护者了。在 2017 年 3 月发布了 Apache Hadoop 2.8。

Hadoop 可以在传统的现场数据中心部署。Hadoop 云服务由几个供应商提供，包括：Google、Microsoft、Amazon、IBM 和 Oracle。例如，纽约时报使用 Amazon 的云服务来运行 Hadoop 应用，将 4TB 的原始 TIFF 图像数据处理成 1100 万张最终的 PDF，在 24 小时之内，花费大约 240 美元。你可以在自己的计算机上安装 Hadoop 作为一个单点集群。

11.10 Hadoop MapReduce

在 Hadoop 安装后，你可以轻松运行它的 MapReduce 版本。我们已经看到，这相当于编写你自己版本的 `map()` 和 `reduce()` 方法来解决特别的问题。通过扩展定义在 `org.apache.hadoop.mapreduce` 包中的 `Mapper` 和 `Reducer` 类可以实现。

例如，要实现单词计数程序，可以像清单 11-5 展示的那样设置你的程序。

清单 11-5　Hadoop 中的 WordCount 程序

```
WordCount.java
 8 public class WordCount {
 9 
10     public static class WordCountMapper extends Mapper {
11         public void map(Object key, Text value, Context context) {
12 
13         }
14     }
15 
16     public static class WordCountReducer extends Reducer {
17         public void reduce(Text key, Iterable values, Context context) {
18 
19         }
20     }
```

```
21
22      public static void main(String[] args) {
23
24      }
25  }
```

主类包括两个叫作 WordCountMapper 和 WordCountReducer 的嵌套类。它们扩展了对应的 Hadoop Mapper 和 Reducer 类，省略了一些细节。其要点是要编写的 map() 和 reduce() 方法被定义在这些对应的类中。就是这种结构使得 Hadoop MapReduce 框架成为真实的软件框架。

注意，在第 11 行和第 17 行的参数列表中使用的 Text 类是在 org.apache.hadoop.io 包中定义的。

这个完整示例在下述网址描述：https://hadoop.apache.org/docs/r2.8.0/hadoop-mapreduce-client/ hadoop-mapreduce-client-core/MapReduceTutorial.html。

11.11 小结

本章给出了一些分析大型数据集的想法和算法。两个主要的算法是 Google 的 PageRank 算法和 MapReduce 框架。

要说明 MapReduce 的工作原理，我们实现了单词计数示例，它对一组文本文件中单词频率进行了计数。更现实的实现是用第 10 章“NoSQL 数据库”给出的 MongoDB，或者使用本章中简要描述的 Apache Hadoop。

附录 Java 工具

本书用到过多种软件工具，附录都会给出简要的描述和安装说明。这些工具都是免费的，而且很容易安装在你的计算机上，无论你运行的是 macOS X、Microsoft Windows，还是 UNIX 的某个变种。因为本书的所有内容都是在 Mac 上编写的，我们的重点就放在这个平台。其他平台的安装和维护是类似的。

这里的信息截止到 2017 年 8 月。在线链接可能会定期更新，但是安装和使用的基本步骤预计不会有重大的改变。

命令行

在 Mac 上，命令行通过终端应用程序访问（在 Windows 上，它叫作**命令提示符**）。你会在 `Applications/Utilities/`文件夹中找到终端应用程序。启动时将出现终端窗口，如图 A-1 所示。

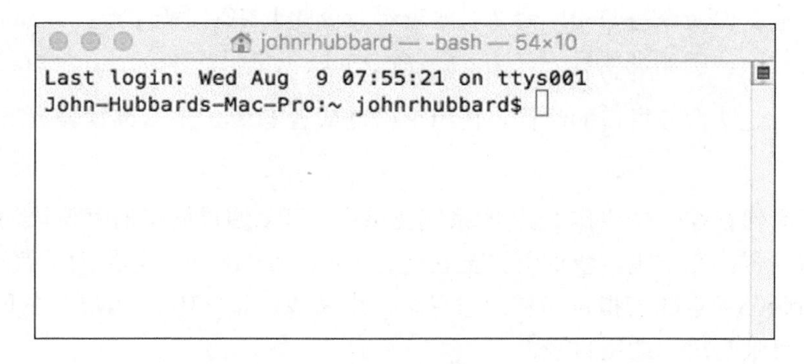

图 A-1　终端窗口

提示符展示了计算机的名称、一个冒号（:）、当前目录（文件夹）、一个空格、当前用户、一个美元符号（$）、一个空格然后是提示符号（□）。

终端窗口可以运行几百个命令。要看到所有命令的列表，按住 Esc 键一秒，然后按 Y 键，对问题回答“yes”。每次列表停顿时，按下空格键来看命令的下一屏。按下 Q 键终止列表。

按下 Ctrl+C 组合键来终止任何终端命令的执行。使用上下箭头键来对已保存的之前执行的命令进行滚动（以避免重复键入它们）。

尝试 `cal` 命令（图 A-2）。

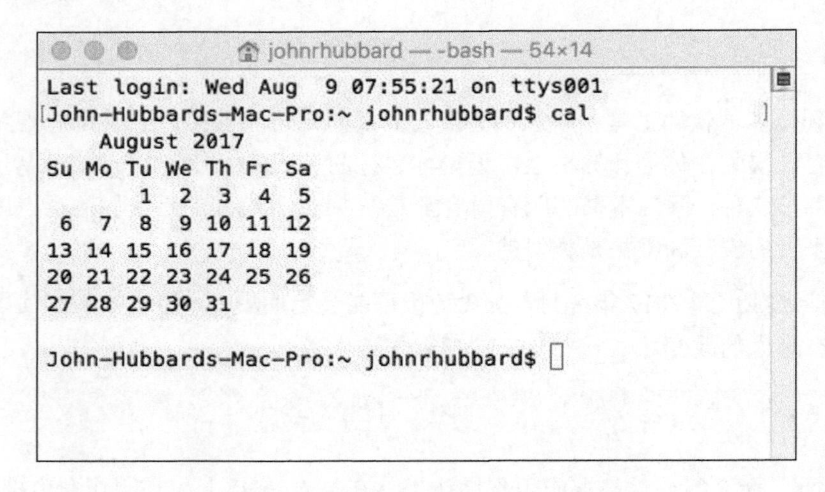

图 A-2 calendar 命令

它只展示当前月份的日历。

大多数终端窗口命令是 UNIX 命令。要查看命令的 UNIX 手册描述（man page），在该命令之后键入 `man`。例如，要看 `calendar` 命令的联机资料，输入 `man cal`。

当命令太大无法适应窗口的时候，使用空格键或者 Q 键，要么继续输出下一屏要么退出输出。

提示字符串保存在一个叫作 `PS1` 的系统变量中。可以通过简单的赋值语句将它改变为你想要的任何内容。在这里，我们首先把它变为`"Now what?"`（只是为了有趣），然后变成`"\w $"`。代码`\w` 意味着指定当前工作目录，用曲线字符(~)代表用户的主目录。图 A-3 中的当前工作目录是用户的主目录。

以这种方式响应用户命令的计算机操作系统的部分叫作 shell，类似这样的一系列交互命令和响应叫作 shell 会话。

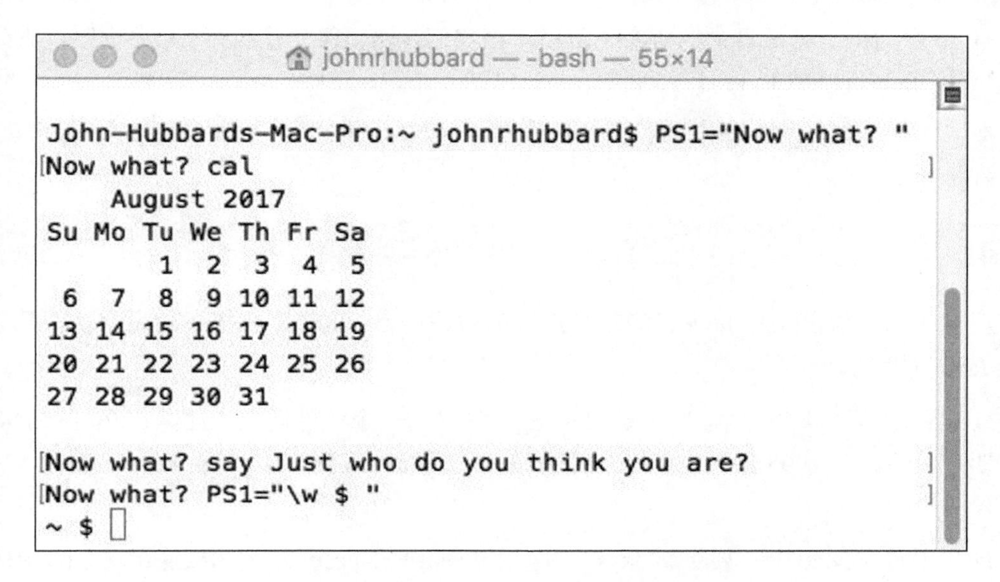

图 A-3　改变命令提示符字符串

展示在图 A-4 中的 shell 会话说明了 `cd` 和 `ls` 命令。`cd` 命令将当前目录改变到该命令指定的一个目录上。`cd hub` 命令将当前目录从~(我的主目录)转到`~/hub`，这是我们主目录的一个子目录。

```
courses — -bash — 55×14
Now what? PS1="\w $ "
~ $ cd hub
~/hub $ ls
app     data    im      net     pro     ur
books   gen     misc    per     tmp
~/hub $ cd ur
~/hub/ur $ ls
admin           misc            research
courses         orchestra
~/hub/ur $ cd courses
~/hub/ur/courses $ ls
cs150   cs222   cs325   cs395
cs221   cs315   cs340
~/hub/ur/courses $
```

图 A-4　列出内容并更改目录

ls 命令列出了当前目录的命令。所以，当我们在这里第一次执行 ls 命令时，它列出了在我的~/hub 目录中的 11 个子目录。它们包括 app、books、data 等等。

要返回你的目录树，使用 cd ..命令，或者使用 cd ../..立刻返回上两层。两个点意味着父目录。

Java

至少从 10 年前开始，Java 已经是最流行的编程语言。这个附录描述的所有软件几乎都是用 Java 编写的。

Java 是由詹姆斯·高斯林（James Gosling）领导的一个软件研究者团队在 20 世纪 90 年代早期开发的。在 1995 年，它由 Sun 微系统公司发布，直到 2010 年被 Oracle 兼并，一直由该公司维护。

Java 预装在 Mac 上。要更新 Java，打开 **System Preferences** 和面板底部的 Java 图标。它会打开 **Java Control Panel**。**General** 标签之下的 **About...**按钮展示已安装的 Java 的当前版本。截止 2017 年 8 月，应该是版本 8。**Update** 标签允许更新。

Java 可以从命令行或者从集成开发环境（IDE）内运行。要做到前者，你需要一个文本编辑器来编写代码。在 Mac 上，你可以使用 TextEdit。一个 4 行的 Hello World 程序显示在如图 A-5 中的 TextEdit 窗口中。

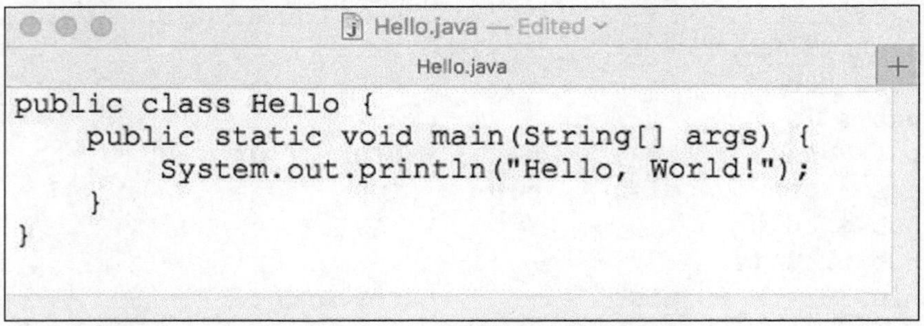

Hello.java — Edited

Hello.java

```
public class Hello {
    public static void main(String[] args) {
        System.out.println("Hello, World!");
    }
}
```

图 A-5 Java 中的 Hello World 程序

注意，为了编译，引号必须是竖直的（就像" "），不是斜的（就像" "）。为了保证正确，打开 extEdit 中的 **Preferences** 面板并选择 **Smart Quotes**。还要注意，TextEdit 的默认文件类型 RTF 和 TXT 必须重写——Java 源代码必须保存在一个名称与 public 类相同、类型是 is .java 的文件中。

我们把源代码保存在 hub/demos/文件夹中。shell 会话如图 A-6 所示。

```
Last login: Wed Aug  9 07:59:19 on ttys001
~ $ cd hub/demos
~/hub/demos $ ls
Hello.java
~/hub/demos $ cat Hello.java
public class Hello {
    public static void main(String[] args) {
        System.out.println("Hello, World!");
    }
}
~/hub/demos $ javac Hello.java
~/hub/demos $ ls
Hello.class     Hello.java
~/hub/demos $ java Hello
Hello, World!
~/hub/demos $ 
```

图 A-6 运行 Hello World 程序

从这里，我们能学到：

- 如何用 `cat` 命令展示源代码；
- 如何用 `javac` 命令编译源代码；
- 如何用 `java` 命令运行程序。

`javac` 命令创建了类文件 `Hello.class`，然后我们用 `java` 命令来执行它，于是生成了预期的输出。

图 A-7 中的程序说明了命令行参数的使用。

程序打印了它的 `args[]` 数组的每一个元素。在这里显示的运行中，有 4 个这样的元素，在程序名之后立刻输入命令行。

NetBeans

NetBeans 是本书一直在使用的 IDE。在第 1 章“数据科学导论”中提到过，它可以与其他流行的 IDE 媲美，比如 Eclipse, JDeveloper 和 JCreator，而且功能基本相似。

下载 NetBeans，选择你的语言，你的操作系统平台以及一个 **Download** 按钮。除非你的机器内存空间不足，最好选择 **All** 版本（最右边的 **Download** 按钮）。它包括 Java 企业版以及对 HTML5 和 C++的支持。

安装很直接，只要根据提示的方向进行。注意，NetBeans 包括了 Java，所以你无需单独安装 Java。

```
demos — -bash — 64×17
~/hub/demos $ ls
Echo.java       Hello.class      Hello.java
~/hub/demos $ cat Echo.java
public class Echo {
    public static void main(String[] args) {
        for (int i = 0; i < args.length; i++) {
            System.out.printf("args[%d] = %s%n", i, args[i]);
        }
    }
}
~/hub/demos $ javac Echo.java
~/hub/demos $ java Echo alpha beta gamma delta
args[0] = alpha
args[1] = beta
args[2] = gamma
args[3] = delta
~/hub/demos $ 
```

图 A-7 读取命令行参数

NetBeans 的主窗口展示在图 A-8 中。

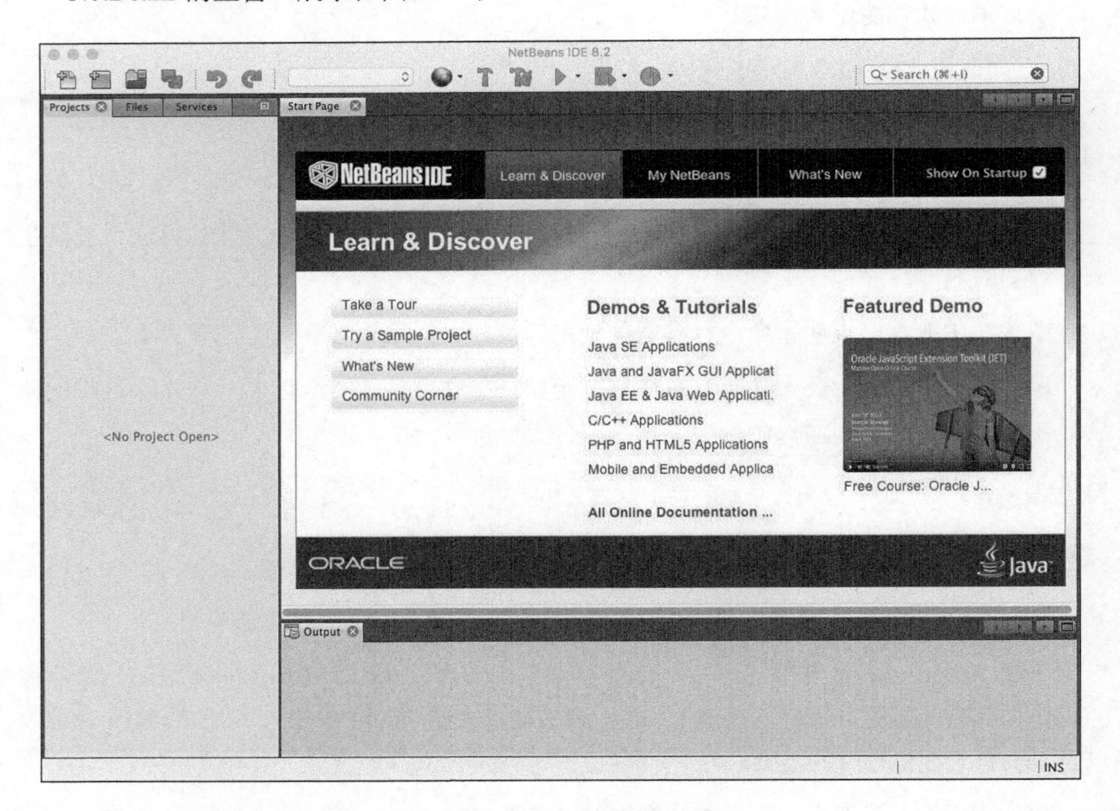

图 A-8 NetBeans IDE

它显示了 5 个面板：**Projects**、**Files**、**Services**、**Output** 以及编辑窗口。**Projects**、**Files** 和 **Services** 面板组合在左侧的子窗口。这种配置可以很容易地重排。

NetBeans 希望你将所有的 Java 工作都划分到 NetBeans 项目的背景下。这看起来似乎是一个没必要的额外步骤，但从长远来看这可以使你轻松追踪所有的工作。

要创建一个项目，只要点击工具条上的 New Project 按钮（ ）（或者从 **File** 菜单选择 **New Project...**）。然后，在 **New Project** 对话框中，选择 **Java |Java Application**，选取你的 **Project Name, Project Location** 和 **Main Class**(例如，`Project Name`、`AppendixA`、`nbp` 以及 `dawj.appA.Echo`)，并点击 **Finish**。注意 **Main Class** 名称包括了一个包规范(`dawj.appA`)。

将 `Echo` 程序粘贴之后，设置如图 A-9 所示。

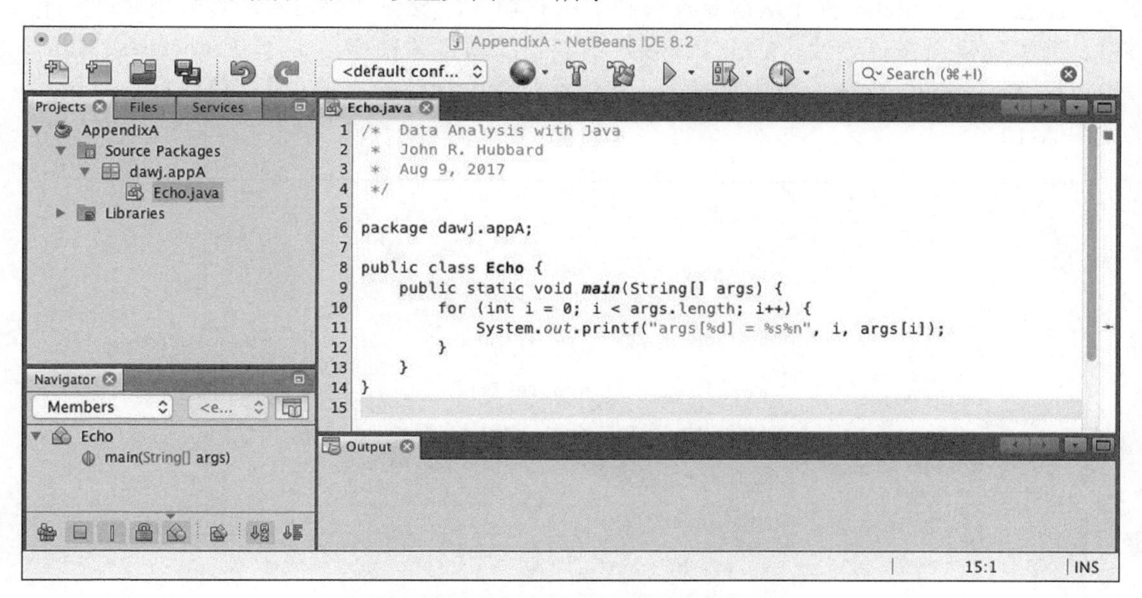

图 A-9 NetBeans 中的 Echo 程序

我们加入了一个头部 ID 注释并把一些内容移到周围。但这就是我们之前在命令行运行过的相同的程序。

注意，**Projects** 标签图示了项目的组织，**Navigator** 标签（左下方）展示了 **Echo** 类的逻辑结构。还要注意不同的图标设计，金色的咖啡杯代表 NetBeans 项目，褐色的捆绑立方体代表包文件夹，带有绿色小三角形的图标表示可执行的（主）类，带有垂直条的橙色磁盘表示静态方法。

要运行这个程序，点击工具条上的绿色三角形按钮（ ）（或者按下 F6 键，或者从 **Run** 菜单选择 **Run Project**）。

注意，选择这个按钮将会运行项目。如果你的项目有不少于一个带有 main() 方法的类，它将指定其中之一作为主类并运行这个类。如果你想运行一个没有这样指定的程序，从 **Run** 菜单选择 **Run File**，或者按下 Shift+F6 组合键。如果你想重新指定一个项目的主类，右键项目的图标并且选择 **Properties | Run**。

注意，这个 Echo 程序从命令行得到了所有输入。没有这个输入，它就不会产生输出。为了提供命令行参数，右击 **Projects** 面板上的项目图标 ，选择 **Properties | Run**，然后在 **Arguments:**字段中将它们插入：就像你对命令行做的那样（没有任何标点符号）。见图 A-10。

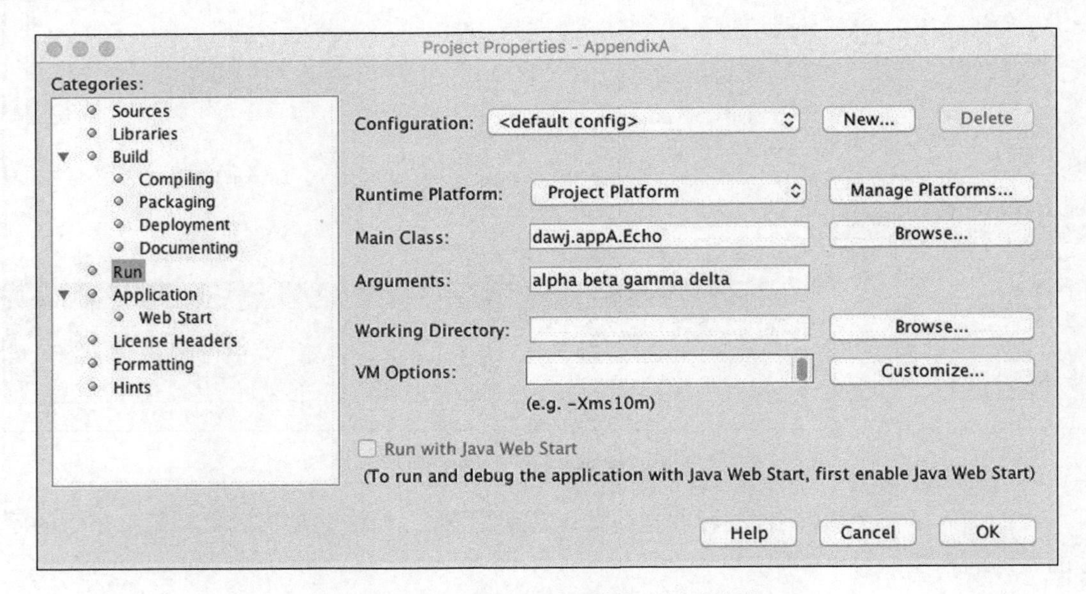

图 A-10 NetBeans 项目属性运行对话框

然后运行时，你会得到预期的输出。

NetBeans 编辑器非常有用。它使用不同的颜色来区分保留字（蓝色）、类字段（绿色）以及其他代码的字符串（橙色）。语法错误会立刻被警告并标上红色标签。它提供了纠正大多数错误的推荐。如果使用一个类，IDE 将给你提供一个导入语句列表，供你选择。如果你右击一个类或者类成员（字段或方法）的名称，可以从弹出式菜单选择 **Show Javadoc**，它将出现在你的浏览器中。你可以选择代码的任何部分并且用 Ctrl+Shift+F 组合键（或者右击并选择 **Format**)让它正确地格式化。

内置的调试器非常强大也很好使用。

NetBeans 自带关系数据库系统，它在第 5 章“关系数据库”中做了说明。

NetBeans 对于开发 Java 软件是非常强大的。它还支持 C、C++、Fortran、HTML5、PHP、JSP、SQL、JavaScript、JSO 以及 XML。

MySQL

要下载并安装 MySQL 社区服务器，到 MySQL 的官网并选择 MySQL 社区服务器的最新版本。选择你的平台（例如，macOS X）并右击 **DMG Archive** 或者 **TAR Archive**。然后，运行安装文件。当安装完成的时候，你需要重启系统。

安装文件将发布一个临时密码，以访问数据库服务器（参见图 A-11）。

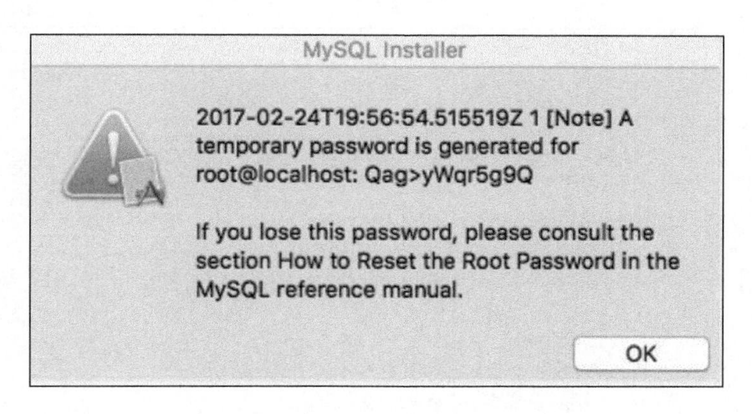

图 A-11　MySQL 安装

把这 12 个字符的密码记下来（是面板中的密码，不是展示在这里的密码）。你需要它简短一些。而且，记住连接 ID：`root@localhost`。它的意思是，你的用户名是 `root` 而且你的计算机名称是 `localhost`。

安装这个服务器后，它需要启动。要在 Mac 上启动它，打开 **SystemPreferences**。在面板的底部，你将看到 MySQL 图标。点击它打开 MySQL 服务器面板（见图 A-12）。

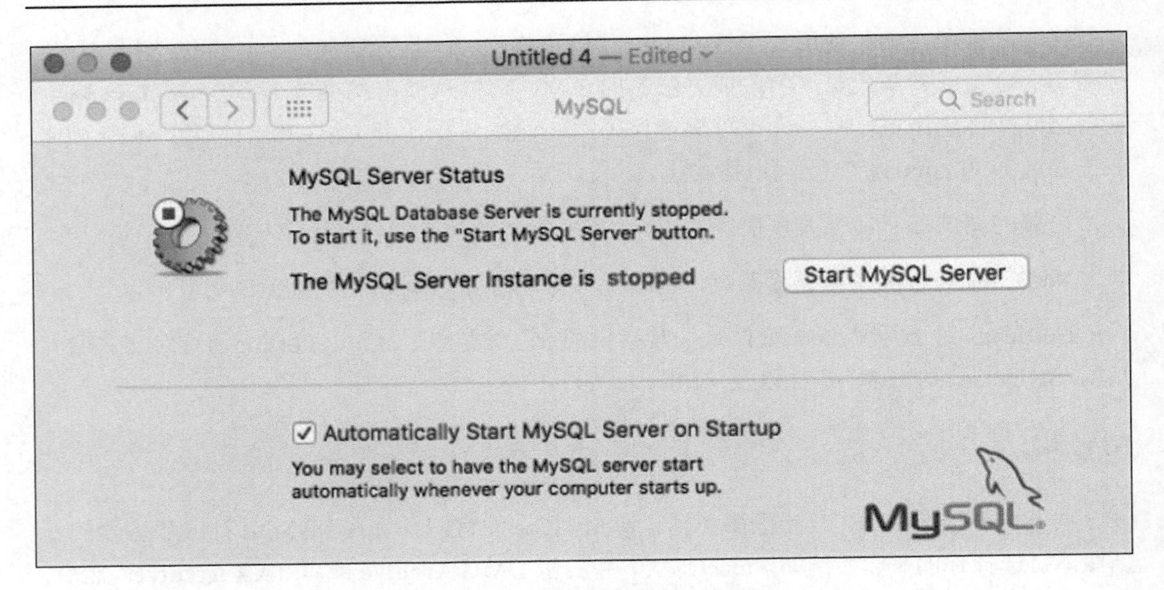

图 A-12 启动 MySQL 服务器

而且，核对 Automatically Start MySQL Server on Startup 选项已经启用（见图 A-13）。

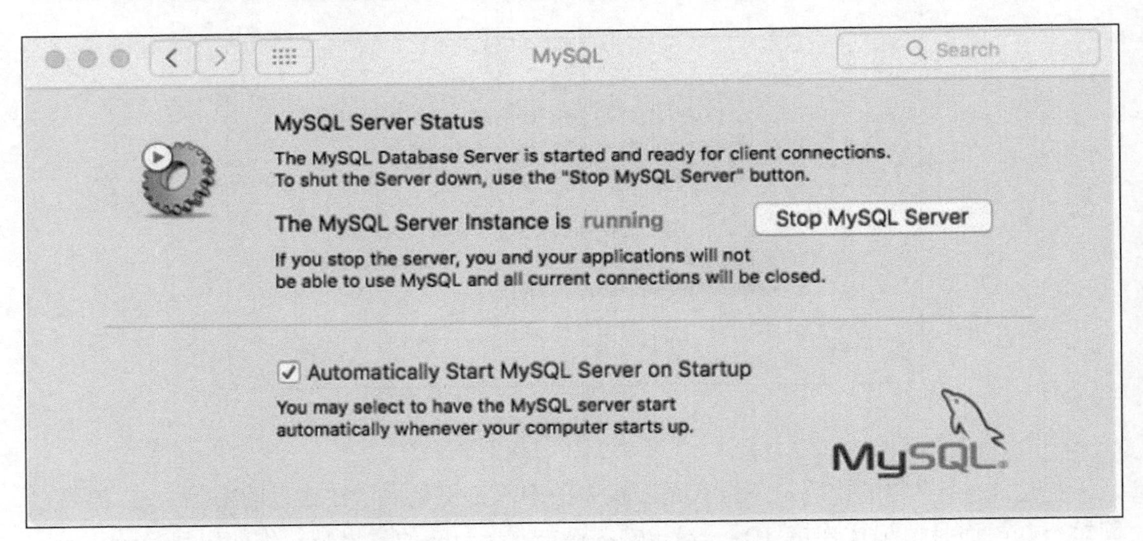

图 A-13 停止 MySQL 服务器

MySQL Workbench

通过两种不同的方法，我们可以创建并访问 MySQL 数据库：通过运行我们自己的独立 Java 程序以及通过叫作 **MySQL Workbench** 的用户界面工具。

要下载并安装 MySQL Workbench，回到 MySQL 的下载界面并选择 **MySQL Workbench**。选择你自己的平台然后点击 **Download** 按钮。然后，运行安装文件。

在出现的窗口中，拖拽 **MsSQLWorkbench.app** 图标到右侧的 `Applications` 文件夹中（见图 A-14）。

图 A-14 安装 MySQL Workbench

几秒之后，应用程序的图标将出现在 `Applications` 文件夹中。启动它，并确认你想打开它（见图 A-15）。

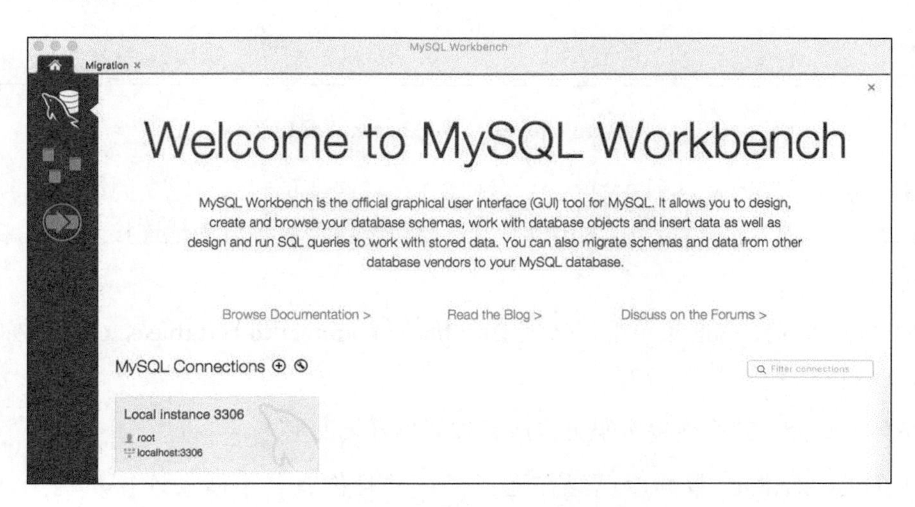

图 A-15 运行 MySQL Workbench 安装

记住，一个连接是用用户的 `localhost:3306` 权限定义的。号码 `3306` 是连接所通过的端口。

现在，我们的 MySQL Workbench 已经安装，可以测试了。这个应用程序的主窗口展示在图 A-16 中。

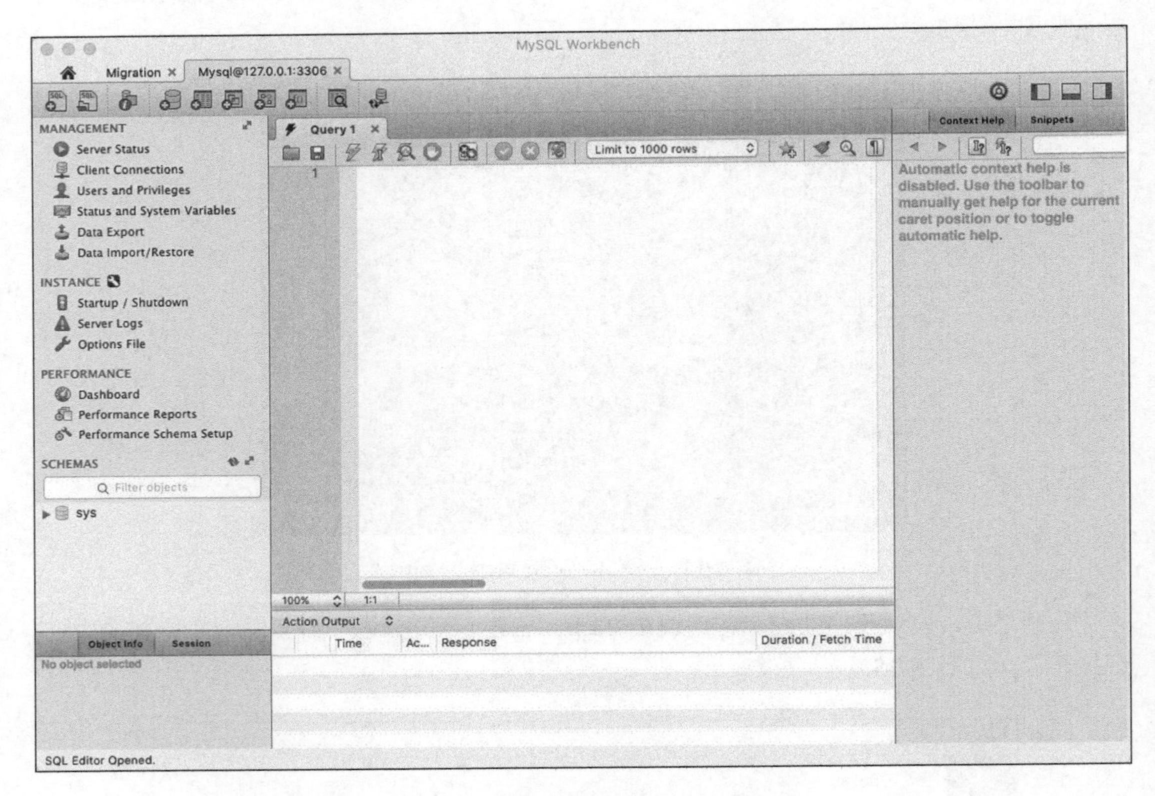

图 A-16 MySQL Workbench 主窗口

注意，标签标记为 `Mysql@127.0.0.1:3306`。这是我们已经定义的链接的名称（这里，`127.0.0.1` 是 `localhost` 的 IP 地址）。要通过这种服务自动地连接到数据库，我们必须打开连接。

在 MySQL Workbench 菜单中，选择 **Database | Connect to Database...**。输入你保存的密码并点击 **OK**（参见图 A-17）。

只要有了机会，就将连接密码更改成某种简单好记的形式。

现在你的 MySQL 数据库已经在运行了，并且你有一个活动连接从这个 MySQL Workbench 界面到数据库（参见图 A-18）。

图 A-17 连接到 MySQL 服务器

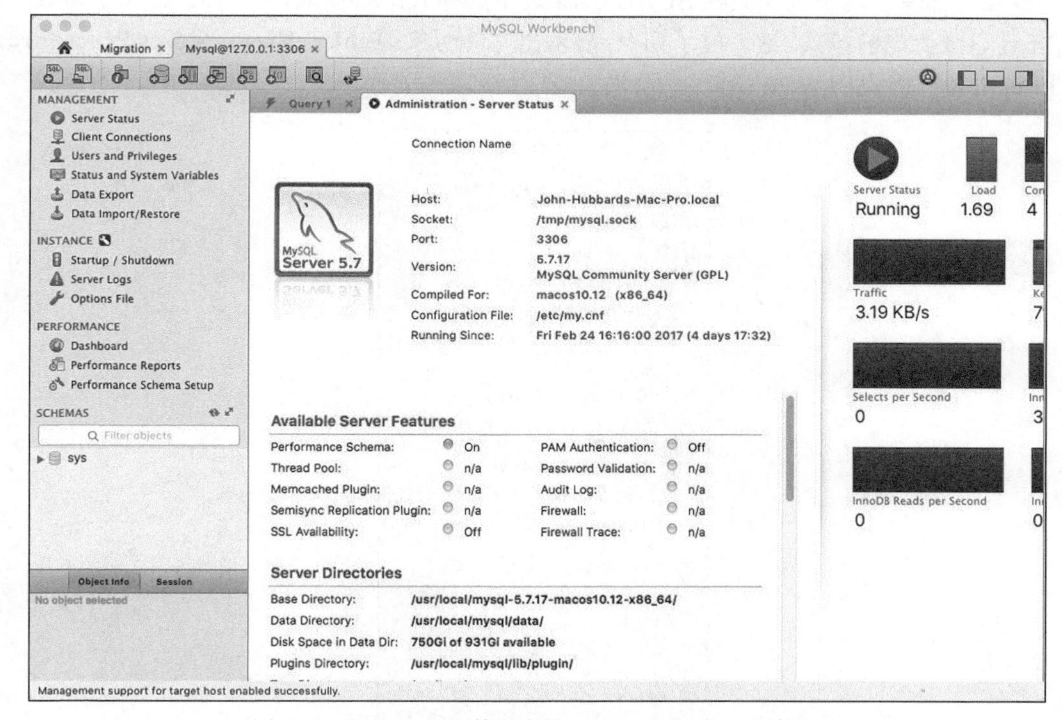

图 A-18 到 MySQL 数据库的 MySQL Workbench 接口

要创建数据库，点击工具条上的这个图标：。这是 **New Schema** 按钮。这个图像看起来像一个 55 加仑的油桶，猜想这看起来像一个大硬盘，代表大量的计算机存储。它是数据库的传统表示。

打开了一个标记为 `new_schema` 的新标签式面板。在技术上，我们正在 MySQL 服务器上创建一个模式。

对 **Schema Name** 输入 `schema1`（见图 A-19）。

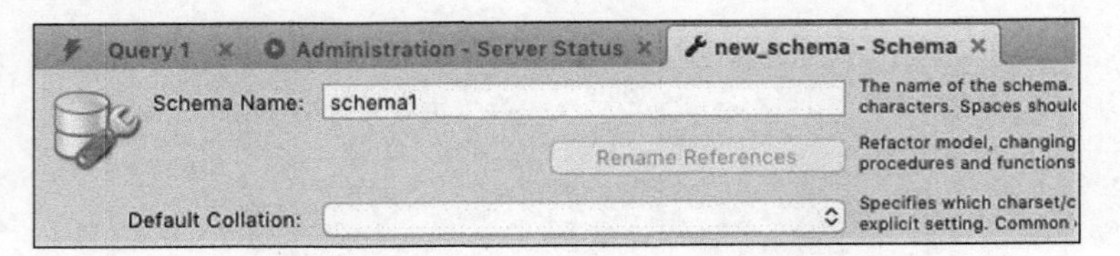

图 A-19　在 MySQL 中创建一个数据库模式

然后，点击 **Apply** 按钮。在 **Apply SQL Script** 上对弹出的 **Database** 面板做同样的操作，然后关闭面板。

现在，你有了两个列在边栏 **SCHEMAS** 之下的模式：schema1 和 sys。在 **schema1** 上双击，使它成为当前模式。这扩展了列表，显示出它的对象：**Tables**、**Views**、**Stores Procedures** 和 **Functions**（参见图 A-20）。

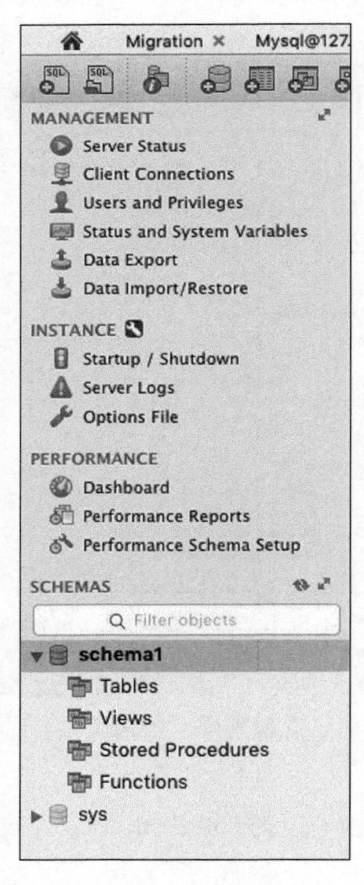

图 A-20　schema1 对象

我们可以把它看作当前数据库。如果要把数据添加给它，首先必须在里边创建一个表。

点击标记为 **Query 1** 的标签，然后将展示在图 A-21 中的代码键入编辑器。

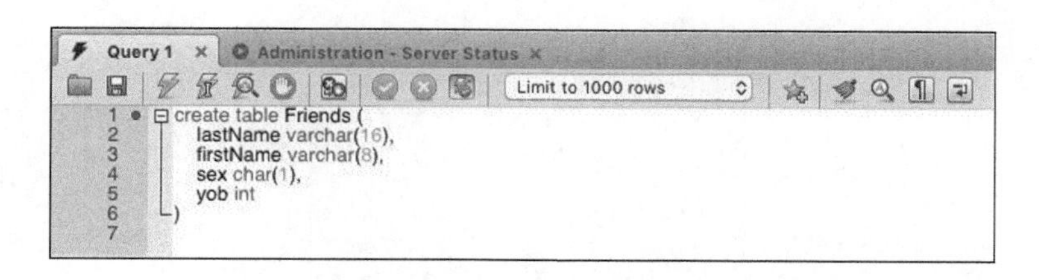

图 A-21 SQL 代码

这是 SQL 代码（SQL 是用于关系数据库的查询语言）。当这个查询执行时，它将创建一个叫作 `Friends` 的空的数据库表，其中有 4 个字段：`lastName`、`firstName`、 `sex` 和 `yob`。注意到在 SQL 中，数据类型是在变量声明之后指定的。`varchar` 类型具有一个可变长度的字符串，长度从 0 直到指定的限制（对 `lastName` 是 16，对 `firstName` 是 8）。`char` 类型意味着一个长度精确指定的字符串（对 `sex` 是 1），`int` 代表整数。

注意，SQL 语法要求用逗号区分声明列表中的每个项目，声明列表是由括号分隔的。

还要注意这种编辑器（像 NetBeans 编辑器）彩色代码的语法：蓝色代表关键词（`create`, `table`, `varchar`, `char`, `int`），橙色代表常数（16, 8, 1）。

SQL 是一种非常古老的计算机语言，当它在 1974 年被引入时，许多键盘依然只有大写字母。所以，在 SQL 代码中使用大写字母变成了一种习惯。这项传统被保持下来，许多 SQL 程序员依然喜欢以全部大写字母键入关键词，就像这样：

```
CREATE TABLE Friends (
    lastName VARCHAR(16),
    firstName VARCHAR(8),
    sex CHAR(1),
    yob INT
)
```

但这只是一种风格偏好问题。对于关键字，SQL 解释器接受大小写字母的任意组合。

要执行查询，点击标签式面板的工具条上的黄色闪电：

在边栏中扩展 `schema1` 树，以便确认你的 `Friends` 表已经按预期创建（见图 A-22）：

现在，我们已经准备好保存一些朋友们的数据。

点击新的查询按钮 （或者选择 **File | New Query Tab**）。然后，执行展示在图 A-23 中的查询。这为 Friends 表添加了一行（数据点）。注意，字符串是通过撇号字符而不是引号分隔的。

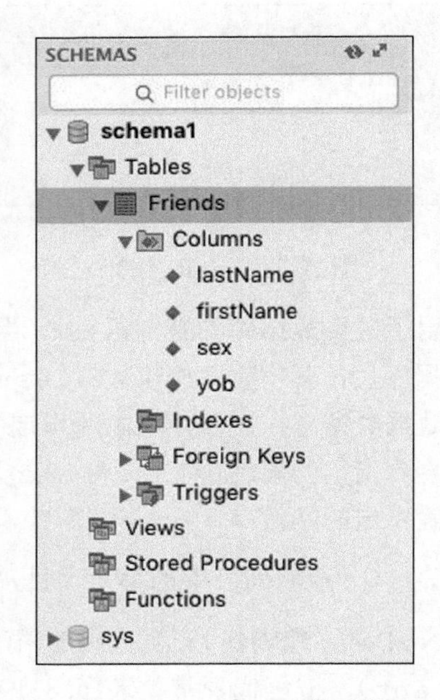

图 A-22 schema1 中的对象

接下来，执行展示在图 A-23、图 A-24 和图 A-25 中的查询。

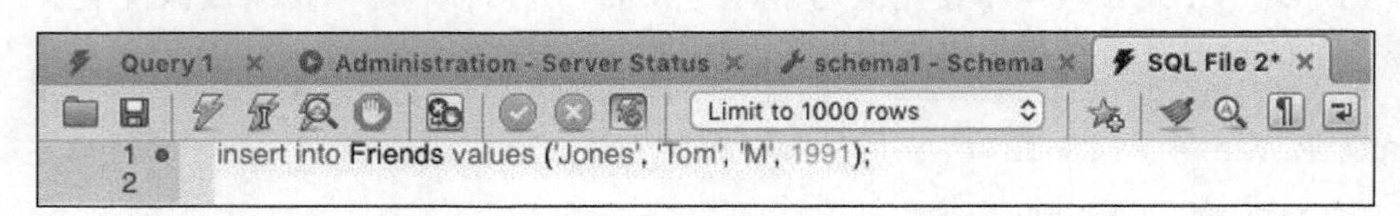

图 A-23 插入

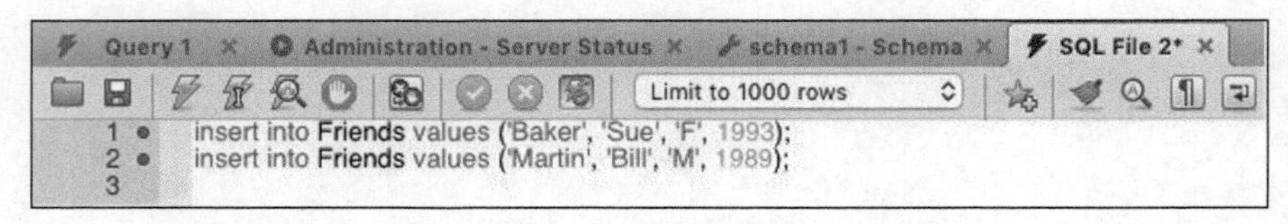

图 A-24 另两次插入

这些代码将三行（记录）添加到 Friends 表中，然后查询这个表。这个查询叫作 select 语句。星号（*）意味着列出表的所有行。输出显示在下列结果网格中：

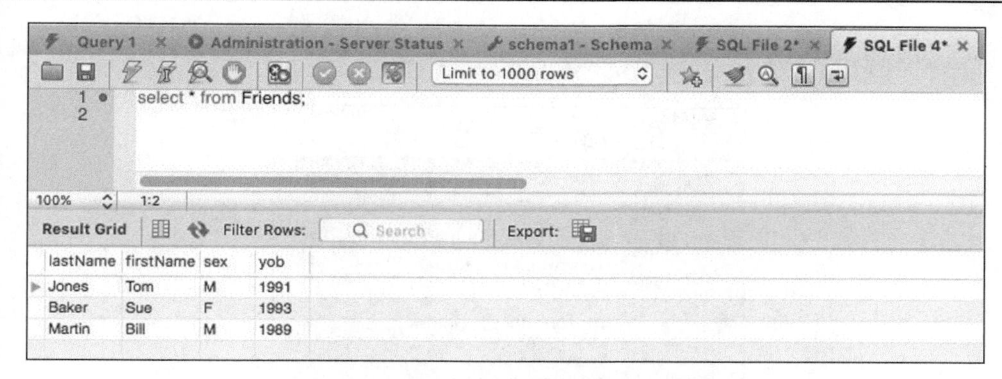

图 A-25 查询

从 NetBeans 访问 MySQL 数据库

要从 NetBeans 访问 MySQL 数据库，点击 NetBeans 左侧边栏中的 **Services**，并且展开 **Databases** 部分（见图 A-26）。

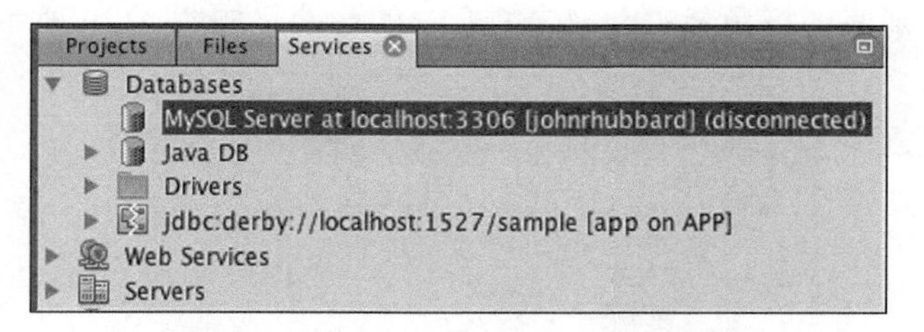

图 A-26 在 NetBeans 中 MySQL 数据库

然后右击 MySQL 服务器图标并选择 **Connect**（见图 A-27）。

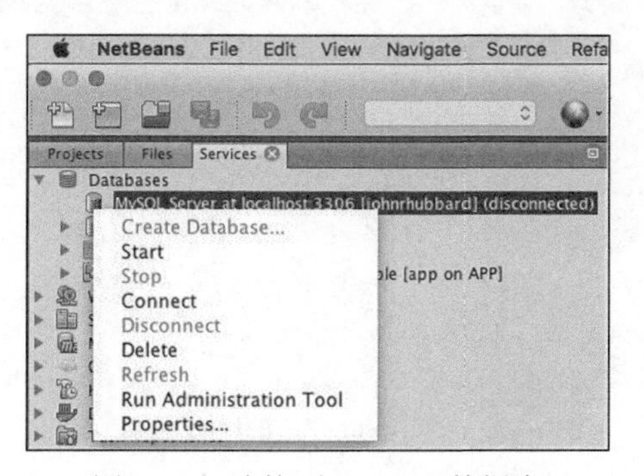

图 A-27 连接到 MySQL 数据库

当被问到编辑 MySQL 服务器连接属性时，点击 **Yes**。

使用你的 MySQL 用户名和密码来连接数据库。然后，展开 MySQL 服务器节点查看可访问模式，如图 A-28 所示。

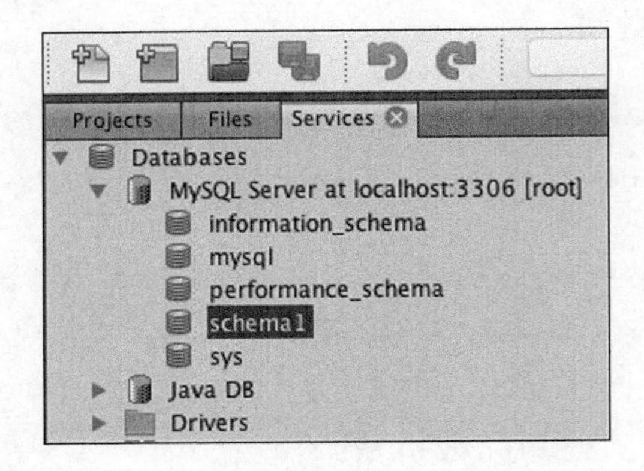

图 A-28 连接到 schema1

然后，右击 **schema1** 并且在弹出面板上右击 **Connect**。

接下来，展开那些图标显示实心（未断开）的连接，如图 A-29 所示：

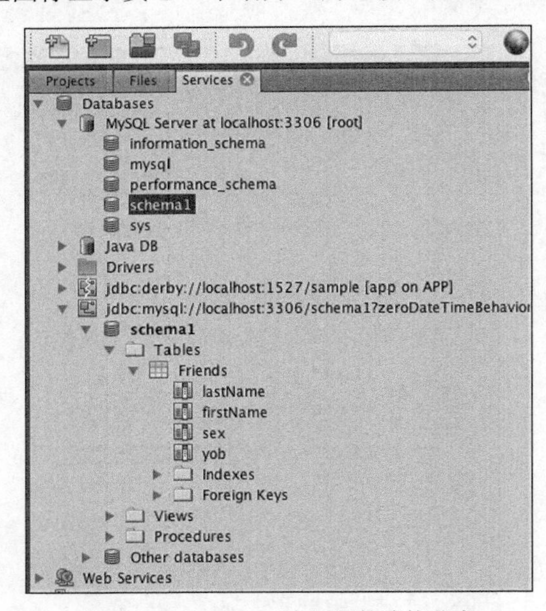

图 A-29 NetBeans 中展开的连接节点

这张图展示了你在 MySQL Workbench 中创建并载入的 Friends 表的细节。

再次在 **jdbc:mysql** 节点上右击并选择 **Execute Command...**，如图 A-30 所示。

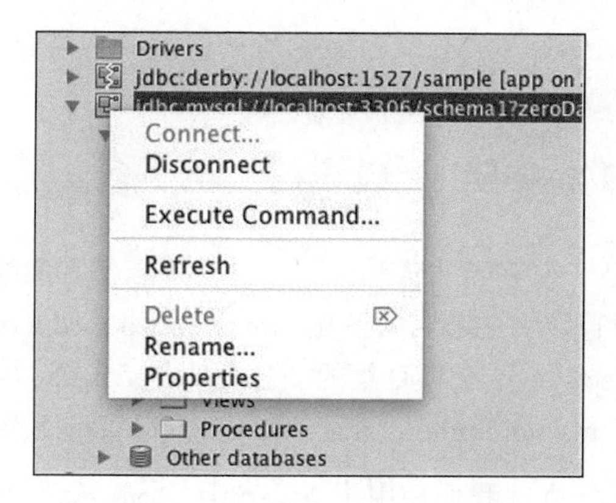

图 A-30 执行一个 SQL 命令

这个操作打开了一个新的标签式窗格，标记为 **SQL 1 [jdbc:myscl://localhost:33...]**。

现在，键入和之前在 MySQL Workbench 中用过的同样的 SQL `select` 查询（见图 A-25）。输出展示在窗口的底部，如图 A-31 所示。

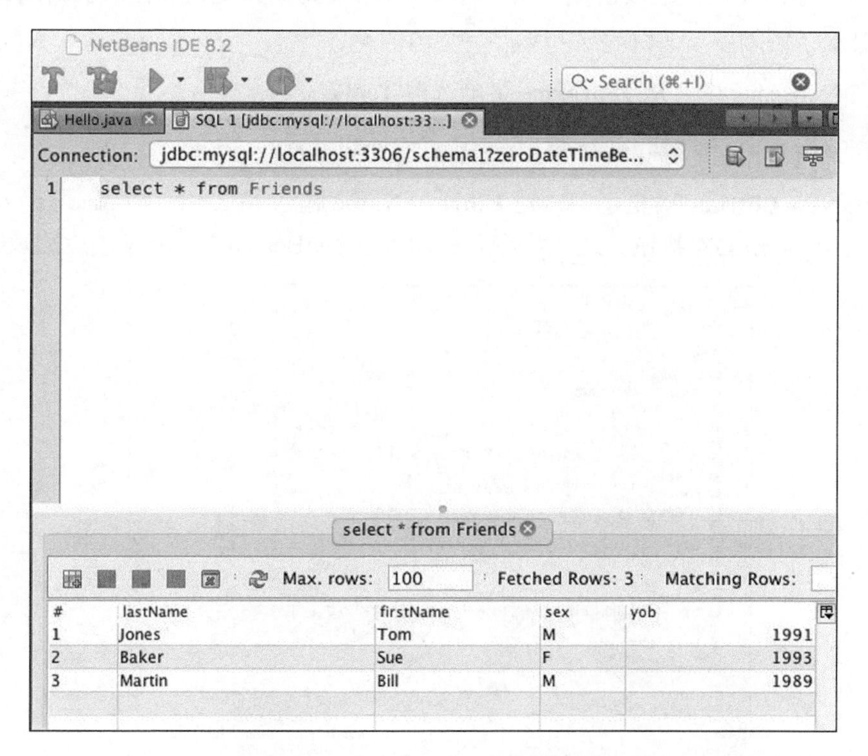

图 A-31 在来自 NetBeans 的一个 MySQL 数据库上执行一次查询

这展示出 SQL 对 NetBeans 中 MySQL 数据库的访问非常类似于 MySQL Workbench 中对 MySQL 数据库的访问。

Apache Commons Math 库

Apache 软件基金会是一家美国非营利公司，它支持志愿者们编写的开源软件项目。它包括广泛多样领域中的数目巨大的项目（参见 https://en.wikipedia.org/wiki/List_of_Apache_Software_Foundation_projects）。这个项目集的一部分叫作 Apache Commons，是由许多 Java 库组成的。这些库可以从 http://commons.apache.org/downloads/下载。

在第 6 章“回归分析”中，我们使用了 `Apache Commons Math` 库。下面是在你的 NetBeans 项目中的使用步骤：

（1）下载 commons-math 存档文件的最新版本的 `tar.gz` 文件和 `.zip` 文件（截止到 2017 年 8 月是 3.6.1 版）。

（2）展开存档（在上边双击或右击），然后将结果文件夹复制到你的机器上其他 Java 库保存的位置（例如，`Library/Java/Extensions`）。

（3）在 NetBeans 中，从 **Libraries** 菜单选择 **Tools**。

（4）在 **Ant Library Manager** 窗口，点击 **New Library...**按钮。

（5）在 **New Library** 对话框中，对 **Library Name** 输入 `Apache Commons Math`（见图 A-32），然后点击 OK 按钮。这就将库名称加入了 NetBeans**Libraries** 的库列表。

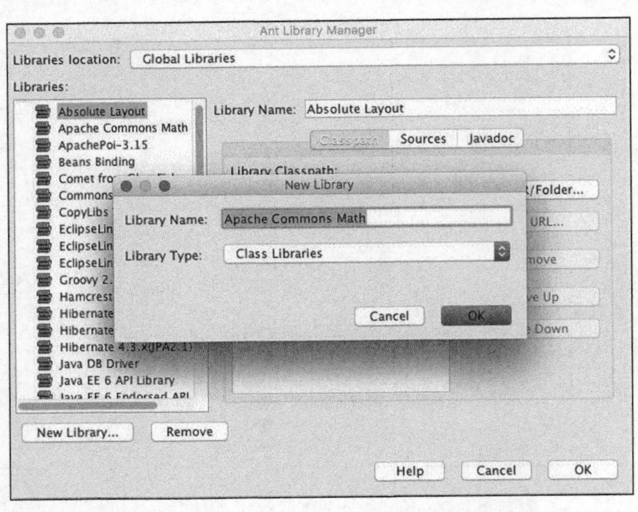

图 A-32　在 NetBeans 中创建一个新的库

（6）接下来，选择 **Classpath** 标签，点击 **Add JAR/Folder...**按钮然后前往步骤 2 中你复制文件夹的那个文件夹。在那个文件夹内部选择 `commons-math3-3.6.1.jar` 文件然后点击 **Add JAR/Folder** 按钮（见图 A-33）。

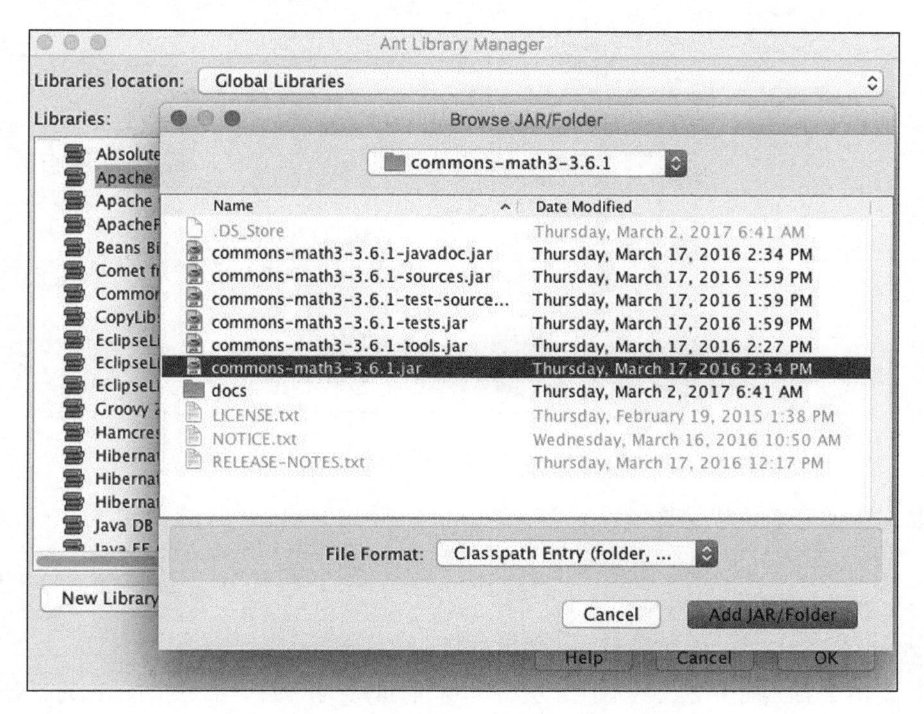

图 A-33 为一个 NetBeans 库定位 JAR 文件

（7）转到 **Javadoc** 标签并重复步骤 6，只是在这一次，点击 **AddZIP/Folder...**按钮，然后从同一个文件夹中选择 `commons-math3-3.6.1-javadoc.jar`。

（8）然后点击 **OK**。现在，你定义了一个叫作 Apache Commons Math 的 NetBeans 库，包含了用于你下载的 **commons-math3-3.6.1** 编译的 JAR 以及 Javadoc JAR。此后，你可以将这个库轻松添加到任何你想使用的 NetBeans 项目中。

（9）要将该库指定给你当前的（或任意其他的）项目使用，右击项目图标并且选择 **Properties**。然后，在左侧的 **Categories** 列表中选择 **Libraries**。

（10）点击 **Add Library...**按钮，然后从列表中选择你的 **Apache Commons Math** 库。点击 **Add Library** 按钮，然后点击 **OK**（见图 A-34）。现在，你可以用这个项目中的任意源代码和这个库中的所有项目。而且，Javadocs 可以对这些包、界面、类以及成员起到它们对标准 Java 代码同样的作用。

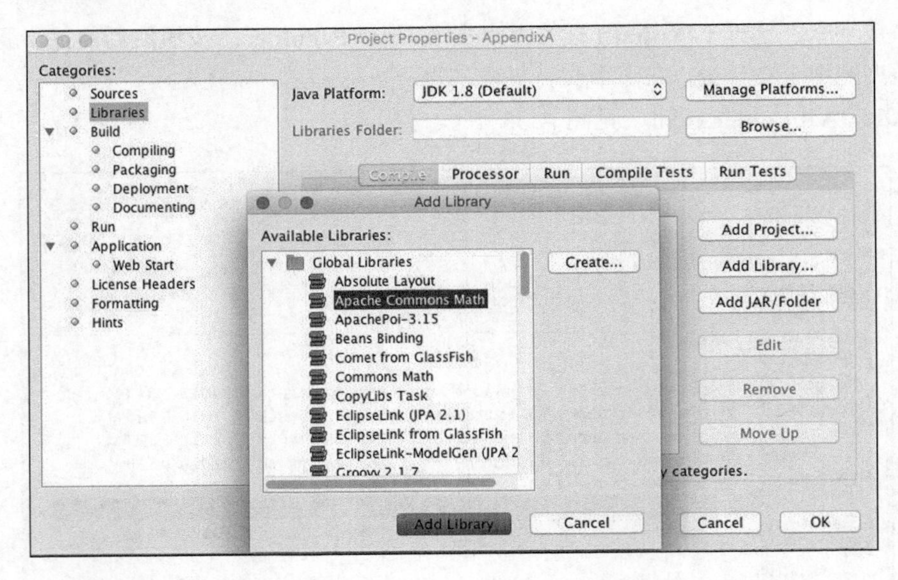

图 A-34　将 Apache Commons Math 库添加到一个指定 NetBeans 项目

要测试你的安装可以这样做。

（1）在你的主类中，加入这些代码：

```
SummaryStatistics stats;
```

（2）既然 SummaryStatistics 类并非标准 Java API 的一部分，NetBeans 会将这一行标记为有错误的，就像下面这样：

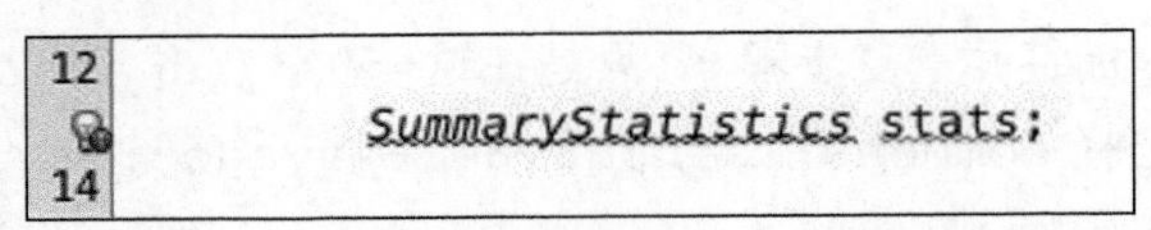

（3）点击当前行边缘处的小红球。出现了一个下拉列表（见图 A-35）。

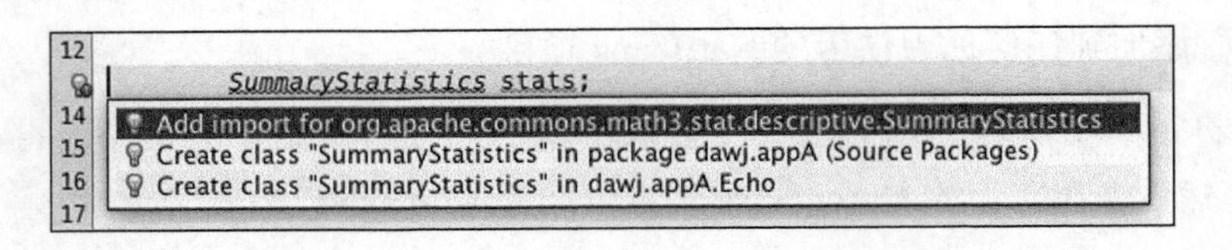

图 A-35　在 NetBeans 中添加正确的

（4）选择添加的导入项（这个列表的第一行），按下 Enter 键。这会使得导入语句插入你的源代码（第 7 行，见图 A-36）。

```
Echo.java
 5 package dawj.appA;
 6
 7 import org.apache.commons.math3.stat.descriptive.SummaryStatistics;
 8
 9 public class Echo {
10     public static void main(String[] args) {
11         for (int i = 0; i < args.length; i++) {
12             System.out.printf("args[%d] = %s%n", i, args[i]);
13         }
14
15         SummaryStatistics stats;
16     }
17 }
```

图 A-36 在 NetBeans 中自动插入导入语句

（5）接下来，点击 `SummaryStatistics` 类的名字，其中声明了 `stats` 变量，然后从出现的下拉菜单中选择 **Show Javadoc**。这应该会在你默认的网络浏览器中调出 Javadoc 页面。

（6）一旦有了来自某个库（比如 **org.apache.commons.math3**）的任意 Javadoc 页面展示，就能轻松地研究这个库中其他所有的子包、界面和类。只要在页面顶部点击 **Frames** 链接，然后使用左侧两个框架中的滑动列表（图 A-37）。

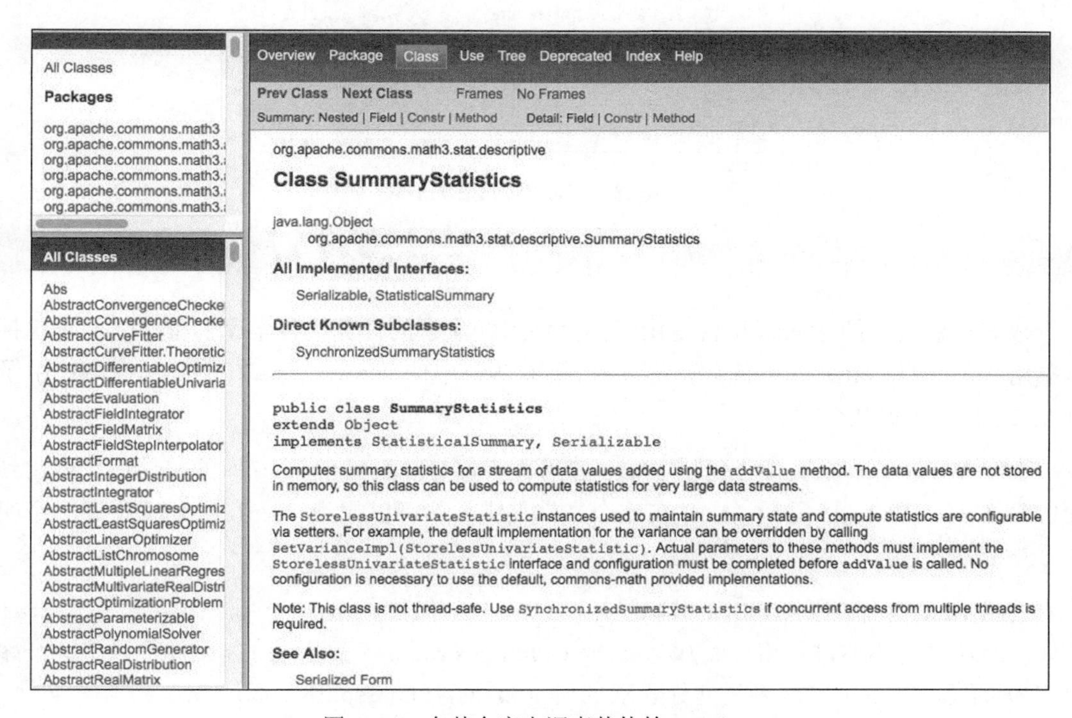

图 A-37 在某个库中调查其他的 Javadocs

javax JSON 库

用第 2 章“数据预处理”中的 javax.json 库，其实它已经包括在现有的 NetBeans 库中。它是 Java EE（企业版本）的一部分，因此 JSON 库无需单独下载安装。

尽管如此，你仍需要将这个库添加到 NetBeans 项目。对于 Java EE 7 API 库，只要重复“Apache Commons Math 库”这一小节中的步骤 9~10（见图 A-38）。

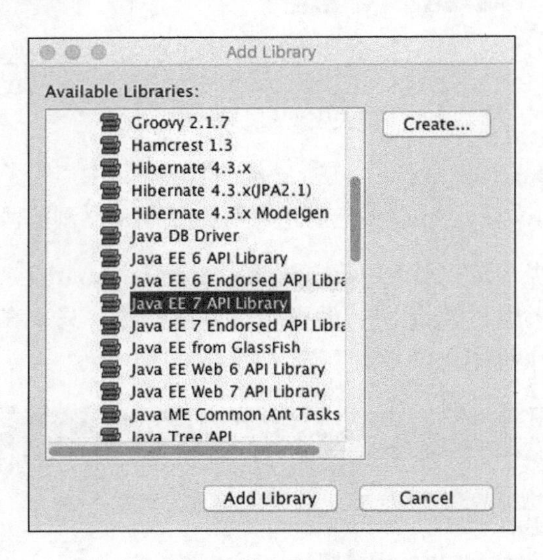

图 A-38 添加 Java EE 7 API

Weka 库

数据分析实现的 Weka 平台是由新西兰怀卡托大学的计算机科学家们维护的。它包括本书用到的一些 Java 库。例如，展示在清单 7-5 中的 TestDataSource 程序使用了 weka.core 包的几个类。

下载 Weka 的一批文件，包括 Weka 应用程序本身以及一个 Java 库的文件夹（截止到 2017 年 8 月，是 weka-3-9-1）。在这个文件夹中，你可以找到 weka.jar 文件和一个叫作 doc 的文件夹。

要将 Weka 库添加到 NetBeans，除了用 weka.jar 代替 commons-math3-3.6.1.jar 之外，服从之前描述过的用于添加 Apache Commons Math 库的步骤 1~8。你可以将这个库命名为 Weka 3.9.1（或者任何你喜欢的名字）。对于 **Classpath**，添加 weka.jar 文件。对 **Javadoc**，添加 doc 文件夹。然后，按照步骤 9~10 中添加 Apache Commons Math 库相

同的方法，你可以将 Weka 3.9.1 库添加到任何 NetBeans 项目。

MongoDB

第 10 章“NoSQL 数据库”描述了 MongoDB NoSQL 数据库系统。

下载 MongoDB 安装文件（或者，只要搜索 `MongoDB download` 来找到这个网页）。然后，遵循下面的步骤：（对于 macOS X）

（1）打开终端窗口。

（2）执行这些 shell 命令（$显示了提示符）：

```
$ cd ~/Downloads
$ ls mongo*
$ tar xzf mongodb-osx-ssl-x86_64-3.4.7.tar
$ sudo mkdir -p /usr/local/mongodb
$ sudo mv mongodb-osx-x86_64-3.4.7 /usr/local/mongodb
```

这些命令将解压你下载的文件，创建了文件夹`/usr/local/mongodb`，然后将指定的解压缩文件移动到这个文件夹，可能会问你计算机的密码。`ls` 命令将列出匹配 `mongo*.tar` 模式的文件。用它得到正确的文件名。（这里显示的内容在 2017 年 8 月是正确的。）

（3）接下来执行这些命令：

```
$ sudo mkdir -p /data/db
$ sudo chown johnrhubbard /data/db
```

使用你自己的用户名结合 `chown` 命令。这会创建`/data/db` 目录并给了你所有权。

（4）执行接下来的这些命令：

```
$ cd ~
$ touch .bash_profile
$ vim .bash_profile
```

这些命令启动了 vim 编辑器，编辑你的`.bash_profile` 文件。你保存在这个文件中的所有的命令将会自动执行，无论何时开始一个 shell 会话。

（5）在 vim 编辑器中做下面的操作：

①键入 i 转换成插入模式。

②将这三行添加给文件：

```
export MONGO_PATH=/usr/local/mongodb/mongodb-
osx-x86_64-3.4.7
export PATH=$PATH:$MONGO_PATH/bin
PS1="\w $ "
```

③确保你得到正确的 mongodb 文件名。

④按下 Esc 键退出插入模式。

⑤然后键入 ZZ 保存文件并退出 vim。

第 1 行定义了 MONGO_PATH 变量。注意第 1 行在这里使用了两行显示。第 2 行将那条路径添加给 PATH 变量。第 3 行只是设置了你的 PS1 提示符（这在这一章的开头讨论过。）它是可选的，你可以把它设置成任何你想要的东西。

（6）执行接下来这条命令：

```
$ source .bash_profile
```

source 命令执行了指定的文件。如果你重设 PS1 提示符，你将看到结果。

（7）最终，为了检查 Mongo 安装成功，执行这条命令：

```
$ mongo -version
```

通过报告安装的版本将确认安装。

现在，这个系统已将安装好了，你可以准备启动它。在一个新的 shell 窗口来做（只要键入 Ctrl+N 就可以得到新窗口）执行这个命令来启动 MongoDB 数据库系统：

```
$ mongod
```

这将产生许多行的输出。

它会问，你是否想应用 mongod 接受传入的网络连接。除非你有安全方面的考虑，点击 **Allow** 按钮。

把这个窗口放在一边。你可以隐藏它，但不要关闭它。

现在启动一个 MongoDB shell，在那里你可以执行 MongoDB 命令，打开另一个终端窗口，然后执行命令：

```
$ mongo
```

在大约 10 行的输出之后，最终你应该看到 Mongo shell 提示符（见图 A-39）。

```
Last login: Thu Aug 10 16:02:01 on ttys000
~ $ mongo
MongoDB shell version v3.4.6
connecting to: mongodb://127.0.0.1:27017
MongoDB server version: 3.4.6
Server has startup warnings:
2017-08-10T16:11:19.699-0400 I CONTROL  [initandlisten]
2017-08-10T16:11:19.699-0400 I CONTROL  [initandlisten] ** WARNING: Access c
2017-08-10T16:11:19.699-0400 I CONTROL  [initandlisten] **          Read and
2017-08-10T16:11:19.699-0400 I CONTROL  [initandlisten]
2017-08-10T16:11:19.699-0400 I CONTROL  [initandlisten]
2017-08-10T16:11:19.699-0400 I CONTROL  [initandlisten] ** WARNING: soft rli
>
```

图 A-39 Mongo shell 提示符

此时，你可以继续第 10 章“NoSQL 数据库”中的内容。